高等职业教育"十三五"规划教材

土木工程制图与识图
（含习题集）

主　编　尹　晶　杜丽英
副主编　侯献语　王旭东　赵育英
　　　　查湘义　曹迎春

北京理工大学出版社
BEIJING INSTITUTE OF TECHNOLOGY PRESS

内容提要

本书共分12部分，主要包括绪论，工程制图基本知识，投影的基本知识，点、直线及平面的投影，基本体的投影，轴测图，组合体的投影图，图样画法，标高投影，房屋建筑施工图，房屋结构施工图，道路路线工程图，桥梁工程图等内容。

本书内容丰富，通俗易懂，实用性和可操作性强，可作为高职高专院校土木工程类相关专业的工程制图课程教材，也可作为成人高等教育和在职工程技术人员的培训教材和自学用书。

版权专有　侵权必究

图书在版编目（CIP）数据

土木工程制图与识图：含习题集 / 尹晶，杜丽英主编. —北京：北京理工大学出版社，2018.6（2018.7重印）

ISBN 978-7-5682-5809-8

Ⅰ. ①土… Ⅱ. ①尹… ②杜… Ⅲ. ①土木工程—建筑制图—识图—高等学校—教材 Ⅳ. ①TU204.2

中国版本图书馆CIP数据核字（2018）第139536号

出版发行 / 北京理工大学出版社有限责任公司
社　　址 / 北京市海淀区中关村南大街5号
邮　　编 / 100081
电　　话 /（010）68914775（总编室）
　　　　　（010）82562903（教材售后服务热线）
　　　　　（010）68948351（其他图书服务热线）
网　　址 / http://www.bitpress.com.cn
经　　销 / 全国各地新华书店
印　　刷 / 北京紫瑞利印刷有限公司
开　　本 / 787毫米×1092毫米　1/16
印　　张 / 24　　　　　　　　　　　　　　　　　责任编辑 / 钟　博
字　　数 / 453千字　　　　　　　　　　　　　　文案编辑 / 钟　博
版　　次 / 2018年6月第1版　2018年7月第2次印刷　责任校对 / 周瑞红
定　　价 / 55.00元（含习题集）　　　　　　　　　责任印制 / 边心超

图书出现印装质量问题，请拨打售后服务热线，本社负责调换

前 言

本教材以面向土木工程施工企业、面向施工生产一线培养土木工程专业人才为指导，按最新行业规范要求及高职高专院校专业人才培养方案及制图教学的基本要求编写，以培养应用型人才为目标，以培养专业技术能力为主线，力求体现对基础理论、基本知识和基本技能的掌握和应用。全书主要内容包括画法几何、制图基础、专业图三大部分，主要目的是培养学生绘图和读图能力，并通过实践培养其空间想象能力和空间思维能力。

为了方便教学，本教材在各章前面设置了【知识目标】【能力目标】【新课导入】，这些是对学生需要了解和掌握的知识要点进行提示，对教学进行引导；为了使学生巩固所学的知识，还编写了与本教材配套的《土木工程制图与识图习题集》，供学生学习使用。从而构建了一个"引导—学习—总结—练习"的教学全过程。

本教材严格依据现行法律法规及国家相关标准规范编写，在教学过程中应根据各专业的特点对教学内容加以适当的调整，并依据土木工程施工技术的发展，结合实例组织教学。

本教材由辽宁省交通高等专科学校尹晶、杜丽英担任主编，由辽宁省交通高等专科学校侯献语、王旭东，阜新高等专科学校赵育英和辽宁省交通高等专科学校查湘义、曹迎春担任副主编。具体编写分工如下：尹晶编写第9章、第11章；杜丽英编写第2章、第3章、第4章、第5章；侯献语编写第7章、第12章；王旭东编写第10章；查湘义编写第6章；赵育英编写第1章；曹迎春编写第8章。

本教材在编写过程中，参考了国内学者和同行的多部著作，得到了很多高职高专院校老师的支持，在此一并表示由衷的感谢。由于篇幅较长，涉及内容较多，加之编者学识和经验所限，书中可能存在疏漏或不妥之处，衷心希望读者对本书提出宝贵意见。

编 者

目 录

绪论 ································· 1

第1章 工程制图基本知识 ········· 3
1.1 工程制图基本规定 ············ 3
    1.1.1 图纸幅面、标题栏和会签栏 ····· 4
    1.1.2 图线 ····························· 5
    1.1.3 字体 ····························· 8
    1.1.4 比例和图例 ····················· 9
    1.1.5 常用的建筑材料图例 ·········· 10
    1.1.6 尺寸标注 ······················ 11
1.2 制图工具和仪器的使用 ········· 14
    1.2.1 图板和胶带 ···················· 14
    1.2.2 丁字尺和三角板 ··············· 15
    1.2.3 圆规和分规 ···················· 15
    1.2.4 铅笔和擦图片 ················· 17
    1.2.5 建筑模板和曲线板 ············ 18
    1.2.6 其他 ···························· 19
1.3 几何作图 ························ 19
    1.3.1 几何图形的画法 ··············· 19
    1.3.2 平面图形的分析与画法 ······· 24
    1.3.3 平面图形的线段分析 ·········· 24
1.4 绘图的方法与步骤 ··············· 25
    1.4.1 用绘图工具和仪器绘制图样 ··· 25
    1.4.2 徒手绘图的方法 ··············· 26
本章小结 ······························ 28

第2章 投影的基本知识 ············ 29
2.1 投影的基本知识 ················· 29
    2.1.1 投影法的概念 ················· 29
    2.1.2 投影法的分类 ················· 29
2.2 正投影的特性 ···················· 31
    2.2.1 实形性 ························· 31
    2.2.2 积聚性 ························· 31
    2.2.3 类似性 ························· 32
2.3 三面投影图 ······················· 32
    2.3.1 三面投影图的形成 ············ 32
    2.3.2 三面投影图的投影规律 ······· 34
    2.3.3 三面投影图的位置关系 ······· 34
    2.3.4 三面投影图中点、线、面的符号表示方法 ····················· 34
2.4 工程中常用的投影图 ············ 35
    2.4.1 透视投影图 ···················· 35
    2.4.2 轴测投影图 ···················· 35
    2.4.3 正投影图 ······················ 35
    2.4.4 标高投影图 ···················· 36
本章小结 ······························ 36

第3章 点、直线及平面的投影 ····· 37
3.1 点的投影 ························· 37
    3.1.1 点的三面投影 ················· 37
    3.1.2 点的投影与直角坐标的关系 ··· 39

3.1.3 两点的相对位置和重影点 41
3.2 直线的投影 43
　　3.2.1 直线投影的求作方法 43
　　3.2.2 各种位置直线的投影特性 43
　　3.2.3 直线上点的投影特性 46
　　3.2.4 两直线的相对位置 48
　　3.2.5 两垂直相交直线的投影 50
3.3 平面的投影 50
　　3.3.1 平面的表示法及其投影的求作方法 50
　　3.3.2 各种位置平面的投影特性 51
　　3.3.3 平面上的点和直线的投影 54
本章小结 56

第4章 基本体的投影 57
4.1 平面立体的投影 57
　　4.1.1 棱柱体的投影 57
　　4.1.2 棱锥体的投影 58
　　4.1.3 平面立体表面上点和线的投影 58
4.2 曲面立体的投影 60
　　4.2.1 圆柱体的投影 61
　　4.2.2 圆锥体的投影 61
　　4.2.3 圆球体的投影 62
　　4.2.4 曲面立体表面上点和线的投影 63
4.3 平面与立体相交 65
　　4.3.1 平面与平面立体相交 66
　　4.3.2 平面与曲面立体相交 68
本章小结 71

第5章 轴测图 72
5.1 轴测投影的基本知识 72
　　5.1.1 轴测投影的形成 72
　　5.1.2 轴测图的基本参数 72
　　5.1.3 轴测图的种类 73
　　5.1.4 轴测投影图的基本特性 74
5.2 正等轴测图 74
　　5.2.1 正等轴测图的轴间角和轴向伸缩系数 74
　　5.2.2 正等轴测图的画法 74
5.3 斜二轴测图 79
　　5.3.1 斜二轴测图的轴间角和轴向伸缩系数 79
　　5.3.2 斜二轴测图的画法 80
本章小结 82

第6章 组合体的投影图 83
6.1 概述 83
　　6.1.1 组合处的图线分析 84
　　6.1.2 视图与投影 85
6.2 组合体视图的画法及尺寸标注 85
　　6.2.1 组合体投影图的画法 85
　　6.2.2 组合体的尺寸标注 90
6.3 组合体投影图的阅读 93
本章小结 95

第7章 图样画法 97
7.1 视图 97
　　7.1.1 基本视图 97
　　7.1.2 辅助视图 99
7.2 剖面图 101
　　7.2.1 剖面图的形成 101
　　7.2.2 剖面图的表达方法 102
　　7.2.3 剖面图的标注 102
　　7.2.4 剖面图的种类 103
7.3 断面图 107
　　7.3.1 断面图的形成 107
　　7.3.2 断面图的标注 108
　　7.3.3 断面图的种类 108

| 7.3.4 剖面图与断面图的联系 …………… 110
| 7.4 简化画法 ……………………………… 111
| 7.4.1 对称简化 ……………………… 111
| 7.4.2 相同要素的简化画法 …………… 112
| 7.4.3 折断画法 ……………………… 112
| 7.4.4 连接画法 ……………………… 113
| 本章小结 …………………………………… 113

第8章 标高投影

| 8.1 概述 ………………………………… 115
| 8.2 直线和平面的标高投影 ……………… 116
| 8.2.1 直线的标高投影 ……………… 116
| 8.2.2 平面的标高投影 ……………… 119
| 8.3 曲面的标高投影 ……………………… 125
| 8.3.1 圆锥面的标高投影 …………… 125
| 8.3.2 同坡曲面的标高投影 ………… 126
| 8.3.3 地形面的标高投影 …………… 127
| 8.3.4 地形断面图 …………………… 129
| 8.4 工程实例 ……………………………… 130
| 8.4.1 平面与地形面的交线 ………… 130
| 8.4.2 曲面与地形面的交线 ………… 133
| 本章小结 …………………………………… 135

第9章 房屋建筑施工图

| 9.1 概述 ………………………………… 136
| 9.1.1 房屋的类型及其组成部分 …… 136
| 9.1.2 设计房屋的过程和房屋施工图的分类 ………………………… 138
| 9.1.3 施工图纸的组成 ……………… 138
| 9.1.4 建筑施工图制图标准 ………… 139
| 9.1.5 建筑施工图中常用符号 ……… 143
| 9.2 首页图及建筑总平面图 ……………… 146
| 9.2.1 首页图 ………………………… 146
| 9.2.2 总平面图 ……………………… 150

| 9.3 建筑平面图 …………………………… 154
| 9.3.1 概述 …………………………… 154
| 9.3.2 建筑平面图的图示方法及内容 …… 154
| 9.3.3 其他平面图识读 ……………… 156
| 9.3.4 绘制建筑平面图的步骤 ……… 156
| 9.4 建筑立面图 …………………………… 158
| 9.4.1 概述 …………………………… 158
| 9.4.2 建筑立面图的图示方法及内容 …… 158
| 9.4.3 绘制建筑立面图的步骤 ……… 160
| 9.5 建筑剖面图 …………………………… 160
| 9.5.1 概述 …………………………… 160
| 9.5.2 建筑剖面图的图示方法及内容 …… 160
| 9.5.3 绘制的建筑剖面图步骤 ……… 162
| 9.6 建筑详图 ……………………………… 162
| 9.6.1 概述 …………………………… 162
| 9.6.2 关于建筑详图的有关规定 …… 163
| 9.6.3 详图的图示特点及内容 ……… 163
| 本章小结 …………………………………… 168

第10章 房屋结构施工图

| 10.1 概述 ………………………………… 169
| 10.1.1 房屋结构简介 ………………… 169
| 10.1.2 结构施工图的基本知识 …… 170
| 10.1.3 结构施工图的图示要求 …… 170
| 10.1.4 结构施工图的识读方法 …… 172
| 10.2 钢筋混凝土构件详图 ……………… 172
| 10.2.1 钢筋混凝土的基本知识 …… 172
| 10.2.2 钢筋混凝土构件详图 ……… 176
| 10.2.3 钢筋混凝土构件详图示例 … 177
| 10.3 基础平面图及基础详图 …………… 178
| 10.3.1 基础平面图 ………………… 180
| 10.3.2 基础详图 …………………… 182
| 10.3.3 基础详图实例 ……………… 184
| 10.4 楼层结构平面图 …………………… 185

10.4.1 楼层结构平面图的基础知识………186
10.4.2 结构平面图实例………187
10.5 钢筋混凝土结构施工图平面整体
表示方法………188
10.5.1 柱平法施工图的识读………189
10.5.2 梁平法施工图的识读………193
本章小结………197

第11章 道路路线工程图………198
11.1 公路路线工程图………198
11.1.1 路线平面图………199
11.1.2 公路路线纵断面图………202
11.1.3 公路路线横断面图………206
11.2 公路路面结构图………208
11.3 城市道路路线图………210
11.3.1 横断面图………211
11.3.2 平面图………212
11.3.3 纵断面图………215
11.3.4 道路交叉口………215
11.4 公路排水系统及防护工程图………217
11.4.1 公路排水系统………217
11.4.2 公路防护工程图………218
本章小结………220

第12章 桥梁工程图………221
12.1 桥梁概述………221
12.1.1 桥梁的分类………221
12.1.2 桥梁的组成………223
12.2 钢筋混凝土结构图………224
12.2.1 钢筋结构图的图示特点………224
12.2.2 钢筋的编号和尺寸标注方式………224
12.2.3 钢筋成型图及钢筋数量表………225
12.3 桥梁工程图………226
12.3.1 桥位平面图………226
12.3.2 桥位地质断面图………227
12.3.3 桥梁总体布置图………228
12.3.4 桥梁构件图………229
12.4 桥梁图读图和画图步骤………235
12.4.1 读图的方法………235
12.4.2 读图的步骤………235
12.4.3 画图………236
本章小结………237

参考文献………238

绪 论

1. 本课程的性质和作用

在现代土木工程建设中，无论是建造房屋还是修建道路、桥梁、水利工程等，都离不开工程图样。所谓工程图样，就是表达工程对象即工程结构物的形状和大小、构造以及各组成部分相互关系的图纸。它是用来表达设计意图、交流技术思想的重要工具，也是用来指导生产、施工、管理等技术工作的重要文件。不会读图，就无法理解工程的设计意图；不会画图，就无法表达自己的设计构思，因此，工程图一直被称为"工程界的共同语言"。工程图还是一种国际语言，因为各国的工程图样都是根据同一投影原理绘制出来的。作为土木工程方面的技术人员，必须具备熟练地绘制和阅读本专业的工程图样的能力，才能更好地从事工程技术工作。

2. 学习本课程的目的和任务

本课程是研究绘制和阅读土木工程图样的原理和方法，以培养学生的空间想象能力、空间构型能力和工程图的阅读与绘制能力，它是土木工程相关专业的一门重要技术课程，为学生学习后续课程和完成课程设计、施工实训等教学打下坚实的基础。

学习本课程的主要任务如下：

(1)学习投影法(主要是正投影法)的基本理论及其应用。

(2)学习贯彻国家制图标准和有关规定。

(3)培养绘制和阅读专业工程图样的能力。

(4)培养空间想象能力和空间几何问题的分析图解能力。

另外，在教学过程中还要有意识培养学生的自学能力、创造能力、审美能力，以及认真负责、严谨细致的工作作风。

3. 本课程的内容

(1)制图基本部分：介绍制图的基础知识和基本规定，培养读图、绘图的能力，并要求在绘图中严格遵守国家的规定。

(2)画法几何部分：以投影理论为基础，学习能用投影法图示空间几何体，并能解决空间几何问题。

(3)专业制图部分：运用正投影原理，学习绘制和阅读工程图样。

4. 本课程的学习方法

(1)理论联系实际。土木工程制图是土木工程各专业的基础课程，理论性比较强，也比较抽象，对初学者来说是全新的概念，所以，在学习时必须加强实践，并且要及时复习、及时完成作业。

(2)培养空间想象能力。本课程图形较多，无论是在学习还是做作业时都要把画图和读图相结合，能够从空间到平面并能从平面又回到空间。

(3)遵守国家标准的有关规定。在解决有关土木工程制图的有关问题时，要遵守国家标准规定，按照正确的方法和步骤作图，养成正确使用绘图工具和仪器的习惯。

(4)绘制图样应做到：投影正确，视图选择和配置恰当，尺寸齐全，字体工整，图面整洁，符合图标。

(5)认真负责，严谨细致。土木工程图样是施工的依据，图样上一条线的疏忽或者一个数字的差错都会造成严重的返工浪费。加强基本功训练，力求作图准确、迅速、美观。

注意画图与看图相结合，物体与图样相结合，要多画多看，逐步培养空间逻辑思维与形象思维的能力。

第1章 工程制图基本知识

知识目标

- 掌握《房屋建筑制图统一标准》(GB/T 50001—2017)中关于图幅、图框、标题栏、会签栏、图线、比例和图例的规定。
- 掌握长仿宋体字的书写要领。
- 掌握尺寸标注的要素及标注方法。
- 掌握绘图的方法和步骤。
- 熟悉常用制图工具及其使用方法。

能力目标

- 能够运用制图的基本知识识别图纸中的要素。
- 能够使用制图工具进行制图的基本操作。

新课导入

- 通过本章学习,主要培养学生阅读和绘制图样的基本知识、基本方法和技能,培养学生对空间的想象能力、耐心细致的工作作风和严肃认真的工作态度,这是学生今后学好各门专业课的基础和保证。

1.1 工程制图基本规定

标准是随着人类生产活动和产品交换规模及范围的日益扩大而产生的。我国现已制定了两万多项国家标准,涉及工业产品、环境保护、建设工程、工业生产、工程建设、农业、信息、能源、资源及交通运输等方面。我国已成为标准化工作较为先进的国家之一。

我国现有标准可分为国家、行业、地方、企业标准四个层次。对需要在全国范围内统一的技术要求,制订国家标准;对没有国家标准而又需要在全国某个行业范围统一的技术要求制订行业标准;由于类似的原因产生了地方标准;对没有国家标准和行业标准的企业产品制订企业标准。

国家标准和行业标准又可分为强制性标准和推荐性标准。强制性国家标准的代号形式为 GB ××××—××××,GB 分别是国标二字的汉语拼音的第一个字母,其后的××××

代表标准的顺序编号,而后面的××××代表标准颁布的年号。推荐性标准的代号形式为GB/T××××—××××。

顾名思义,强制性标准是必须执行的;而推荐性标准是国家鼓励企业自愿采用的。但由于标准化工作的需要,这些标准实际都被认真执行着。

标准是随着科学技术的发展和经济建设的需要而发展变化的。我国的国家标准在实施后,标准主管部门每五年对标准复审一次,以确定是否继续执行、修改或废止。在工作中应采用经过审订的最新标准。

下面介绍绘制图样时常用的国家标准。

1.1.1 图纸幅面、标题栏和会签栏

1. 图纸幅面

图纸的幅面是指图纸尺寸规格的大小,简称图幅。图框是指图纸上绘图范围的界线。图纸的幅面和图框尺寸应符合表 1-1 的规定。若图纸的幅面不够,可对图纸的长边进行加长,短边不得加长。图纸长边加长后的尺寸,根据专业可查阅国家标准《房屋建筑制图标准》(GB/T 50001—2017)。

表 1-1 幅面及图框尺寸   mm

幅面代号 尺寸代号	A0	A1	A2	A3	A4
$b\times l$	841×1 189	594×841	420×594	297×420	210×297
a	25					
c	10			5	

图纸以短边作为垂直边称为横式,如图 1-1(a)、(b)所示;以短边作为水平边称为立式,如图 1-1(c)、(d)所示。一般 A0~A3 图纸宜横式使用,必要时也可立式使用,而 A4 图纸只能使用立式。

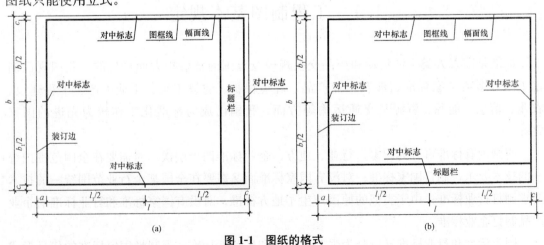

图 1-1 图纸的格式

(a)、(b)、(c)A0~A3 横式幅面;(d)、(e)、(f)A0~A4 立式幅面

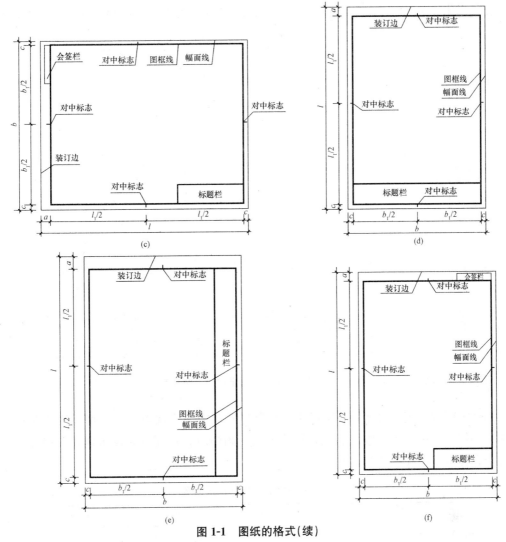

图 1-1 图纸的格式(续)

(a)、(b)、(c)A0~A3 横式幅面；(d)、(e)、(f)A0~A4 立式幅面

2. 标题栏和会签栏

标题栏应符合图 1-2、图 1-3 的规定，根据工程的需要选择确定其尺寸、格式及分区。签字栏应包括实名列和签名列，并符合下列规定：

涉外工程的标题栏内，各项主要内容的中文下方应附有译文，设计单位的上方或左方，应加"中华人民共和国"字样。

在计算机制图文件中使用电子签名与认证时，应符合国家有关电子签名法的规定。

1.1.2 图线

1. 线宽

每个图样应根据其复杂程度与比例大小，先选定基本线宽 b，再选用相应的线宽组。表 1-2 中的线宽 b 应根据图形复杂程度和比例大小确定。常见的线宽 b 值为 0.13、0.18、0.25、0.35、0.5、0.7、1.0、1.4(mm)。

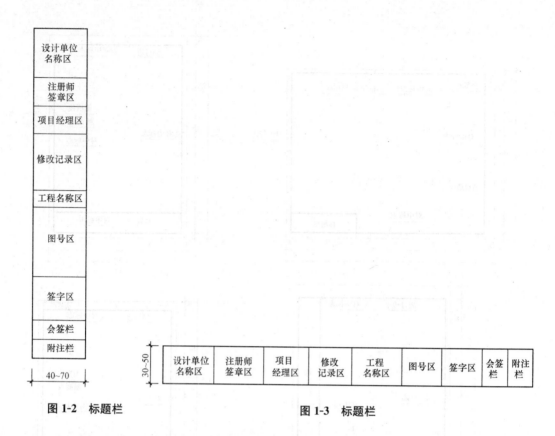

图1-2 标题栏　　　图1-3 标题栏

当选定粗线线宽b值之后,中粗线线宽为$0.7b$,中线线宽为$0.5b$,细线线宽为$0.25b$。这样一种粗、粗中、中、细线的宽度称线宽组。画图时,在同一张图纸内,采用比例一致的各个图样应采用相同的线宽组。

表1-2　图框线、标题栏线的宽度　　　　　　　　　　　　　　　mm

幅面代号	图框线	标题栏外框线	标题栏分格线
A0、A1	b	$0.5b$	$0.25b$
A2、A3、A4	b	$0.7b$	$0.35b$

2. 线型

建筑工程制图采用的各种图线的线型、宽度及用途应符合表1-3的规定。

3. 图线的画法

(1)在同一张图纸内,相同比例的图样应采用相同的线宽组。

(2)互相平行的图线,其间隙不宜小于其中的粗线宽度且不得小于0.7 mm。

(3)虚线、单点画线或双点画线的线段长度和间隔宜各自相等。

(4)单点画线或双点画线的两端应是线段而不是点,虚线与虚线、单点画线与单点画线或者单点画线与其他图线相交时应是线段相交;虚线与实线交接时,当虚线在实线的延长线方向时,不得与实线连接,应留有一段间距。

(5)在较小图形的绘制中绘制单点画线或者双点画线有困难时,可用实线代替。

(6)图线不得与文字、数字和符号重叠、混淆,不可避免时,应首先保证文字等的清晰。

表 1-3 图线

名称		线型	线宽	一般用途
实线	粗	———————	b	主要可见轮廓线
	中粗	———————	$0.7b$	可见轮廓线、变更云线
	中	———————	$0.5b$	可见轮廓线、尺寸线
	细	———————	$0.25b$	图例填充线、家具线
虚线	粗	- - - - - -	b	见各有关专业制图标准
	中粗	- - - - - -	$0.7b$	不可见轮廓线
	中	- - - - - -	$0.5b$	不可见轮廓线、图例线
	细	- - - - - -	$0.25b$	图例填充线、家具线
单点长画线	粗	—·—·—·—	b	见各有关专业制图标准
	中	—·—·—·—	$0.5b$	见各有关专业制图标准
	细	—·—·—·—	$0.25b$	中心线、对称线、轴线等
双点长画线	粗	—··—··—	b	见各有关专业制图标准
	中	—··—··—	$0.5b$	见各有关专业制图标准
	细	—··—··—	$0.25b$	假想轮廓线、成型前原始轮廓线
波浪线		～～～	$0.25b$	断开界线
折断线		—/\—	$0.25b$	断开界线

各种图线的正误画法示例见表1-4。

表 1-4 各种图线的正误画法示例

图线	正确	错误	说明
虚线与点画线	(15~20, 2~3; 4~6, 1)	(1, 2)	1. 点画线的线段长，通常画 15~20 mm，空隙与点共 2~3 mm。点常常画成很短的短画，而不是画成小圆黑点。 2. 虚线的线段长度通常画成 4~6 mm，间隙约为 1 mm。不要画得太短、太密
圆的中心线	(3~5; 2~3)	(1,2,3; 3,4)	1. 两点画线相交，应在线段处相交，点画线与其他图线相交，也在线段处相交。 2. 点画线的起始和终止处必须是线段，不是点。 3. 点画线应出头 2~5 mm。 4. 点画线很短时，可用细实线代替点画线
图线的交接		(1,2,3,2)	1. 两粗实线相交，应画到交点处，线段两端不出头。 2. 两虚线或虚线与实线相交，应线段相交，不要留空隙。 3. 虚线是实线的延长线时，应留有空隙

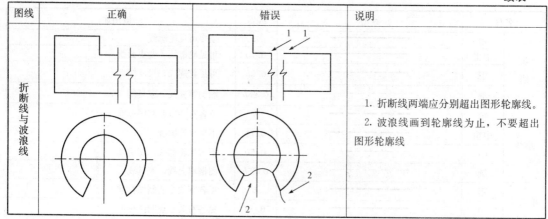

续表

1.1.3 字体

工程图样上的各种字,如汉字、数字、字母等必须要求做到:字体端正、笔画清楚、排列整齐、间隔均匀,以保证图样的规范性和通用性,避免发生错误而造成工程损失。字体的号数即为字体的高度 h,应从下列系列中选用:3.5、5、7、10、14、20(mm)。字体的高宽之比为 $\sqrt{2}:1$,字距为字高的 1/4。汉字的字高应不小于 3.5 mm。

1. 汉字

图样中的汉字应采用国家正式公布的简化字,并用长仿宋体字书写。长仿宋体字有 8 个基本笔画,即点、横、竖、撇、捺、挑、折和钩,如图 1-4 所示。

图 1-4 长仿宋字的基本笔画

长仿宋体字有 7 种规格,即 20 号、14 号、10 号、7 号、5 号、3.5 号及 2.5 号。每种规格的号数均指其字体的高度,以 mm 为单位。而字宽与高度之比为 2:3,其中 2.5 号字不宜手写汉字。

长仿宋体字的书写要领是横平竖直、笔端作锋、充满方格和结构匀称,如图 1-5 所示。

2. 数字和字母

数字和字母(包括阿拉伯数字和罗马数字)有正体和斜体两种,如图 1-6 和图 1-7 所示。若写成斜体字时,则应从字的底线逆时针向上倾斜 75°,斜体字的高度与宽度和正体字

建筑施工图平立剖面房屋

字体工整 笔画清楚 间隔均匀 排列整齐

横平竖直注意起落结构均匀填满方格

技术制图机械电子汽车船舶土木建筑矿山井坑港口

图1-5 长仿宋体字示例

ABCDEFGHJKL
MNPQRSTUVWXY
0123456789

图1-6 正体字示例

ABCDEFGHJKL
MNPQRSTUVWXY
0123456789

图1-7 斜体字示例

相等。书写数字和字母时，字高不应小于 2.5 mm。在同一张图样上，只能选用一种形式的字体。

拉丁字母 I、O、Z 不宜在图样中使用，以防和数字 1、0、2 混淆。

对图样中有关数量的书写应采用阿拉伯数字，各种计量单位应按国家颁布的单位符号相关标准书写。

1.1.4 比例和图例

图样的比例应为图形与实物相对应的线性尺寸之比。比例的大小就是指比值的大小，例如，1∶50大于1∶100。比例宜注写在图名的右侧，字的基准线应取水平；比例的字高宜比图名的字高小一号或者二号，图名下方应画一条粗实线，长度应与图名文字长度相同，如图1-8所示。

平面图 1:100

图1-8 比例的书写

绘图时选用的比例，应根据图样的用途和所绘制对象的复杂程度从表1-5中选用。一般情况下，一个图样应选用一种比例。但有时根据专业制图的需要，同一图样也可选用两种比例。

表1-5 绘图所用的比例

常用比例	1∶1、1∶2、1∶5、1∶10、1∶20、1∶30、1∶50、1∶100、1∶150、1∶200、1∶500、1∶1 000、1∶2 000
可用比例	1∶3、1∶4、1∶6、1∶15、1∶25、1∶40、1∶60、1∶80、1∶250、1∶300、1∶400、1∶600、1∶5 000、1∶10 000、1∶20 000、1∶50 000、1∶100 000、1∶200 000

1.1.5 常用的建筑材料图例

当建筑物或建筑配件被剖切时，通常在图样中的断面轮廓线内应画出建筑材料图例，表1-6中列出了《房屋建筑制图标准》(GB/T 50001—2017)中所规定的部分常用建筑材料图例，其余可查阅该标准。在《房屋建筑制图标准》(GB/T 50001—2017)中只规定了常用建筑材料图例的画法，对其尺度比例不作具体规定，绘图时可根据图样大小而定。

当选用《房屋建筑制图标准》(GB/T 50001—2017)中未包括的建筑材料时，可编图例，但不得与《房屋建筑制图标准》(GB/T 50001—2017)中所列的图例重复，应在适当位置画出该材料图例，并加以说明。

不同品种的同类材料使用同一图例时，应在图中附加必要的说明。

表1-6 常用建筑材料图例

材料名称	图例	说明
自然土壤		包括各种自然土壤
夯实土壤		
砂、灰土	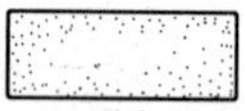	
砂砾石、碎砖三合土	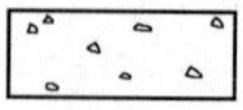	
石材		
毛石		
实心砖、多孔砖	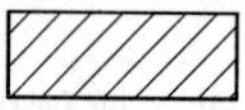	包括普通砖、多孔砖、混凝土砖等砌体

续表

材料名称	图例	说明
混凝土		1. 包括各种强度等级、集料、添加剂的混凝土。 2. 在剖面图上画出钢筋时,不画图例线。 3. 断面图形较小,不易绘制表达图例线时,可填黑或深灰(灰度宜70%)
钢筋混凝土		
多孔材料		包括水泥珍珠岩、沥青珍珠岩、泡沫混凝土、软木、蛭石制品等
木材		1. 上图为横断面,上左图为垫木、木砖或木龙骨。 2. 下图为纵断面
金属		1. 包括各种金属 2. 图形较小时,可填黑或涂灰(灰度宜70%)

1.1.6 尺寸标注

1. 尺寸的组成

图样上的尺寸,应包括尺寸界线、尺寸线、尺寸起止符号和尺寸数字,如图1-9所示。

(1)尺寸界线。尺寸界线用来限定所标注尺寸的范围,应用细实线绘制,一般应与被标注长度垂直,其一端应离开图样轮廓线不小于2 mm,另一端宜超出尺寸线2~3 mm。必要时可用图样轮廓线、中心线和轴线作为尺寸界线,如图1-10所示。

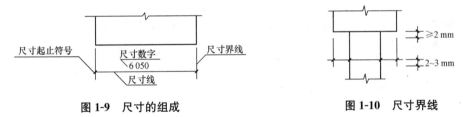

图1-9 尺寸的组成　　　　　图1-10 尺寸界线

(2)尺寸线。尺寸线用来表示尺寸的方向,用细实线绘制,并与被标注长度平行,与尺寸界线垂直相交,两端宜以尺寸界线为边界,也可超出尺寸界线2~3 mm。互相平行的尺寸线应从被标注的图样轮廓线由近及远地整齐排列,细部尺寸应离轮廓线较近,总尺寸应离轮廓线较远。平行排列的尺寸线的间距为7~10 mm。图样上的任何图线均不得用作尺寸线。

(3)尺寸起止符号。尺寸起止符号用来表示尺寸的起止,用中粗斜短线画在尺寸界线和尺寸线的相交处,其倾斜方向应与尺寸界线呈顺时针45°角,长度宜为2~3 mm。

半径、直径、角度和弧长的尺寸起止符号宜用箭头表示,箭头宽度b不宜小于1 mm,如图1-11所示。若相邻尺寸界线间隔太小,尺寸起止符号可用小圆点表示。

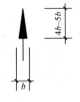

图1-11 箭头的画法

(4)尺寸数字。图样上的尺寸数字是建筑物的实际尺寸,与绘图所用的比例无关,因此不得从图上直接量取。图样上的尺寸单位除了标高和总平面图以米(m)为单位外,其余均必须以毫米(mm)为单位,图样上的尺寸数字不用书写单位。

尺寸数字的方向,应按图 1-12(a) 的规定注写。若尺寸数字在 30°斜线区内,也可按图1-12(b)的形式注写。

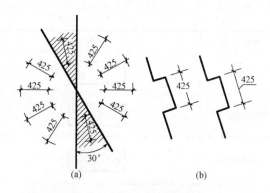

图 1-12 尺寸数字的注写方向

尺寸数字应依据其方向注写在靠近尺寸线的上方中部。如果没有足够的注写位置,最外边的尺寸数字可注写在尺寸界线的外侧,中间相邻的尺寸数字可上下错开注写或者用引出线引出进行标注,如图 1-13 所示。

尺寸宜标注在图样轮廓线的外侧,不宜与图线、文字和符号等相交,不可避免时应将尺寸数字处的图线断开,以保证尺寸数字的清晰,如图 1-14 所示。

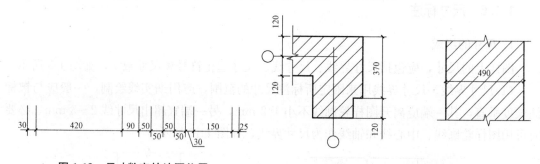

图 1-13 尺寸数字的注写位置　　　　图 1-14 尺寸数字的注写

2. 尺寸标注示例

尺寸标注的其他规定,可参阅表 1-7 所示的示例。

表 1-7 尺寸标注示例

注写的内容	注法示例	说明
半径		半圆或小于半圆的圆弧应标注半径,如左下方的例图所示。标注半径的尺寸线应一端从圆心开始,另一端画箭头指向圆弧,半径数字前应加注符号"R"。较大圆弧的半径,可按上方两个例图的形式标注;较小圆弧的半径,可按右下方四个例图的形式标注

续表

注写的内容	注法示例	说明
直径	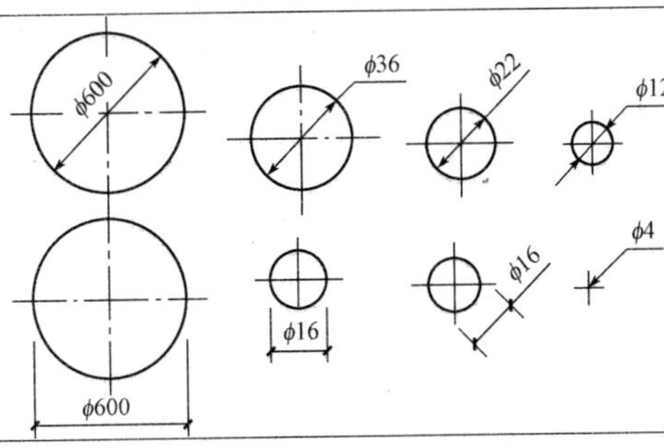	圆及大于半圆的圆弧应标注直径,如左侧两个例图所示,并在直径数字前加注符号"ϕ"。在圆内标注的直径尺寸线应通过圆心,两端画箭头指至圆弧。 较小圆的直径尺寸,可标注在圆外,如右侧六个例图所示
薄板厚度	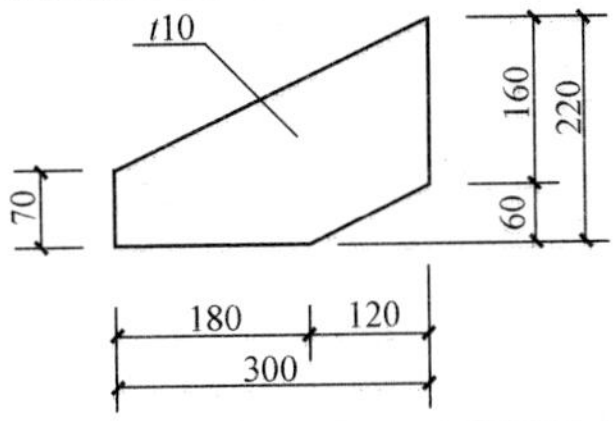	应在厚度数字前加注符号"t"
正方形	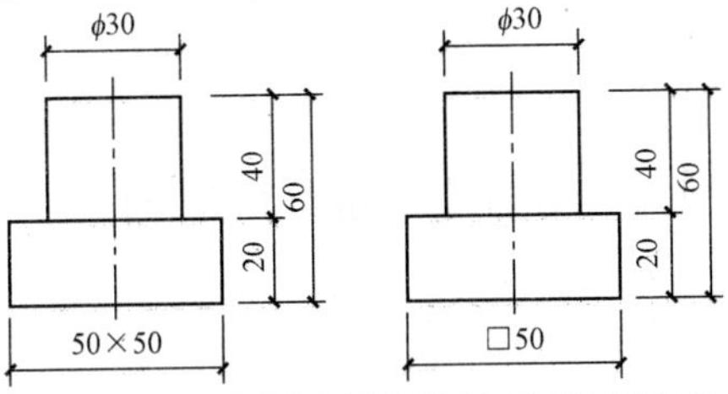	在正方形的侧面标注该正方形的尺寸,可用"边长×边长"标注,也可在边长数字前加正方形符号"□"
坡度	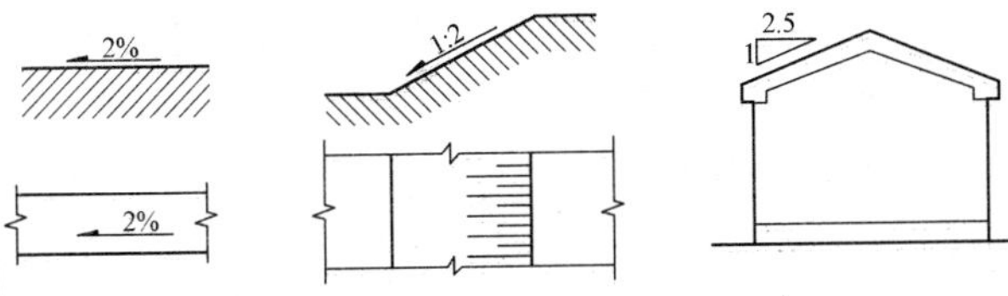	标注坡度时,在坡度数字下应加注坡度符号,坡度符号为单面箭头,一般指向下坡方向。 坡度也可用直角三角形形式标注,如右侧的例图所示。 图中在坡面高的一侧水平边上所画的垂直于水平边的长短相间的等距细实线,称为示坡线,也可用它来表示坡面
角度、弧长与弦长	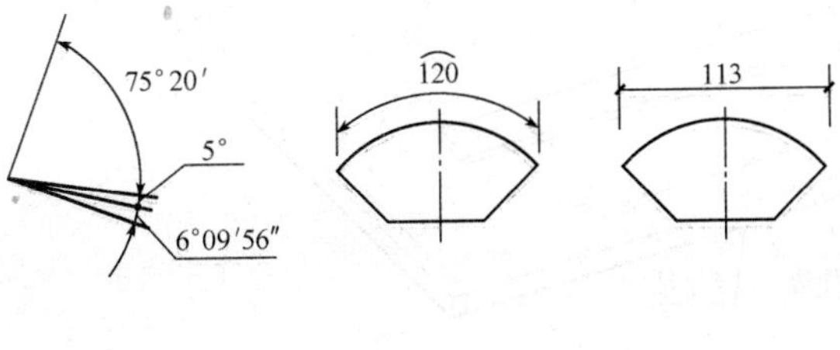	如左侧的例图所示,角度的尺寸线是圆弧,圆心是角顶,角边是尺寸界线。尺寸起止符号用箭头;如没有足够的位置画箭头,可用圆点代替。角度的数字应沿尺寸线方向注写。 如中间例图所示,标注弧长时,尺寸线为同心圆弧,尺寸界线垂直于该圆弧的弦,起止符号用箭头,弧长数字上加圆弧符号。 如右侧的例图所示,圆弧的弦长的尺寸线应平行于弦,尺寸界线垂直于弦

续表

注写的内容	注法示例	说明
连续排列的等长尺寸	180　5×100=500　60	可用"个数×等长尺寸=总长"的形式标注
相同要素	6×φ30　φ120　φ200	当构配件内的构造要素（如孔、槽等）相同时，可仅标注其中一个要素的尺寸及个数

1.2 制图工具和仪器的使用

1.2.1 图板和胶带

1. 图板

图板是用来铺放和固定图纸的。图面要求平整光滑。图板四周一般都镶有硬木边框，图板的左边是丁字尺的导边，一定要保持平直光滑。

图板的大小选择一般应与绘图纸张的尺寸相适应。

2. 胶带

胶带用来将图纸四角固定在图板上，留出放丁字尺的位置，如图1-15所示。

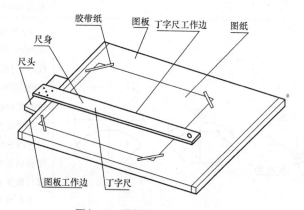

图1-15 图板与丁字尺的配合

1.2.2 丁字尺和三角板

1. 丁字尺

丁字尺由尺身和尺头组成，由有机玻璃制成。丁字尺主要用来绘制水平线，绘图时要使尺头紧靠图板的左边上下移动，画水平线时从左向右进行绘制，与三角板配合使用时可绘制垂直线，如图 1-16 所示。丁字尺不用时应悬挂起来，以免尺身变形。

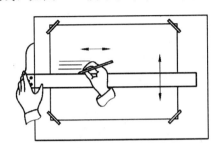 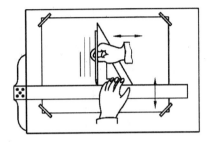

图 1-16 丁字尺的使用

2. 三角板

三角板主要用来画垂直线。画垂直线时，三角板的一边应紧贴在丁字尺的尺身上，从下至上进行绘制。三角板与丁字尺配合也可画出不同角度的斜线，如图 1-17 所示。

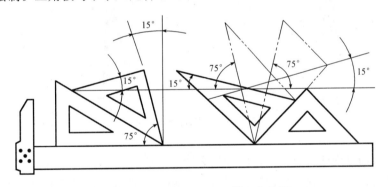

图 1-17 三角板与丁字尺的配合使用

1.2.3 圆规和分规

1. 圆规

圆规是用来绘制圆和圆弧的工具。一般圆规由钢针插脚、铅芯插脚、鸭嘴笔插脚和延长杆组成，如图 1-18 所示。

在绘图时使针尖固定在圆心位置上，使圆心插脚与针尖等长。画圆和圆弧时应使用圆规按顺时针方向转动，并稍向画线方向倾斜。画较大的圆和圆弧时，应使圆规的两条腿垂直于纸面，如图 1-19 所示。

2. 分规

分规是用来截取长度和等分线段的工具，如图 1-20 所示。分规的形状与圆规相似，只是两脚都装有钢针，为了能准确地量取尺寸，分规的两针尖应保持尖锐，使用时两针尖应

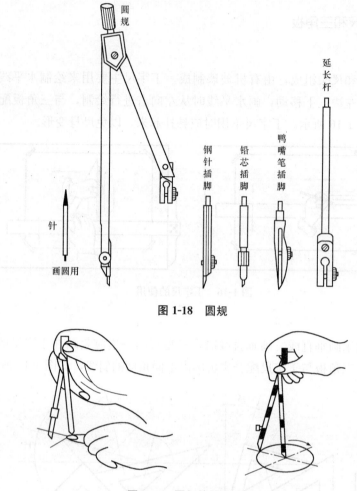

图 1-18 圆规

图 1-19 圆规的使用方法

调整到平齐,即当分规两脚合拢后,两针尖必聚于一点。

等分线段时,经试分使分规两针尖调到所需距离,然后在图纸上使两针尖沿要等分的线段依次摆动前进,如图 1-21 所示。

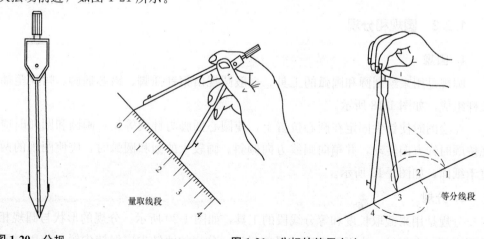

图 1-20 分规   图 1-21 分规的使用方法

1.2.4 铅笔和擦图片

1. 铅笔

铅笔是用来画图和写字的。通常铅笔的铅芯有软硬之分，分别是 H、HB、B。铅笔上标注的 H 表示硬铅笔，HB 表示软硬适中，B 表示软铅笔，H 和 B 之前的数字越大表示铅笔越硬或越软。绘制工程图时，一般均用 2H 的铅笔打底稿和画细线，用 HB 的铅笔画中粗线和书写文字，用 B 或 2B 的铅笔加深图线。

削铅笔时应将标有铅笔标号的一侧保留，以免混淆铅笔。2H、HB 的铅笔应削成锥形，笔芯露出 6~8 mm，2B 的铅笔削成扁形，如图 1-22 所示。

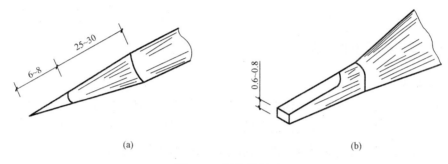

图 1-22 铅笔的削法

画线时应使铅笔垂直纸面，向运动的方向倾斜 75°，如图 1-23 所示。画细线时应适当地转动笔杆，以使整条线粗细均匀；加深粗线时，笔芯应削成与线宽一致，以保证所画图线粗细一致。

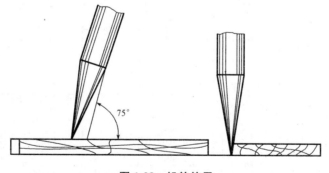

图 1-23 铅笔使用

2. 擦图片

擦图片是用来修改图线的，如图 1-24 所示。当擦掉一条错误的图线时，很容易将邻近的图线也擦掉一部分，用擦图片可以保护相邻的图线。擦图片是用薄塑料片或者金属片制成的，上面有各种形状的镂孔。使用时，可选择适宜的镂孔，盖在需要修改的图线上，使要擦去的部分从镂孔中露出，再用橡皮擦拭。

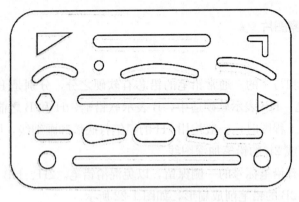

图 1-24 擦图片

1.2.5 建筑模板和曲线板

1. 建筑模板

建筑模板是用来绘制各种建筑标准图例和常用符号的工具，如柱子、大便器、污水盆、详图索引符号、定位轴线编号的圆圈和标高符号等。模板上刻有用以画出各种不同图例和符号的孔，如图1-25所示。使用建筑模板可提高绘制的速度和质量。

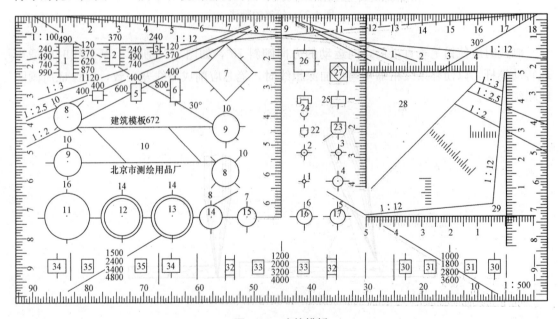

图 1-25 建筑模板

2. 曲线板

曲线板是用来画非圆曲线的工具。曲线板的使用方法如图1-26所示。首先求得曲线上若干点，再徒手用铅笔过各点轻轻勾画出曲线，然后将曲线板靠上，在曲线板边缘上选择一段至少能经过曲线上3~4个点，沿曲线板边缘自点1起画出曲线至点3与点4的中间，再移动曲线板，选择一段边缘能过3、4、5、6点，自前段接画曲线至点5与点6，如此延续下去即可画出完整的曲线。

图 1-26　曲线板及其使用方法

(a)定出曲线上若干点；(b)徒手连成线；(c)选曲线板上一段至少与曲线上三个点画线；
(d)继续画下一段曲线；(e)完成曲线

1.2.6　其他

绘图时还需要橡皮、小刀、软毛刷和磨铅笔芯的细砂纸等。

1.3　几何作图

1.3.1　几何图形的画法

1. 等分线段与等分平行线间的距离

(1)任意等分已知线段。除用试分法等分已知线段外，还可以采用辅助线法。三等分已知线段 AB 的作图方法如图 1-27 所示。

(2)等分两平行线间的距离。三等分两平行线 AB、CD 之间的距离的作图方法如图1-28 所示。

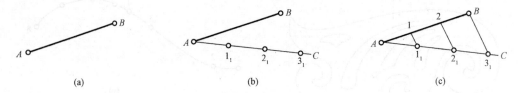

图 1-27 等分线段

(a)已知条件；(b)过点 A 作任一直线 AC，使 $A1_1 = 1_1 2_1 = 2_1 3_1$；
(c)连 3_1 与 B，分别由点 2_1、1_1 作 $3_1 B$ 的平行线，与 AB 相交得等分点 1、2

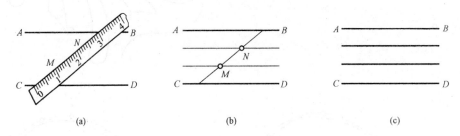

图 1-28 等分两平行线间的距离

(a)使直线尺刻度线上的 0 点落在 CD 线上，转动直尺，使直尺上的 3 点落在 AB 线上，取等分点 M、N；(b)过 M、N 点分别作已知直线段 AB、CD 的平行线；(c)清理图面，加深图线，即得所求的三等分 AB 与 CD 之间的距离的平行线

2. 作正多边形

(1)正四边形。图 1-29 是已知外接圆作正四边形的作图过程。

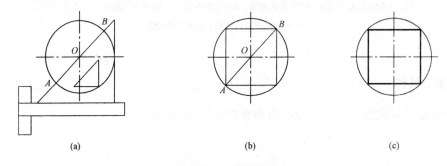

图 1-29 作正四边形

(a)以 45°三角板紧靠丁字尺，过圆心 O 作 45°线，交圆周于点 A、B；
(b)过点 A、B 分别作水平线、竖直线，与圆周相交；(c)清理图面，加深图线，即为所求

(2)正六边形。图 1-30 是已知外接圆作正六边形的作图过程。

(3)正五边形。图 1-31 是已知外接圆作正五边形的作图过程。

3. 圆弧连接

使直线与圆弧相切或圆弧与圆弧相切来连接已知图线，称为圆弧连接。

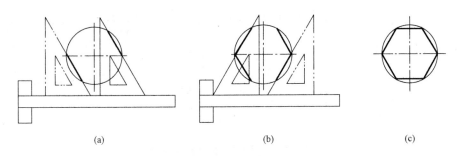

图 1-30 作正六边形

(a)以60°三角板紧靠丁字尺,分别过水平中心线与圆周的两个交点作60°斜线;(b)翻转三角板,同样作出另两条60°斜线;
(c)过60°斜线与圆周的交点,分别作上、下两条水平线。清理图面,加深图线,即为所求

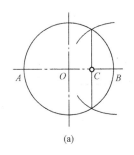 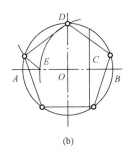 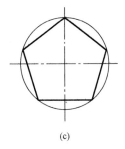

图 1-31 作正五边形

(a)取半径 OB 的中点 C;(b)以 C 为圆心,CD 为半径作弧,交 OA 于 E,以 DE 长度在圆周上截得各等分点,
连接各等分点;(c)清理图面,加深图线,即为所求

用来连接已知直线或已知圆弧的圆弧称为连接弧,切点称为连接点。为了使线段能准确连接,作图时,必须先求出连接弧的圆心和切点的位置。

在以下图中列举了几种直线段与圆弧、圆弧与圆弧连接的画法及其作图过程。

(1)过已知点作圆的切线(图 1-32)。

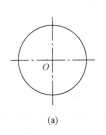 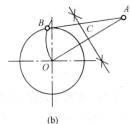 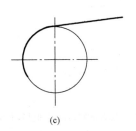

图 1-32 过已知点作圆的切线

(a)过点 A 作已知圆 O 的切线;(b)连接 OA,取 OA 中点 C;以 C 为圆心,OC 为半径画弧,
交圆周于点 B;连接 AB,即为所求;(c)本例有两个答案,另一答案与 AB 对 OA 对称,
作图过程与求作 AB 相同,未画出。清理图面加深图线后的作图结果如上图所示

(2)用圆周弧连接两斜交直线(图 1-33)。

(3)用圆弧连接两正交直线(图 1-34)。

(4)圆弧与两圆弧外切(图 1-35)。

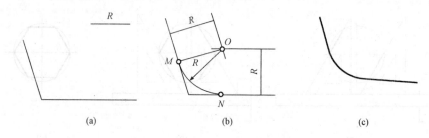

图 1-33 用圆弧连接两斜交直线

(a)用半径为 R 的圆弧连接两已知的斜交直线;(b)分别作距两已知直线为 R 的两条平行线,交点 O 为连接弧的圆心;过圆心 O 作两已知直线的垂线,交点 M、N 即为切点;以 O 为圆心,R 为半径,自 N 到 M 画弧,即为所求;(c)清理图面和加深图线后的作图结果如上图所示

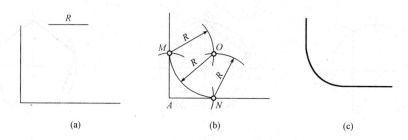

图 1-34 用圆弧连接两正交直线

(a)用半径为 R 的圆弧连接两垂直相交的已知直线;(b)以两已知直线的交点 A 为圆心,R 为半径画圆,交已知直线于 M、N,即为切点;分别以 M、N 为圆心,R 为半径画圆,交点 O 为连接弧的圆心;以 O 为圆心,R 为半径,自切点 N 向 M 画弧,即为所求;(c)清理图面和加深图线后的作图结果如上图所示

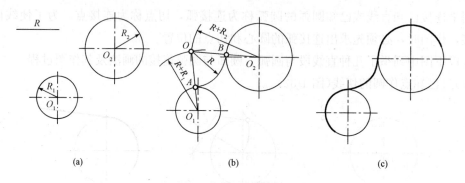

图 1-35 圆弧与两圆弧外切

(a)用半径为 R 的圆弧连接两已知圆弧,使它们同时外切;(b)分别以 O_1、O_2 为圆心,R_1+R、R_2+R 为半径画弧,相交得连接弧的圆心 O;连接 O 与 O_1、O 与 O_2,分别与两圆周相交得切点 A、B;以 O 为圆心,R 为半径,自 B 到 A 画弧,即为所求;(c)本例有两个答案,另一答案与 AB 对 O_1O_2 对称,作图过程与 AB 相同,未画出。清理图面和加深图线后的作图结果如上图所示

(5)圆弧与两圆弧内切(图 1-36)。

4. 圆弧连接

表 1-8 介绍了已知长轴 AB 和短轴 CD 作椭圆的几种方法,其中同心圆法用于求作比较准确的图形,四心法是一种近似作法,八点法用于要求不很精确的作图。

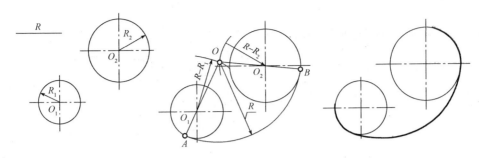

图 1-36 圆弧与两圆弧内切

(a)用半径为 R 的圆弧连接两已知圆弧，使它们同时内切；

(b)分别以 O_1、O_2 为圆心，$|R-R_1|$、$|R-R_2|$ 为半径画弧，相交得连接弧的圆心 O；连接 O 与 O_1、O 与 O_2，分别与两圆周相交得切点 A、B；以 O 为圆心，R 为半径，自 B 到 A 画弧，即为所求；

(c)本例有两个答案，另一答案与 AB 对 O_1O_2 对称，作图过程与 AB 相同未画出。清理图面和加深图线后的作图结果如上图所示

表 1-8 已知长、短轴画椭圆

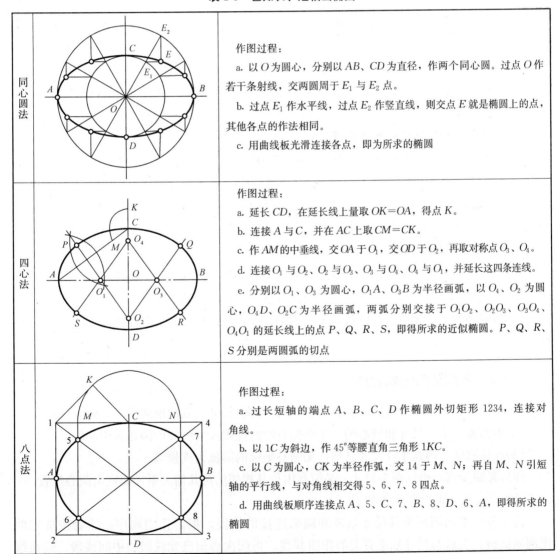

	作图过程
同心圆法	a. 以 O 为圆心，分别以 AB、CD 为直径，作两个同心圆。过点 O 作若干条射线，交两圆周于 E_1 与 E_2 点。 b. 过点 E_1 作水平线，过点 E_2 作竖直线，则交点 E 就是椭圆上的点，其他各点的作法相同。 c. 用曲线板光滑连接各点，即为所求的椭圆
四心法	a. 延长 CD，在延长线上量取 OK=OA，得点 K。 b. 连接 A 与 C，并在 AC 上取 CM=CK。 c. 作 AM 的中垂线，交 OA 于 O_1，交 OD 于 O_2，再取对称点 O_3、O_4。 d. 连接 O_1 与 O_2、O_2 与 O_3、O_3 与 O_4、O_4 与 O_1，并延长这四条连线。 e. 分别以 O_1、O_3 为圆心，O_1A、O_3B 为半径画弧，以 O_4、O_2 为圆心，O_4D、O_2C 为半径画弧，两弧分别交接于 O_1O_2、O_2O_3、O_3O_4、O_4O_1 的延长线上的点 P、Q、R、S，即得所求的近似椭圆。P、Q、R、S 分别是两圆弧的切点
八点法	a. 过长短轴的端点 A、B、C、D 作椭圆外切矩形 1234，连接对角线。 b. 以 1C 为斜边，作 45°等腰直角三角形 1KC。 c. 以 C 为圆心，CK 为半径作弧，交 14 于 M、N；再自 M、N 引短轴的平行线，与对角线相交得 5、6、7、8 四点。 d. 用曲线板顺序连接点 A、5、C、7、B、8、D、6、A，即得所求的椭圆

1.3.2 平面图形的分析与画法

1. 平面图形的尺寸分析

(1) 尺寸基准。尺寸基准是标注尺寸的起点。平面图形的长度方向和高度方向都要确定一个尺寸基准。尺寸基准常常选用图形的对称线、底边、侧边、图中圆周或圆弧的中心线等。

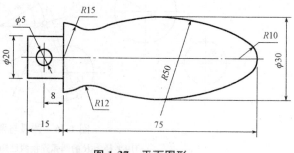

图 1-37 平面图形

在图 1-37 所示的平面图形中，长度、高度的尺寸基准分别取 $\phi5$ 圆的竖直中心线和水平中心线。

(2) 定形尺寸。定形尺寸是确定平面图形上几何要素大小的尺寸。如圆的大小、直线的长短等，如图中 15、$R12$、$R15$、$\phi20$ 等均为定形尺寸。

(3) 定位尺寸。定位尺寸是确定平面图形各组成部分相对位置的尺寸，如圆心和直线相对于坐标系的位置等，如 8、75 等均为定位尺寸。标注定位尺寸时必须与尺寸基准（坐标轴）相联系。

从尺寸基准出发，通过各定位尺寸，可确定图形中各个部分的相对位置，通过各定形尺寸，可确定图形中各个部分的大小，于是就可以完全确定整个图形的形状和大小，准确地画出这个平面图形。

2. 平面图形尺寸标注的基本要求

平面图形的尺寸标注要做到正确、完整、清晰。"正确"是指标注尺寸应符合国家标准的规定。"完整"是指标注尺寸应该没有遗漏尺寸，也没有矛盾尺寸；在一般情况下不注写重复尺寸（包括通过现有尺寸计算或作图后可获得的尺寸在内），但在需要时，也允许标注重复尺寸。"清晰"是指尺寸标注得清楚、明显，并标注在便于看图的地方。

3. 平面图形的绘制步骤

(1) 确定尺寸基准：在水平方向和铅垂方向各选一条直线作为尺寸基准。
(2) 确定图形中各线段的性质，确定出已知线段、中间线段和连接线段。
(3) 按确定的已知线段、中间线段和连接线段的顺序逐个标注出各线段的定形和定位尺寸。

1.3.3 平面图形的线段分析

(1) 已知弧。半径尺寸和圆心位置（两个坐标方向）尺寸已知的圆弧为已知弧。
(2) 中间弧。半径尺寸和圆心的一个坐标方向的位置尺寸已知的圆弧为中间弧。
(3) 连接圆弧。圆弧半径尺寸已知，无圆心坐标的圆弧为连接弧。

连接弧缺少圆心坐标两个尺寸，必须利用与其相邻的两几何关系才能定出圆心位置。

抄绘平面图形的绘图步骤如下：

首先分析平面图形及其尺寸基准和圆弧连接的线段，拟定作图顺序；然后按选定的比例画底稿，先画与尺寸基准有关的作图基线，再顺次画出已知线段、中间线段、连接线段；图形完成后，画尺寸线和尺寸界线，并校核修正底稿，清理图面；最后按规定线型加深或上墨，写尺寸数字，再次校核修正，便完成了抄绘这个平面图形的任务，如图1-38～图1-41所示。

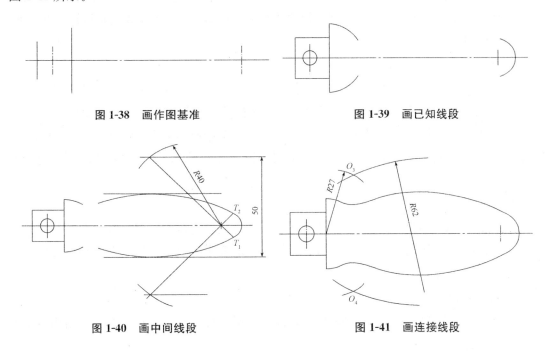

图1-38 画作图基准　　　　　　　　　图1-39 画已知线段

图1-40 画中间线段　　　　　　　　　图1-41 画连接线段

1.4 绘图的方法与步骤

为了保证绘图质量，提高绘图速度，除必须熟悉和遵守制图标准、正确使用绘图工具、掌握几何作图的方法外，还要有比较合理的绘图工作顺序。现就采用工具和仪器绘图与徒手绘图的方法和步骤简述如下。

1.4.1 用绘图工具和仪器绘制图样

1. 画图前的准备工作

画图前要准备好绘图工具和仪器，按各种线型的要求削好铅笔和圆规中的铅芯，并备好图纸。

2. 画底稿

(1) 选比例，定图幅。根据所画图形的大小，选取合适的画图比例和图纸幅面。

(2) 固定图纸。将选好的图纸用胶带纸固定在图板上。固定时，应使图纸的水平边与丁字尺的工作边平行，图纸的下边与图板底边的距离要大于一个丁字尺的宽度。

(3) 画图框及标题栏。按国家标准所规定的幅面、周边尺寸和标题栏位置，先用细实线画出纸边界线、图框及标题栏。标题栏可采用图1-2或图1-3所示的格式。

(4) 布置图形的位置。图形在图纸上布置的位置要力求匀称，不宜偏置或过于集中在某一角。根据每个图形的长、宽尺寸,画出各图形的基准线,并考虑到有足够的图面注写尺寸和文字说明等。

(5)画底稿图。先由定位尺寸画出图形的所有基准线,再按定形尺寸画出主要轮廓线,然后再画细节部分。画底稿图时,宜用较硬的铅笔(2H 或 H)。底稿线应画得轻、细、准,以便于擦拭和修改。

3. 铅笔加深图线

加深图线前要仔细校对底稿,修正错误,擦去多余的图线或污迹,保证线型符合国家标准的规定。加深不同类型的图线,应选用不同型号的铅笔。加深图线一般可按下列顺序进行:不同线型,先粗、实,后细、虚;有圆有直,先圆后直;多条水平线,先上后下;多条垂直线,先左后右;多个同心圆,先小后大;最后加深斜线、图框和标题栏。

4. 标注尺寸

图形加深后,应将尺寸界线、尺寸线和箭头都一次性地画出,最后注写尺寸数字及符号等。注意标注尺寸要正确、清晰,符合国家标准的要求。填写标题栏及其他必要的文字说明。

5. 检查整理

待绘图工作全部完成后,经仔细检查,确无错漏,最后在标题栏"制图"一格内签上姓名和绘图日期。

1.4.2 徒手绘图的方法

徒手图也称草图,它是以目测来估计物体的形状和大小,不借助绘图工具,徒手绘制的图样。工程技术人员时常需用徒手图迅速准确地表达自己的设计意图,或将所需的技术资料用徒手图迅速地记录下来,故徒手图在产品设计和现场测绘中占有很重要的地位。当采用绘图软件绘制图形时,常事先徒手画出图形,再直接输入计算机。所以,掌握好徒手图的画图技能,显得尤为必要。开始练习画徒手图时,可先在方格纸上进行,这样较容易控制图形的大小比例,尽量让图形中的直线与分格线重合,以保证所画图线的平直。徒手绘图的手法如图 1-42 所示。执笔时力求自然,笔杆与纸面成 45°~60°。一般选用 HB 或 B 的铅笔,铅芯磨成圆锥形。

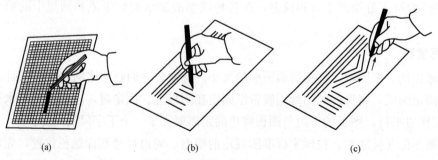

图 1-42 直线的徒手画法

1. 直线的画法

徒手画直线时,握笔的手要放松,用手腕抵着纸面,沿着画线的方向移动;眼睛不要死盯着笔尖,而要瞄准线段的终点。画水平线时,图纸可放斜一点,不要将图纸固定死,以便随时可将图纸调整到画线最为顺手的位置,如图1-42(a)所示;画垂直线时,自上而下运笔,如图1-42(b)所示;画斜线时的运笔方向如图1-42(c)所示。每条图线最好一笔画成;对于较长的直线也可用数段连续的短直线相接而成。

2. 圆的画法

画圆时,先定出圆心位置,过圆心画出两条互相垂直的中心线,再在中心线上按半径大小目测定出四个点后,分两半画成,如图1-43(a)所示。对于直径较大的圆,可在45°方向的两中心线上再目测增加四个点,分段逐步完成,如图1-43(b)所示。

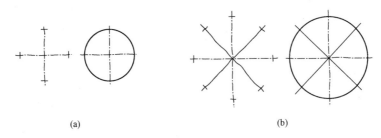

图1-43 圆的徒手画法

3. 斜线的画法

画30°、45°、60°等特殊角度的斜线时,可利用两直角边的比例关系近似地画出,如图1-44所示。

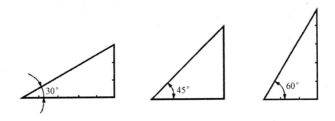

图1-44 徒手画30°、45°、60°的斜线

4. 椭圆的画法

画椭圆时,先目测定出其长、短轴上的四个端点,然后分段画出四段圆弧,画时应注意图形的对称性,如图1-45所示。

总之,画徒手图的基本要求是:画图速度尽量要快,目测比例尽量要准,画面质量尽量要好。对于一个工程技术人员来说,除熟练地使用仪器绘图外,还必须具备徒手绘制草图的能力。

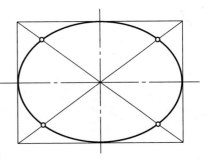

图1-45 椭圆的徒手画法

本章小结

本章内容是学习工程制图这门课的基础，主要掌握以下内容：

1. 了解国家标准的有关规定。
2. 掌握绘图工具的使用方法。
3. 掌握正多边形的作图方法。
4. 掌握圆弧连接的作图，分清已知弧、中间弧和连接弧；正确标注平面图形的尺寸。

第 2 章　投影的基本知识

知识目标

- 熟悉投影法的概念和方法。
- 掌握正投影的特性。
- 掌握三面投影图的表示方法及三面投影规律。
- 了解工程中常用的投影图及其特点。

能力目标

- 根据投影的基本原理及投影法的分类原则，会判断投影图的类别。

新课导入

在日常生活中，我们经常看到影子这个自然现象。在光线（阳光或灯光）的照射下，物体就会在地面或墙面上投下影子。这些影子在某种程度上能够显示物体的形状和大小，但随着光线照射方向的不同，影子也随之产生变化。

在土木工程中，我们就是利用这个原理在图纸上绘制物体的投影图的。

2.1　投影的基本知识

2.1.1　投影法的概念

物体在光线的照射下，会在地面或墙面上产生影子。在制图中，将光源称为投影中心，表示光线的线称为投射线，光线的射向称为投射方向，形成影子的面称为投影面，在投影面上形成的影子称为投影。

这种源于人眼常见的自然现象，并利用光→物体→影子的原理绘制出物体图像的方法就是投影法。

用投影法画出的物体图形就是投影图，如图 2-1 所示。工程上常用各种投影法来绘制图样。

2.1.2　投影法的分类

在本章，我们只研究物体的形状和大小，因此，将物体称为形体。根据投射线、形体

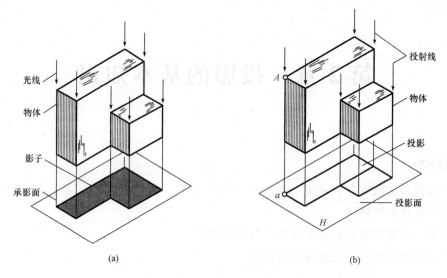

图 2-1 影子与投影

(a)影子；(b)投影

与投影面之间的关系，投影法一般可分为中心投影法和平行投影法两大类。

1. 中心投影法

当投影中心距投影面有限远时，所有的投射线都交汇于一点（即投影中心），这种投影法称为中心投影法，如图 2-2 所示。用这种投影法作出的投影称为中心投影。

如图 2-2 所示，四边形 $ABCD$ 的投影四边形 $abcd$ 的大小随着投影中心 S 距离四边形 $ABCD$ 的远近或者四边形 $ABCD$ 距离投影面 H 的远近而变化，投影近大远小，不反映物体的真实大小，但直观、立体感较强，常用于作透视图。

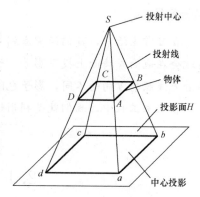

图 2-2 中心投影法

2. 平行投影法

当投影中心距投影面无限远时，所有的投射线都相互平行，这种投影法称为平行投影法，由平行投影法得到的投影称为平行投影。根据投射线与投影面之间角度的不同，平行投影法又可分为正投影法和斜投影法两种。

投射线垂直于投影面产生的平行投影叫作正投影，如图 2-3(a)所示；投射线倾斜于投影面产生的平行投影叫作斜投影，如图 2-3(b)所示。

在平行投影法中，斜投影直观性较好，但视觉效果没有中心投影图逼真；正投影具有作图简单、图形度量性好的特点，因此是工程中普遍采用的基本作图方法，其缺点是直观性较差，投影图的识读较难。

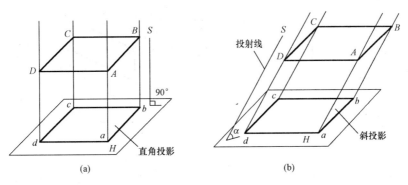

图 2-3　平行投影法

(a)正投影法；(b)斜投影法

2.2　正投影的特性

在土木工程图中，使用最多的投影是正投影。正投影主要有如下几个特性。

2.2.1　实形性

平行于投影面的线段或平面图形在该投影面上的投影反映线段的实长或平面图形的实形，这种投影特性称为正投影的实形性。

如图 2-4 所示，平行于投影面的线段 AB 与它的投影 ab 的长度相等，四边形 $ABCD$ 与它的水平投影四边形 $abcd$ 全等。

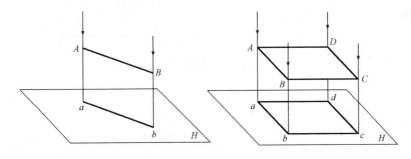

图 2-4　正投影的实形性

2.2.2　积聚性

垂直于投影面的线段或平面图形在该投影面上的投影积聚成一点或一条直线，这种投影特性称为正投影的积聚性。

如图 2-5 所示，垂直于投影面的线段 AB 在它所垂直的投影面上的投影积聚为一点 a(b)，即重合在一起。垂直于投影面的四边形 $ABCD$ 在它所垂直的投影面上的投影积聚为一条直线。

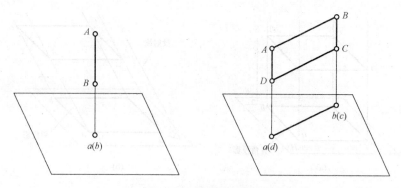

图 2-5　正投影的积聚性

2.2.3　类似性

当直线或平面图形与投影面倾斜时，直线的投影仍为直线，平面图形的投影是原图形的类似形，并且直线或平面图形的投影小于实长或实形，这种投影特性称为正投影的类似性。

如图 2-6 所示，当直线倾斜于投影面时，直线的投影仍为直线，但不反映实长；当平面图形倾斜于投影面时，在该投影面上的投影为原图形的类似形（注意：类似形并不是相似形，它和原图形形状类似，只是边数相同）。

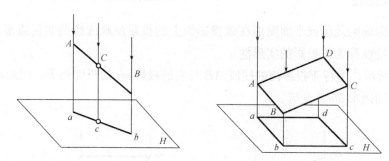

图 2-6　正投影的类似性

2.3　三面投影图

2.3.1　三面投影图的形成

为了准确地确定物体的形状和位置，根据实际的需要，通常将形体放在三个互相垂直相交的平面所组成的投影体系中，然后将形体分别向三个投影面作投影。这三个互相垂直相交的投影面就组成了三面投影体系。形体在三面投影体系中的投影称作三面投影图。

三面投影体系，又称三面三轴一交点体系。其由三个互相垂直的投影面和三条投影轴构成，如图 2-7 所示。

在三面投影体系中，三个投影面分别为水平投影面，用字母 H 表示，简称 H 面，物体在 H 面上产生的投影称为 H 面投影，也称为水平投影；正立投影面，用字母 V 表示，简称 V 面，物体在 V 面上产生的投影称为 V 面投影，也称为正面投影；侧立投影面，用字母 W 表示，简称 W 面，物体在 W 面上产生的投影称为 W 面投影，也称为侧面投影，如图 2-8 所示。

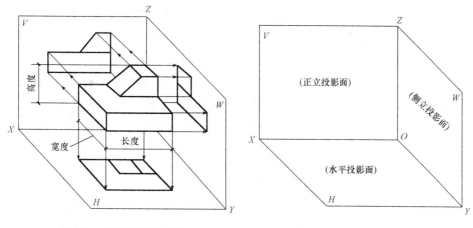

图 2-7　三面投影体系图　　　　　图 2-8　三面投影图的形成

在工程应用中，为了将空间三个投影面上所得到的投影画在一个平面上，需将三个相互垂直的投影面展开摊平为一个平面。国家标准中规定了展开方法：令 V 面保持不动，H 面绕 OX 轴向下翻转 $90°$，W 面绕 OZ 轴向右翻转 $90°$，如图 2-9(a)所示，则它们就和 V 面在同一个平面上了，三个投影面上的投影图也随着投影面的展开而有规律地分布在了一个平面上，即形成了工程上常用的三面投影图。在展开的过程中，原 OX、OZ 轴的位置不变。由于 OY 轴为 H 面与 W 面的交线，所以分别随 H 面和 W 面旋转。这里规定随 H 面旋转的轴线用 OY_H 表示，随 W 面旋转的轴线用 OY_W 表示。三个投影面展开后，三条投影轴成为两垂直相交的直线。一般地，根据实际工程中的需要，省去边框不画，就得到三面投影图，如图 2-9(b)所示。

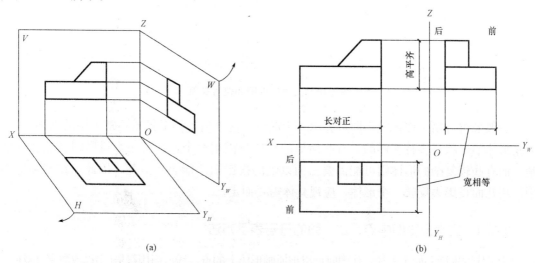

图 2-9　三面投影图的展开

2.3.2 三面投影图的投影规律

一般形体都具有长、宽、高三个方向的尺度，如图 2-7 所示，在三面投影体系中，形体的 X 轴尺寸称为长度，Y 轴尺寸称为宽度，Z 轴尺寸称为高度。由此可知，形体的 V 面投影反映形体的正面形状和形体的长度及高度，形体的 H 面投影反映形体的水平面形状和形体的长度及宽度，形体的 W 面投影反映形体的左侧立面的形状和形体的高度及宽度。

将三个投影图联系起来看，就可以得出这三个投影图之间的相互关系，即 V 面投影和 H 面投影"长相等"，V 面投影和 W 面投影"高相等"，H 面投影和 W 面投影"宽相等"，如图 2-9(b)所示。为便于作图和记忆，概括为"长对正、高平齐、宽相等"。这个"三等"关系是形体三面投影图的重要规律，对整个形体或者是对形体的每一个组成部分都成立，是绘图和读图时必须遵守的基本投影规律。

2.3.3 三面投影图的位置关系

任何一个形体都有上、下、左、右、前、后六个方位，如图 2-10(a)所示。在三个投影图中，每个投影图各反映其中四个方向的情况，即 V 面投影图反映形体的上、下和左、右的情况，不反映前、后情况；H 面投影图反映形体的前、后和左、右的情况，不反映上、下情况；W 面投影图反映形体的上、下和前、后情况，不反映左、右情况，如图 2-10(b)所示。

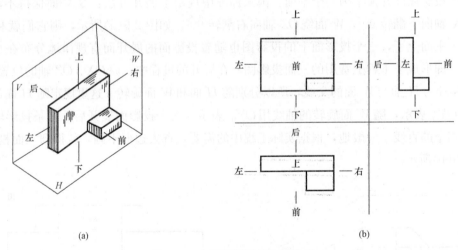

图 2-10 三面投影图的位置关系

一般来讲，用三面正投影即可表示一个形体，这也是各种工程图经常采用的表现方法。但是形体的形状是多种多样的，有些简单的形体只需用两个，甚至一个投影图就能表达清楚，而有些较复杂的形体则可能需要三面以上的投影图才能表示清楚，因此，在实际应用中，用几面投影去反映一个形体，应视具体需要而定。

2.3.4 三面投影图中点、线、面的符号表示方法

为了作图准确和便于校核，作图时可以把所画形体上的点、线、面用符号(字母或数字)标注。一般规定空间形体上的点用大写字母表示，如 A，B，C……；其 H 面投影用相应的小

写字母表示，如 a，b，c……；V 面投影用相应的小写字母加一撇表示，如 a'，b'，c'……；W 面投影用相应的小写字母加两撇表示，如 a''，b''，c''……。

投影轴及投影面的符号用大写字母表示。空间的直线用通过该直线的两个点的大写字母表示，空间的面也用大写字母表示，其 H 面投影图、V 面投影图和 W 面投影图分别用对应的小写字母、加一撇的小写字母及加两撇的小写字母表示。

2.4 工程中常用的投影图

工程中，由于表达的目的及被表达对象的特征不同，往往采用不同的投影图。在土木工程中，常用的投影图有以下四种。

2.4.1 透视投影图

用中心投影法将形体投射到一个投影面上所得到的图形称为透视投影图，简称透视图，如图 2-11 所示。

透视图的优点是具有非常强的立体感、图形逼真，在建筑工程中，通过透视投影图，人们可以知道新建建筑物的真实形状和立体形象；缺点是一般不能反映形体的确切形状和大小，不能直接度量，绘制过程也比较复杂，不能用作施工依据，在建筑、道桥设计中，常用来表现所设计的建筑物建成后的外貌效果图及工业产品的展示图、广告宣传等。

图 2-11 透视投影图

2.4.2 轴测投影图

轴测投影图是用平行投影方法绘制而成的，又称为轴测投影，简称轴测图，如图 2-12 所示。
轴测图的优点是直观性较好，但其不足之处是作图较烦琐，因此常用作辅助图样。在建筑工程中，常用轴测投影来绘制给水排水、采暖通风等专业的管道系统图。

2.4.3 正投影图

正投影图是用正投影法将物体向两个或两个以上相互垂直的投影面进行投影所得到的图样，如图 2-13 所示。

正投影图的优点是反映工程形体的实际尺寸,即度量性好,作图简便,因此是土木工程中最主要的图样;缺点是直观性差,缺乏投影知识的人不易看懂。本书将在后面的章节中着重介绍正投影图的绘制原理及应用。

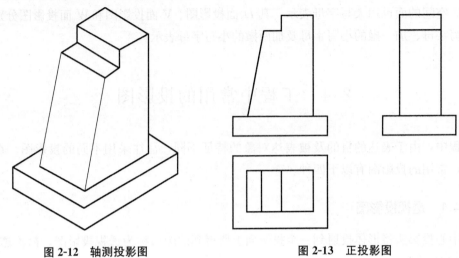

图 2-12　轴测投影图　　　　　　　图 2-13　正投影图

2.4.4　标高投影图

标高投影图是一种带有整数数字标记的单面正投影图。在土木工程中,常用来绘制地形图、建筑总平面图和道路、水利工程等方面的平面布置图样。如图 2-14 所示,用高差相等的水平面截割地形面,其交线即为等高线,用一定的比例尺,在水平面上作出它们的正投影,并在其上标注出高程数值,即为标高投影图。标高投影常用来表示地形的起伏状况,是土木工程中常用的一种图示方法。

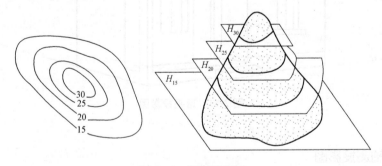

图 2-14　标高投影图

本章小结

本章主要介绍了投影图的形成过程、投影图的分类;三面正投影图的投影特性、三面投影的位置关系、三面投影的表示方法等。

第 3 章　点、直线及平面的投影

知识目标

- 了解点投影的形成和点的坐标与投影的关系。
- 掌握点的投影规律及作图方法。
- 掌握两点的相对位置及重影点可见性的判别。
- 掌握各种位置直线的投影特性和作图方法。
- 熟悉直线相对位置的判别方法。
- 掌握各种位置平面的投影特性和作图方法。
- 掌握点和直线在平面上的几何条件及作图方法。

能力目标

- 会运用投影原理绘制点、线、面等基本几何要素的投影。

新课导入

在工程制图中,我们要用投影的方法表达工程形体的形状、大小和方位,而体是由点、线、面这些基本几何要素组成的。在初等几何中,我们学习过点、线、面、体的关系,在工程制图中,点、线、面、体的投影作图方法之间也存在着相互联系、层层递进的关系。因此,掌握点、线、面的投影图的作法是学习体的投影的基础,而掌握体的投影图的作法是绘制工程图样的重要一环。

3.1　点的投影

3.1.1　点的三面投影

点的一个投影不能确定点的空间位置。例如,根据正投影的形成原理,由空间一点 A 作垂直于水平投影面 H 的投影线,垂足 a 即为 A 点在 H 面的单面投影图,如图 3-1 所示。如果空间点 A、投影平面的位置一定,则 a 点的位置也是唯一确定的。但是,当 A 点的投影 a 一定时,能否根据投影来确定空间点 A 的位置呢?如图 3-2 所示,由点 A 的投影 a 作垂直于投影面 H 的投影线,在投影线上的所有的点,如 A_1、A_2、A_3、A_4 等,它们在 H 面上的投影均是 a。

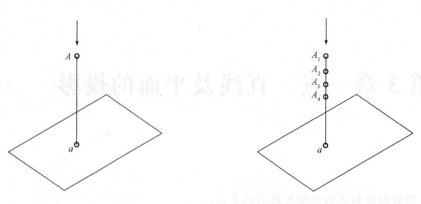

图 3-1 点的单面投影　　图 3-2 点的单面投影与其空间位置不能一一对应关系

由上可知,点的一个投影不能准确地确定该点的实际位置,因此,在建筑工程中,经常用多面投影来表达形体。一般来说,三面投影即可表达清楚,即过空间点 A 分别向三个投影面作垂线,在三个投影面的垂足分别为 a、a'、a'',即为点 A 的水平投影、正面投影和侧面投影。过点 A 的三个投影分别向 X、Y、Z 轴作垂线,分别与投影轴交于 a_X,a_Y,a_Z。将三面投影图展开,按照展开规则,保持 V 面不动,H 面向下旋转 $90°$,W 面向右旋转 $90°$,使得 H 面、V 面和 W 面处在同一个平面上,去掉三个投影面的边框就得到了点 A 的三面投影图,如图 3-3 所示。

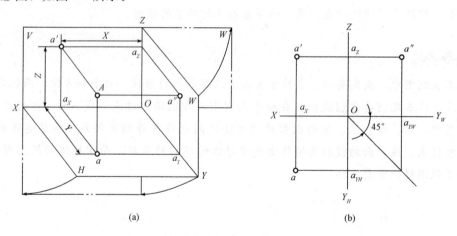

图 3-3 点的三面投影

根据几何知识,分析点的三面投影图可知,点的三面投影有如下的关系:
(1)点的水平投影 a 与正面投影 a' 的连线垂直于 OX 轴($aa' \perp OX$ 轴),即"长对正";
(2)点的正面投影 a' 与侧面投影 a'' 的连线垂直于 OZ 轴($a'a'' \perp OZ$ 轴),即"高平齐";
(3)点的水平投影 a 到 OX 轴的距离等于侧面投影 a'' 到 OZ 轴的距离($aa_X = a''a_Z$),即"宽相等"。

以上投影关系说明在点的三面投影图中,每两个投影之间都有确定的联系,如果已知点的两面投影,便可确定点的第三面投影。具体作图时,为使点的水平投影到 OX 轴的距离与点的侧面投影到 OZ 轴的距离相等,常自原点 O 向右下方引出与水平线成 $45°$ 的直线作为辅助线。

【**例 3-1**】 如图 3-4(a)所示,已知点 A 的正面投影 a' 和水平投影 a,求点 A 的侧面投影。

分析:根据点的投影规律,点的侧面投影与正面投影的连线垂直于 OZ 轴,因此所求的侧面投影必定在由 a' 向 OZ 轴所作的垂线上。又根据点的水平投影到 OX 轴的距离等于点的侧面投影到 OZ 轴的距离,故可借助 $45°$ 辅助线,求出侧面投影。

作图步骤:如图 3-4(b)所示。

(1)过点 a' 向 OZ 轴作垂线,与 OZ 轴交于点 a_z。

(2)过点 a 向 OY_H 轴作垂线,遇 $45°$ 辅助线转折 $90°$ 至垂直方向,继续作垂线,与 $a'a_z$ 的延长线的交点就是所求的侧面投影 a''。

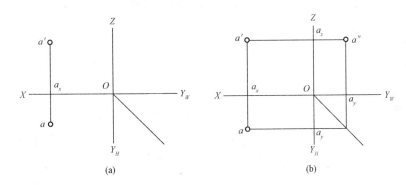

图 3-4 已知点的两面投影求作第三面投影

3.1.2 点的投影与直角坐标的关系

在三面投影体系中,空间点的位置可以用点的三维直角坐标来表示。将点的三面投影体系看作是直角坐标系,三个投影面相当于三个坐标面,三条投影轴相当于三条坐标轴,投影原点相当于坐标原点,则空间点 A 到三个投影面的距离就是点 A 的三个坐标。

如 $A(x、y、z)$,即 A 点到水平面的距离就是 Z 轴上的坐标值,A 点到正立面的距离就是 Y 轴上的坐标值,A 点到侧立面的距离就是 X 轴上的坐标值。点的三面投影也可以用坐标来确定,即点的水平投影由坐标(x,y)确定;点的正面投影由(x,z)确定;点的侧面投影由(y,z)确定,如图 3-5 所示。

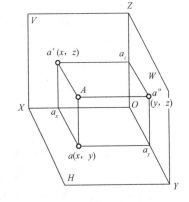

图 3-5 点的投影与坐标的关系

【**例 3-2**】 已知空间点 A 的坐标为$(12,10,15)$,求作该点的三面投影。

分析:已知点的水平投影由坐标(x,y)确定,点的正面投影由坐标(x,z)确定,点的侧面投影由坐标(y,z)确定,则可以根据已知坐标值直接求出点的三面投影,如图 3-6 所示。

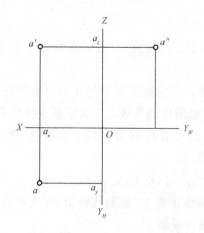

图 3-6　根据点的坐标作投影图

作图步骤：

(1) 作投影轴。

(2) 在 OX、OY、OZ 轴上分别截取 $x=12$，$y=10$，$z=15$，找出 a_x，a_y，a_z。

(3) 过 a_x，a_y，a_z 作相应投影轴的垂线，各垂线在水平面的交点就是点 A 的水平投影 a，在正立面上的交点就是点 A 的正面投影 a'，在侧立面上的交点就是点 A 的侧面投影 a''。

根据点与投影面之间的相对位置关系，可将空间点分为一般位置点和特殊位置点两大类。

(1) 一般位置点：三个坐标值都不等于零的点；

(2) 特殊位置点：投影面上的点、投影轴上的点和坐标原点上的点。

例 3-2 中的 A 点三个坐标值都不为零，因此，它既不在投影面上，也不在投影轴上，属于一般位置点，由图 3-6 可知，它的三面投影都在三个投影面上，那么，特殊位置点的投影特性又如何呢？

图 3-7(a) 所示为各种特殊位置点及其投影。图中，A 为 H 投影面上的点，B 为 V 投影面上的点，C 为 W 投影面上的点，D 为投影轴上的点。

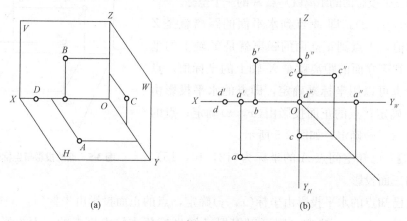

(a)　　　　　　　　　　　　(b)

图 3-7　各种特殊位置的点

(a) 立体图；(b) 投影图

由图 3-7(b)可知，各种特殊位置点的投影特性如下：

(1)一般位置点的三面投影分别在三个投影面上；

(2)投影面上的点，一面投影在该投影面上，并与其自身重合，另两面投影位于投影轴上；

(3)投影轴上的点，一面投影在原点，另两面投影在该投影轴上，并与自身重合。

由此可推知，坐标原点上的点的三面投影都与自身重合，即在坐标原点上。

3.1.3 两点的相对位置和重影点

1. 两点的相对位置

空间两点的相对位置关系是指两点在空间的上下、前后、左右位置关系。这种关系可根据它们同名投影的相对位置来判定。

在三面投影中，规定 OX 轴向左、OY 轴向前、OZ 向上为正，则比较两点的水平投影可判定其左右、前后的位置关系；比较两点的正面投影可判定其左右、上下的位置关系；比较两点的侧面投影可判定其前后、上下的位置关系。

如图 3-8(a)所示，由水平投影可知，A 点在 B 点的左、前方，由正面投影可知，A 点在 B 点的左、上方，由侧面投影可知，A 点在 B 点的前、上方，因此可判定，A 点在 B 点的左、前、上方。

空间两点的相对位置也可以通过比较其同名投影的坐标大小来判定，即 x 坐标大的点在左方；y 坐标大的点在前方；z 坐标大的点在上方。如图 3-8(b)所示，$x_a > x_b$，$y_a > y_b$，$z_a > z_b$，由此可判断 A 点在 B 点的左、前、上方。

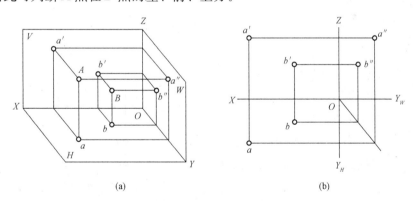

图 3-8 两点的相对位置
(a)立体图；(b)投影图

【例 3-3】 已知 A 点在 B 点之右 8 mm，之前 5 mm，之上 9 mm，B 点三面投影如图 3-9(a)所示，求 A 点的三面投影。

分析：A 点在 B 点之右 8 mm，之前 5 mm，之上 9 mm，则根据两点的相对位置与坐标的关系可知，A 点坐标为 (x_b-8, y_b+5, z_b+9)，根据 A 点与 B 点的相对坐标即可作出 B 点的三面投影，如图 3-9(b)所示。

作图步骤：

(1)在 OX 轴上找到点 x_b-8，在 OY_H 上找到点 y_b+5，在 OZ 轴上找到点 z_b+9。

(2)过上述三个点分别作 OX 轴、OY_H 轴和 OZ 轴的垂线，并利用 45°辅助线作图，可得到三个交点，这三个交点即为点 A 的三面投影，分别用 a，a'，a'' 表示。

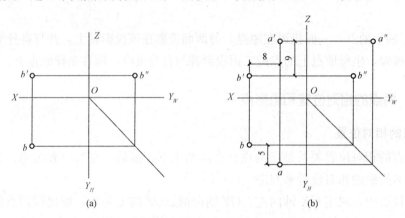

图 3-9　根据两点相对位置求另一点投影

2. 重影点

当空间两点位于同一投影面的同一条投射线上时，两点在该投影面上的投影重合为一点，将这两点称为该投影面上的重影点，如图 3-10(a)所示。

如果沿着投射线方向看重影点，必然有一个点可见，而另外一个点不可见，一般规定，可见点标注在前面，不可见点标注在后面，并加上小括号。在作图时必须反映出哪个点可见，哪个点不可见，如图 3-10(b)所示。

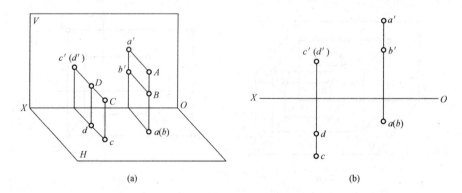

图 3-10　重影点及投影可见性

具体判断方法归纳如下：

(1)若两点的水平投影重合，可根据点的正面和侧面投影判断可见性，上面的点为可见点，下面的点为不可见点，即 z 坐标值大的可见，小的不可见。

(2)若两点的正面投影重合，可根据点的水平和侧面投影判断可见性，前面的点为可见点，后面的点为不可见点。即 y 坐标值大的可见，小的不可见。

(3)若两点的侧面投影重合，可根据点的水平和正面投影判断可见性，左面的点为可见点，右面的点为不可见点。即 x 坐标值大的可见，小的不可见。

3.2 直线的投影

3.2.1 直线投影的求作方法

根据几何定律，两点确定一条直线，因此，求作直线的投影，只需要确定出直线上任意两点的投影，然后连接这两点的同面投影即可得到直线的投影，如图 3-11 所示。

在投影图中，直线的投影应用粗实线表示，投影轴及投射线用细实线表示。

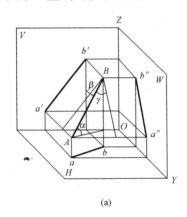
(a)

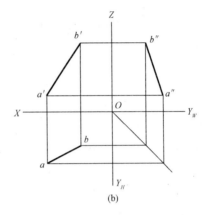
(b)

图 3-11 直线的投影

3.2.2 各种位置直线的投影特性

直线和它在某一投影面上投影的夹角，称为直线对该投影面的倾角。一般地，我们将空间直线对水平面的倾角用 α 表示，对正立面的倾角用 β 表示，对侧立面的倾角用 γ 表示，如图 3-12 所示。

在三面投影体系中，根据直线与投影面的相对位置的不同，可以将空间直线分为一般位置直线、投影面平行线和投影面垂直线三类。投影面平行线和投影面垂直线又统称为特殊位置直线。下面分别介绍各类直线的投影特性。

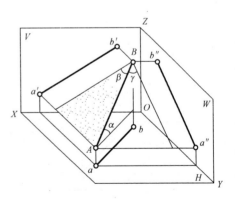

图 3-12 直线对投影面的倾角

1. 投影面平行线

平行于一个投影面，倾斜于另外两个投影面的直线称为投影面平行线。根据平行投影面的不同，投影面平行线又可分为水平线、正平线和侧平线。

水平线——平行于 H 面，倾斜于 V 面和 W 面的直线。

正平线——平行于 V 面，倾斜于 H 面和 W 面的直线。

侧平线——平行于 W 面，倾斜于 V 面和 H 面的直线。

各种投影面平行线的立体图、投影图及投影特性见表 3-1。

表 3-1 投影面平行线的投影特性

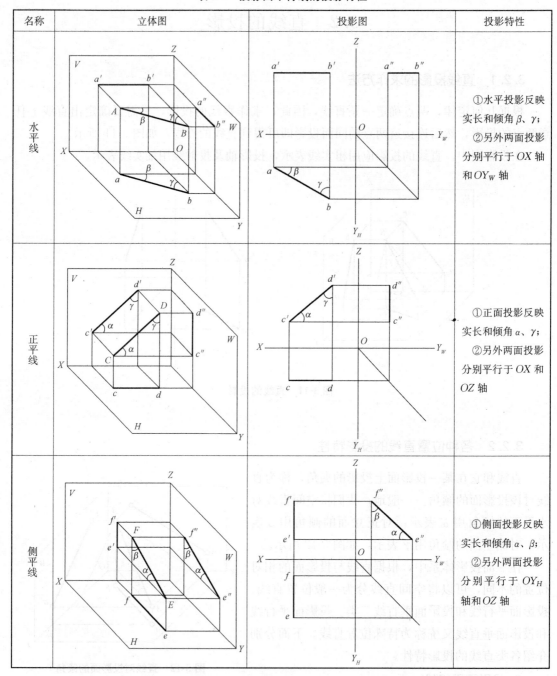

由表 3-1 可以归纳出投影面平行线的投影特性：

(1)直线在它所平行的投影面上的投影反映实长，并且反映该直线对另外两个投影面的真实倾角。

(2)直线在另外两个投影面上的投影平行于相应的投影轴。

2. 投影面垂直线

垂直于一个投影面，平行于另外两个投影面的直线称为投影面垂直线。根据垂直投影面的不同，投影面垂直线又可分为铅垂线、正垂线、侧垂线。

铅垂线——垂直于 H 面，且平行于 V 面和 W 面的直线。

正垂线——垂直于 V 面，且平行于 H 面和 W 面的直线。

侧垂线——垂直于 W 面，且平行于 V 面和 H 面的直线。

各种投影面垂直线的立体图、投影图及投影特性见表 3-2。

表 3-2 投影面垂直线的投影特性

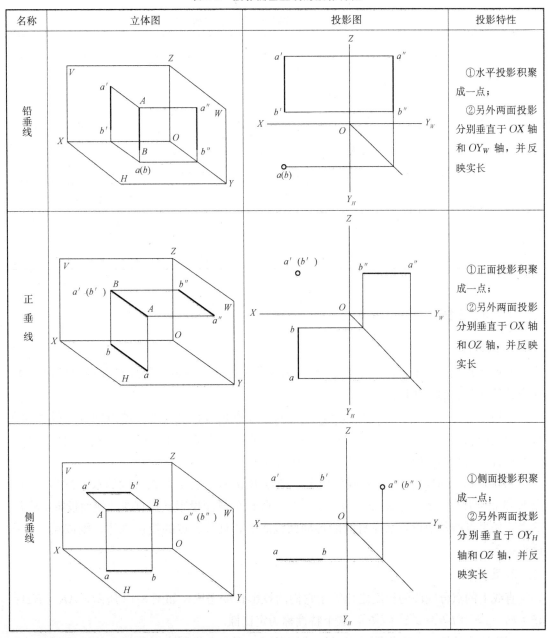

名称	立体图	投影图	投影特性
铅垂线			①水平投影积聚成一点；②另外两面投影分别垂直于 OX 轴和 OY_W 轴，并反映实长
正垂线			①正面投影积聚成一点；②另外两面投影分别垂直于 OX 轴和 OZ 轴，并反映实长
侧垂线			①侧面投影积聚成一点；②另外两面投影分别垂直于 OY_H 轴和 OZ 轴，并反映实长

由表 3-2 可以归纳出投影面垂直线的投影特性：

(1) 直线在它所垂直的投影面上的投影积聚成一点。

(2)直线在另两个投影面上的投影分别垂直于相应的投影轴,且反映实长。

3. 一般位置直线

与三个投影面都倾斜的直线称为一般位置直线。一般位置直线的立体图、投影图及投影特性见表 3-3。

由表 3-3 可以归纳出一般位置直线的投影特性:三面投影均倾斜于投影轴,且均短于实际长度,也不反映直线与投影面的倾角大小。

表 3-3 一般位置直线的投影特性

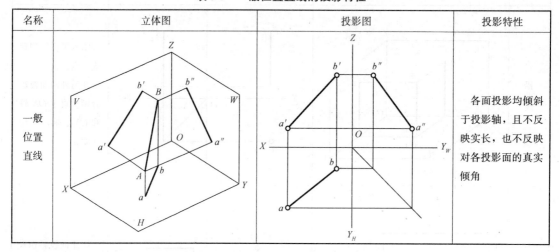

名称	立体图	投影图	投影特性
一般位置直线			各面投影均倾斜于投影轴,且不反映实长,也不反映对各投影面的真实倾角

3.2.3 直线上点的投影特性

1. 从属性

若点在直线上,则该点的各面投影必在直线的各同面投影上,且符合点的投影规律,这个特性称为点的从属性。

利用这一特性可以在直线上找点,或判断已知点是否在直线上。若点的各个投影均在直线的同面投影上,且符合点的投影规律,则该点必在此直线上;反之,若点的投影有一个不在直线的同面投影上,则该点必不在此直线上。

如图 3-13 所示,点 K 在直线 AB 上,则点 K 的水平投影 k 在直线的水平投影 ab 上,点 K 的正面投影 k' 在直线的正面投影 $a'b'$ 上,点 K 的侧面投影 k'' 在直线的侧面投影 $a''b''$ 上。反之,如果点的各面投影都在直线的各同面投影上,且符合点的投影规律,则该点一定在该直线上。

2. 定比性

直线上的点分线段的长度之比等于它们的投影长度之比,如图 3-13 所示,$AK:KB = ak:kb = a'k':k'b' = a''k'':k''b''$,这个特性称为定比性。

利用这一特性,在不作第三面投影的情况下,可以在投影面平行线上找点或判断已知点是否在投影面平行线上。

【例 3-4】 如图 3-14(a)所示,判别点 K 是否在直线 AB 上。

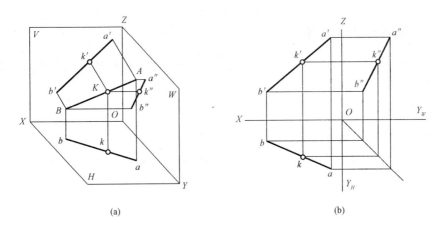

(a)　　　　　　　　　　　　　　(b)

图 3-13　直线上点的投影

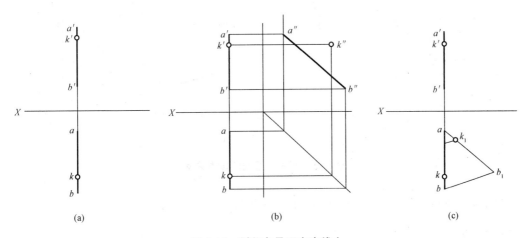

(a)　　　　　　　　(b)　　　　　　　　(c)

图 3-14　判断点是否在直线上

解法一：

分析：由直线的正面投影和水平投影可知，直线 AB 是侧平线，尽管 K 点的正面投影和水平投影都在直线的同面投影上，但还不足以说明点 K 一定在直线 AB 上，需要画出它们的侧面投影后才能判定，如图 3-14(b)所示。

作图步骤：

(1)补出 OZ 轴，分别作出直线 AB 和点 K 的侧面投影。

(2)如图 3-14(b)所示，k'' 不在 $a''b''$ 上，根据点的投影规律可以判断点 K 不在直线 AB 上。

解法二：

分析：如不求作侧面投影，用定比性也可以判断点 K 是否在直线上，如图 3-14(c)所示。

作图步骤：

(1)过点 a 引一条射线，并在该射线上取点 k_1 和 b_1，使 $ak_1=a'k'$，$k_1b_1=k'b'$。

(2)过点 k_1 作 bb_1 连线的平行线与 ab 相交，如图 3-14(c)所示，此交点未与 K 点的水平投影 k 重合，说明该点不符合定比性性质，因此点 K 不在直线 AB 上。

3.2.4 两直线的相对位置

空间两直线的相对位置有平行、相交和交叉三种情况。前两种情况为同面直线;后一种情况为异面直线。

1. 两直线平行

若两直线平行,则其同面投影必相互平行。

如图 3-15 所示,空间两直线 $AB // CD$,则它们的同面投影也互相平行,即 $ab // cd$,$a'b' // c'd'$,$a''b'' // c''d''$。

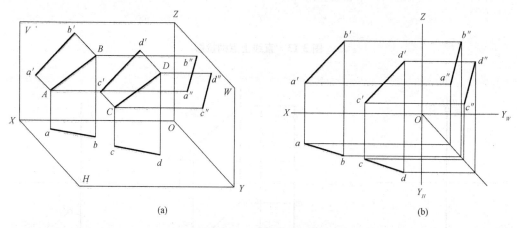

图 3-15 两平行直线的投影关系

对于空间两直线是否平行的判定有以下两种情况:

(1)当两直线都为一般位置直线时,可根据两直线的任意两组同面投影是否平行即可判定。

(2)对于特殊位置直线,只有两组同面投影互相平行时,并不能据此断定这两条直线在空间也是平行的,需根据它们的第三面投影图来判别。

如图 3-16 所示,两直线 EF、GH 均为侧平线,虽然 $ef // gh$、$e'f' // g'h'$,但不能断言两直线平行,还需求作两直线的侧面投影才能进行判定。由于两直线的侧面投影 $e''f''$ 与 $g''h''$ 相交,所以可判定直线 EF、GH 不平行。

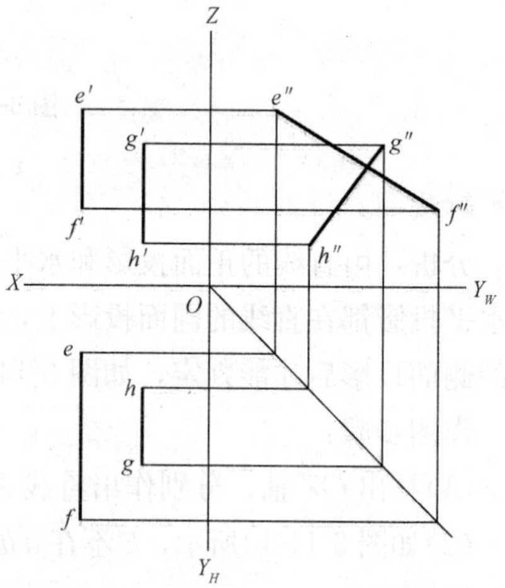

图 3-16 两面投影平行的直线投影

2. 两直线相交

如果两条直线相交,那么它们的各同面投影也一定相交,并且交点的投影符合点的投影规律,如图 3-17 所示,即交点投影的连线垂直于相应的投影轴。

那么,在投影图上如何判断空间两直线是否相交呢?若两直线均为一般位置直线,则只要看它们的两组同面投影是否分别相交,且交点的连线垂直相应的投影轴即可。如果其

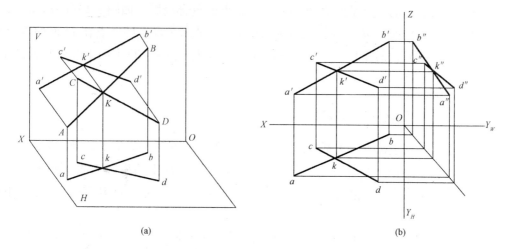

图 3-17 两相交直线的投影

中有一条直线是投影面的平行线时要特别注意,这种情况必须要补全第三面投影,才能判定它们是否相交。

如图 3-18 所示,虽然从 V 面和 H 面投影图上看,侧平线 GH 和一般位置直线 EF 的 H 面投影和 V 面投影均相交于同一点 M,此时并不能判定这两条直线相交,需补全第三面投影后再来判定。由侧面投影可知,M 并不在直线 GH 上,因此,直线 EF 与 GH 在空间不相交,是异面直线,即交叉直线。

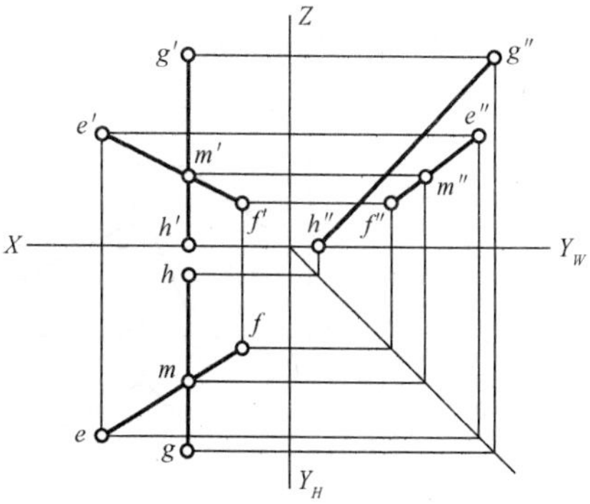

3. 两直线交叉

图 3-18 两直线相交关系判定

空间既不平行,也不相交的两直线为交叉直线。

如图 3-19(a)所示,直线 AB 与 CD 的各同面投影都不平行,虽然它们的同面投影都相交,但是交点不符合点的投影规律,所以,两直线 AB 与 CD 在空间既不平行又不相交,是交叉的两条异面直线。

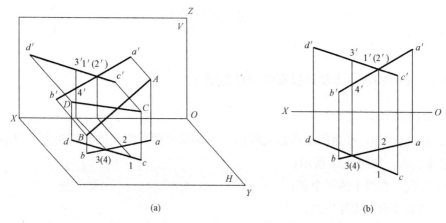

图 3-19 两交叉直线的投影

两交叉直线投影的交点是两直线的一对重影点的重合投影。如图 3-19(b)所示,直线 AB 与 CD 在 H 面的投影 ab、cd 的交点为 AB 上的 4 点和 CD 上的 3 点在 H 面的重影点;直线 AB 与 CD 在 V 面的投影 $a'b'$、$c'd'$ 的交点为 AB 上 2 点和 CD 上的 1 点在 V 面的重影点。注意,重影点需判别可见性。

3.2.5 两垂直相交直线的投影

空间任意角的两边都平行于某投影面时,则它的投影在该投影面上反映实际大小;如果角的两边都与投影面不平行时,一般情况下,在该投影面上的投影不能反映实际大小;但是相交成直角的两直线,只要有一条边平行于投影面,那么它在该投影面上的投影仍是直角。

如图 3-20 所示,AB 是水平线,且与直线 BC 在空间垂直相交,则直线 AB 和 BC 在 H 面上的投影是垂直的,即 $ab \perp bc$。其证明如下:

因为 $AB \perp BC$,$AB \perp Bb$,所以 $AB \perp$ 平面 $BCcb$(铅垂面);又因为 $AB // ab$,所以 $ab \perp$ 平面 $BCcb$,所以 $ab \perp bc$,即 $\angle abc = 90°$。

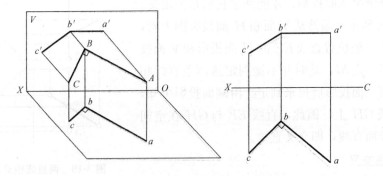

图 3-20 两垂直相交直线的投影

3.3 平面的投影

3.3.1 平面的表示法及其投影的求作方法

1. 平面的表示法

由初等几何可知,平面的范围是无限的,平面及平面在空间的位置可用下述任意一组几何元素来表示,如图 3-21 所示:

(1)不在同一直线上的三个点;
(2)一条直线和直线外一点;
(3)两相交直线;
(4)两平行直线;

(5)任意平面图形。这五种表示平面的方法是可以相互转换的,本书多用平面图形(如三角形、长方形、梯形等)来表示平面。

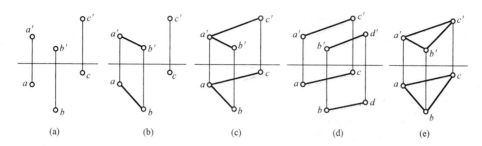

图 3-21 平面的表示方法

2. 平面投影的求作方法

由平面的表示方法可以看出,平面是由点、线或线、线围成的,因此求作平面的投影,实际上就是求作平面上的点或者线的投影。

如图 3-22 所示的三角形 ABC,求其投影时,可以先求出它的三个顶点 A、B、C 的投影,然后将三点的各同面投影分别连接起来,就得到了三角形 ABC 的各面投影。

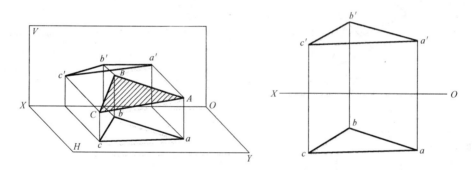

图 3-22 平面投影的求作方法

3.3.2 各种位置平面的投影特性

在三面投影体系中规定:平面与 H 面、V 面、W 面形成的夹角,称为该平面对 H 面、V 面、W 面的倾角,用 α、β、γ 表示。

平面对投影面的相对位置可以分为三种,即投影面平行面、投影面垂直面、一般位置平面。前两种称为特殊位置平面;后一种称为一般位置平面。下面分别介绍各种位置平面的投影特性。

1. 投影面平行面

平行于某一个投影面,而垂直于另外两个投影面的平面称为投影面平行面。投影面的平行面分为以下三种:

(1)水平面:平行于 H 面,而垂直于 V 面和 W 面的平面;

(2)正平面:平行于 V 面,而垂直于 H 面和 W 面的平面;

(3) 侧平面：平行于 W 面，而垂直于 H 面和 V 面的平面。

投影面平行面的投影特性见表 3-4。

表 3-4 投影面平行面的投影特性

名称	立体图	投影图	投影特性
水平面	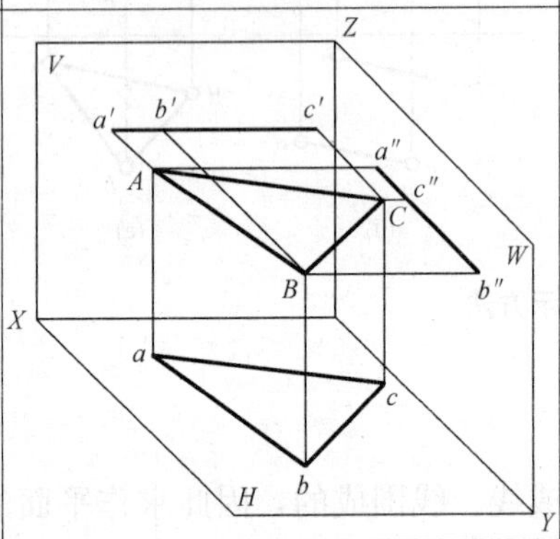	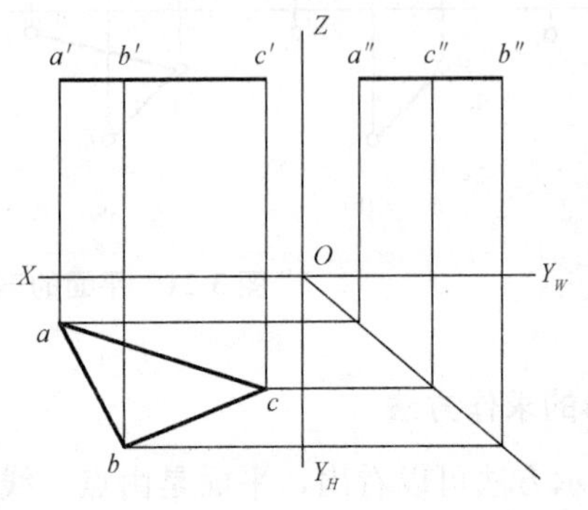	① H 面投影反映实形。 ② V 面投影、W 面投影积聚成一直线，且分别平行于 OX 轴和 OY_W 轴
正平面	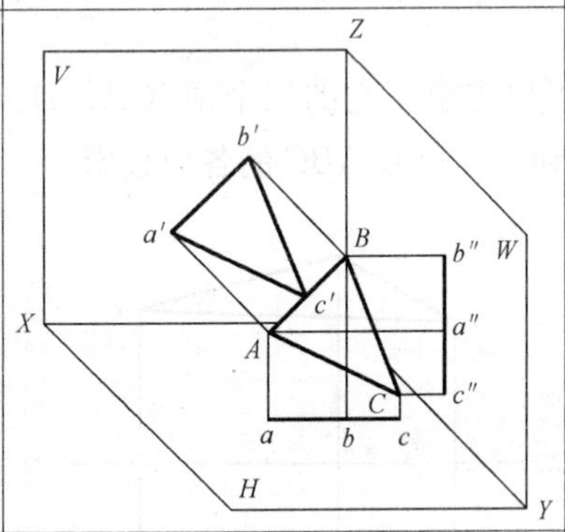	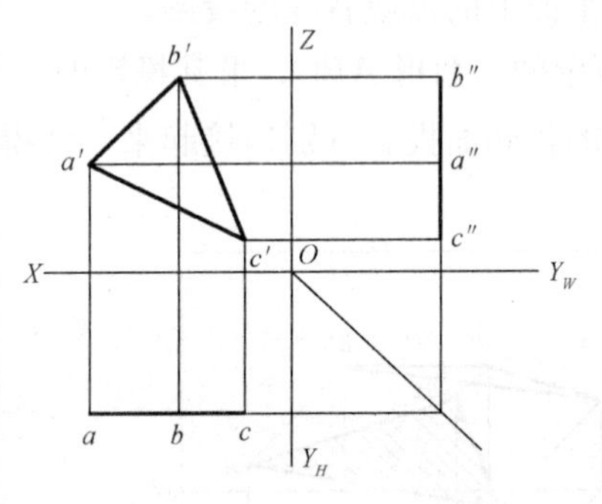	① V 面投影反映实形。 ② H 面投影、W 面投影积聚成一直线，且分别平行于 OX 轴和 OZ 轴
侧平面	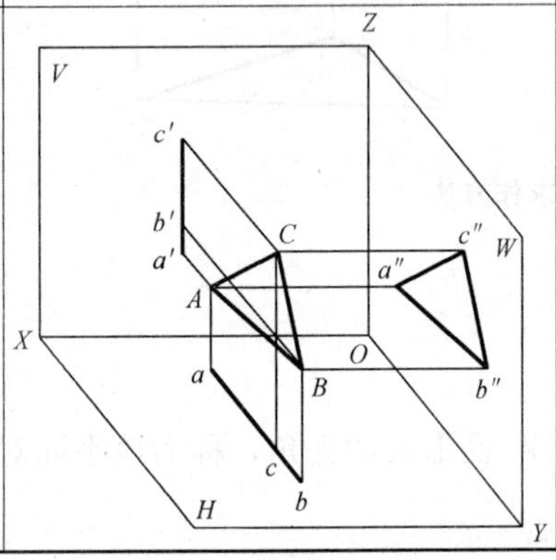	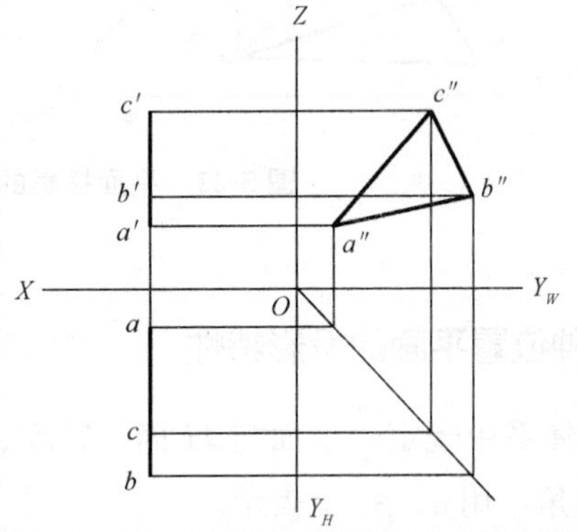	① W 面投影反映实形。 ② V 面投影、H 面投影积聚成一直线，且分别平行于 OZ 轴和 OY_H 轴

由表 3-4 可以得出投影面平行面的投影特性为：平面在所平行的投影面上的投影反映实形，另外两面投影积聚成与相应投影轴平行的直线。

2. 投影面垂直面

垂直于一个投影面，而倾斜于另外两个投影面的平面称为投影面垂直面。

投影面垂直面也分为以下三种：

(1) 铅垂面：垂直 H 面，而倾斜于 V 面和 W 面的平面；

(2) 正垂面：垂直 V 面，而倾斜于 H 面和 W 面的平面；

(3) 侧垂面：垂直 W 面，而倾斜于 V 面和 H 面的平面。

投影面垂直面的投影特性见表 3-5。

表 3-5 投影面垂直面的投影特性

名称	立体图	投影图	投影特性
铅垂面	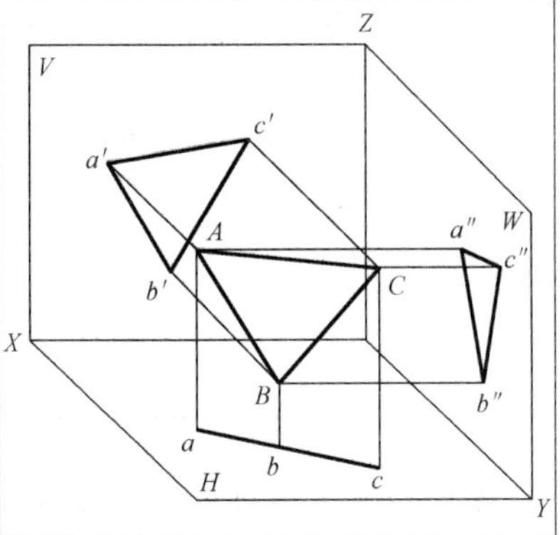	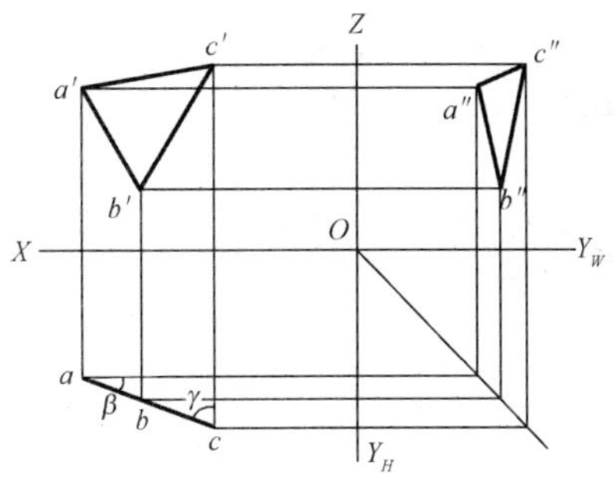	① H 面投影积聚成一直线，并反映与 V、W 面的倾角 β、γ； ② V 面、W 面投影为面积缩小的原平面图形的类似形
正垂面	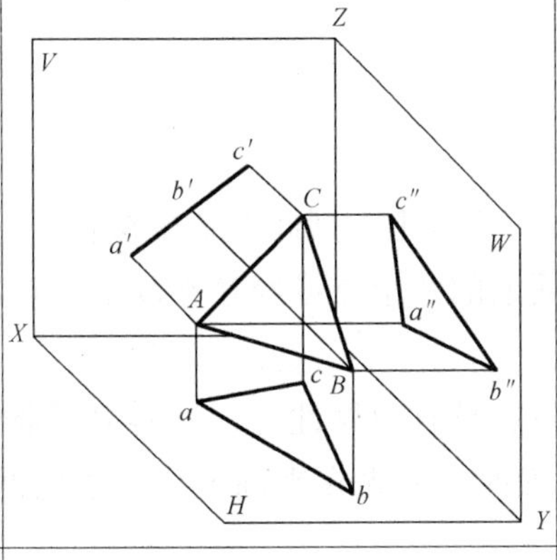	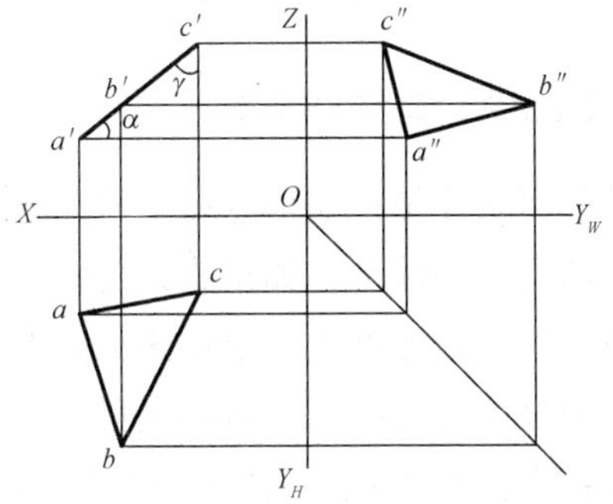	① V 面投影积聚成一直线，并反映与 H、W 面的倾角 α、γ； ② H 面、W 面投影为面积缩小的原平面图形的类似形
侧垂面	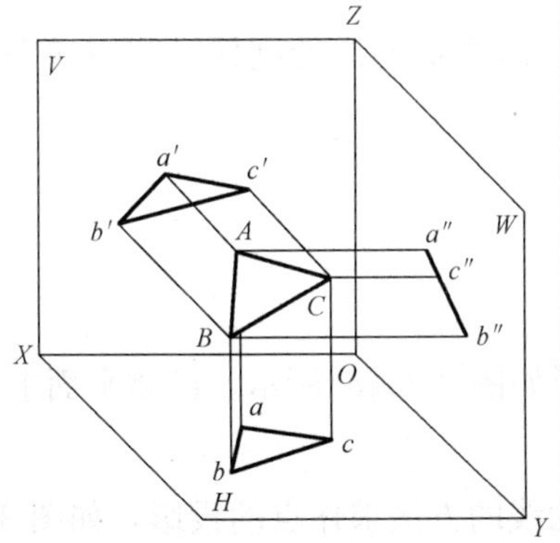	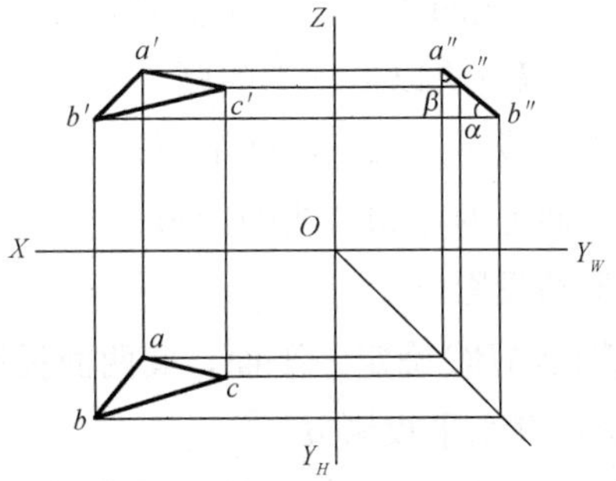	① W 面投影积聚成一直线，并反映与 H、V 面的倾角 α、β； ② H 面、V 面投影为面积缩小的原平面图形的类似形

由表 3-5 可以得出投影面垂直面的投影特性为：平面在所垂直的投影面上的投影积聚为一斜线，并且反映平面与另外两个投影面间的倾角，另外两面投影为原平面图形的类似形。

3. 一般位置平面

既不平行，也不垂直于任何一个投影面的平面称为一般位置平面。一般位置平面的投影特性见表 3-6。

表 3-6 一般位置平面的投影特性

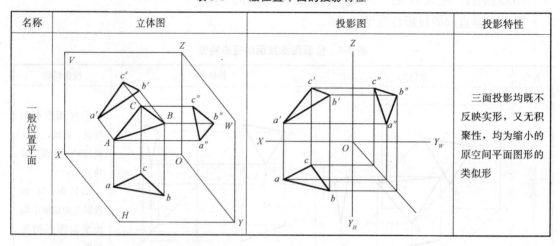

由表 3-6 可以得出一般位置平面的投影特性是：三面投影既不反映实形，又无积聚性，均为缩小的原空间平面图形的类似形。

3.3.3 平面上的点和直线的投影

点在平面上的几何条件是：如果点在平面上的某一直线上，则此点必在该平面上。

直线在平面上的几何条件是：如果直线经过平面上的两个点或经过平面上一点，且平行于平面上的一条直线，则此直线必定在该平面上。

求作平面上点的投影的方法：当点所处的平面投影具有积聚性时，可利用积聚性直接求出点的各面投影；当点所处的平面为一般位置平面时，应先在平面上作一条辅助直线，然后利用辅助直线的投影求得点的投影。

在平面上取点、直线的作图，实质上就是在平面内作辅助线的问题。利用在平面上取点、直线的作图，可以解决以下三类问题：

(1)判别已知点、线是否属于已知平面；
(2)求作已知平面上的点和直线的投影；
(3)求作多边形的投影。

【例 3-5】 已知 $\triangle ABC$ 确定一平面，其两面投影如图 3-23(a)所示，已知平面上一点 D 的正面投影 d'，求作其水平投影 d。

分析：根据点在平面上的几何条件，可采用辅助线的方法求作点的投影，如图 3-23(b)所示。

作图步骤：
(1)连接 $c'd'$，并延长，交 $a'b'$ 于点 e'；
(2)由 e' 作 OX 轴垂线，与 ab 交点即为 e，连接 ec；
(3)由 d' 作 OX 轴垂线，与 ec 交点即为 d。

【例 3-6】 如图 3-24 所示，已知 AC 为正平线，补全平行四边形 $ABCD$ 的水平投影。

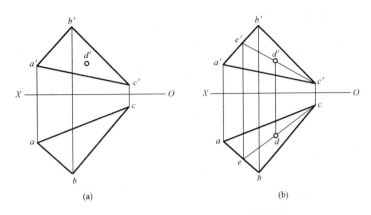

图 3-23 利用平面上点的投影特性作图

分析：

(1)AC 是正平线，水平投影为一条平行于 OX 轴的直线，因此，可先求出点 C 的水平投影，再利用作辅助线的方法求出点 D 的水平投影，顺次连接各点即可补全平行四边形 ABCD 的水平投影。

(2)平行四边形两组对边的同面投影仍然分别平行，根据这个投影特性，在求得 C 点的水平投影后，即可补全其他三个边的水平投影。

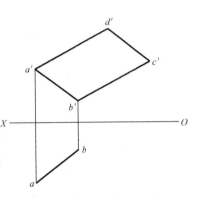

图 3-24 补全平行四边形的投影

作图步骤：

解法一：如图 3-25(a)所示。

(1)过 a 作 OX 轴平行线，并过 c' 作 OX 垂线，两者交点即为点 C 的水平投影 c；

(2)连接 a'c' 和 b'd'，交点为 m'；

(3)过 m' 作 OX 轴垂线，与 ac 相交得水平投影 m；

(4)连接 bm 并延长，交过 d' 的投影线于一点，该点即为 D 点的水平投影 d；

(5)顺次连接 bc、cd、da，即得到了平行四边形 ABCD 的水平投影。

解法二：如图 3-25(b)所示。

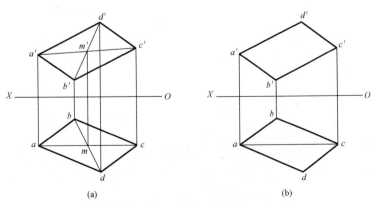

图 3-25 补全平行四边形的投影

(a)解法一；(b)解法二

(1)作 C 点的水平投影 c；

(2)连接 bc；

(3)分别过点 a 和 c，作 bc 和 ab 的平行线，交点即为点 D 的水平投影 d，最后将四条边用粗实线连接即可。

本章小结

本章主要介绍了点、直线、平面的投影特性及其三面投影的求作方法；点、直线、平面的相互位置关系以及如何根据它们的投影图来判别空间几何元素的相互关系等内容。

第4章 基本体的投影

知识目标

- 了解基本体的分类。
- 掌握各种基本体的作图方法。
- 掌握各种基本体表面上点和线的作图方法。
- 掌握平面和基本体相交的截交线及截断体投影的求作方法。

能力目标

会运用投影原理绘制各种基本体的投影，并具备绘制平面与基本体相交形成的截交线及基本体被平面截切后的截断体的投影的能力，以便与工程制图的实际需要接轨。

新课导入

工程构筑物可以看成是由若干个简单的几何形体（如棱柱体、棱锥体、圆柱体、圆锥体、球体等）经过叠砌、切割或相交而组成的，这些常见的简单几何形体称为基本体。

基本体可分为平面立体和曲面立体两类。物体的表面均由平面组成的立体称为平面立体；物体的表面由平面和曲面或由单纯曲面组成的立体称为曲面立体。掌握基本体的投影特性可为绘制组合体的投影打下基础。

4.1 平面立体的投影

平面立体的表面都是由平面围合而成的，因此，作平面立体的正投影就是作出围成平面立体的各平面的正投影。本节以常见的平面立体——棱柱体和棱锥体为例说明平面立体的投影及平面立体表面上点和线的投影的求作方法。

4.1.1 棱柱体的投影

棱柱体是由两个相互平行的全等的多边形平面和三个及三个以上的侧面围合而成的几何形体，各侧棱相互平行。工程中，常见的棱柱体有三棱柱、四棱柱、五棱柱、六棱柱等。其中，底面与侧棱垂直的是直棱柱，底面是正多边形的直棱柱称为正棱柱。下面以正三棱柱体为例分析其投影特性和作图方法。

(1)投影分析。如图4-1(a)所示，三棱柱体的顶面和底面平行于水平面，后侧棱面平行于正面,其余侧棱面均垂直于水平面。在这种位置下,三棱柱体的投影特征是:顶面和底面的水平投影重合,并反映实形(三角形);三个侧棱面的水平投影分别积聚为三角形的三条边;正面和侧面投影上大小不同的矩形分别是各侧棱面的投影。

(2)作投影图。可先作反映实形和有积聚性的投影,然后按照"长对正、高平齐、宽相等"的投影规律完成其他投影,如图 4-1(b)所示。

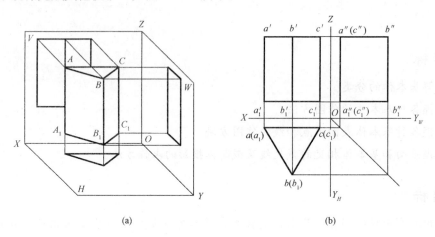

图 4-1 三棱柱的投影

4.1.2 棱锥体的投影

棱锥体是由一个多边形的底面和若干个侧棱面围合而成的平面立体,棱锥体的各条侧棱交于一点,即顶点(又称锥顶),各个侧面都是三角形。棱锥顶点与底面重心的连线为棱锥体的轴线,轴线垂直于底面的棱锥为直棱锥,其中底面是正多边形的直棱锥称为正棱锥。工程中常见的棱锥体有三棱锥、四棱锥、五棱锥等。下面以正三棱锥体为例,分析其投影特性和作图方法。

(1)投影分析。如图 4-2(a)所示,三棱椎体的底面平行于水平面,后侧棱面上的底边垂直于 W 面。在这种位置下,三棱锥体的投影特征是:三棱锥体底面的水平投影反映实形(三角形),在 V 面、W 面上积聚成一条直线;三个侧棱面的正面投影均为缩小的三角形;侧棱面 SBC 垂直于 W 面,在 W 面上积聚为一条斜线;BC 边垂直于 W 面,在侧面上的投影积聚为一点,重影点需判别可见性;其余两个侧棱面的 W 面投影均为缩小的三角形。

(2)作投影图。如图 4-2(b)所示,先绘制底面及顶点的三面投影,再将锥顶的各面投影与底面各点的同面投影相连,即可得到三棱锥体的三面投影图。

4.1.3 平面立体表面上点和线的投影

求平面立体表面上点和线的投影,实质上就是求平面上点和线的投影。根据平面立体表面上点的分布位置和投影特性,求作平面立体表面上点的投影方法可分为从属性法、积聚性法和辅助线法三种。

(1)从属性法:当点位于平面立体的棱线或边线上时,可用点的从属性作图。

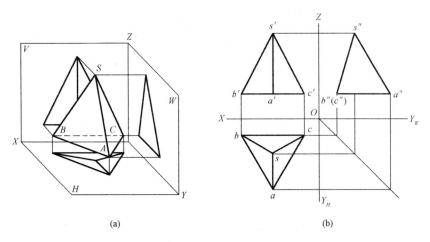

图 4-2 三棱锥的投影

(2)积聚性法:当点和直线位于平面立体的具有积聚性的平面上时,可用积聚性作图。

(3)辅助线法:当平面立体表面上的点和直线位于一般位置平面上时,可用辅助线法作图。

下面举例说明上述方法的应用。

【例 4-1】 如图 4-3(a)所示,已知三棱柱体表面上 A、B 两点的正面投影 a'、b',求作 A、B 两点的另两面投影。

分析:

(1)A 点位于棱柱体的最左边的棱线上,可直接利用从属性求得另外两面投影。

(2)B 点位于棱柱体具有积聚性的右前方的侧棱面上,可直接利用积聚性求出水平投影,再根据"高平齐、宽相等"求得侧面投影。

作图步骤:如图 4-3(b)所示。

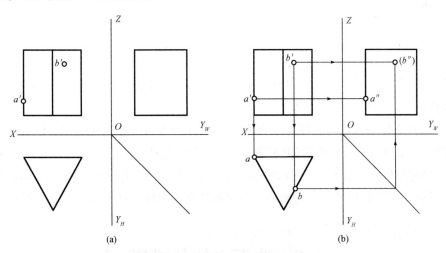

图 4-3 棱柱体表面上点的投影

(1)过 a'、b' 向下作垂线,左边棱线的积聚投影处得到 a 点,右前方侧棱面的积聚投影处得到 b 点。

(2)由正面投影 a'、b' 和水平投影 a、b,作出侧面投影 a''、b''。

(3)判别可见性。A 点位于具有积聚性的棱线上,不用判别可见性;B 点位于右前侧棱面上,该侧面的侧面投影不可见,因此,b'' 也不可见,应放到括号里。

【例 4-2】 如图 4-4(a)所示,已知三棱锥表面上点 M 的水平投影 m、点 N 的正面投影 n',求作 M、N 两点的另两面投影。

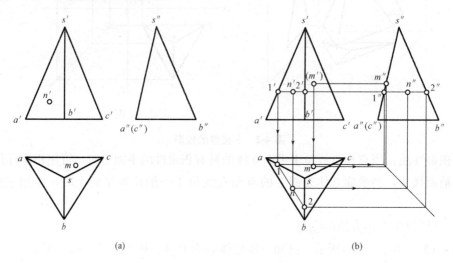

图 4-4 棱锥体表面上点的投影

分析:

(1)由棱锥体的三面投影图可知,点 M 位于棱锥体具有积聚性的后侧棱面上,可直接利用积聚性求出侧面投影,再根据"长对正、高平齐"求得正面投影。

(2)点 N 位于棱锥体的一般位置的侧棱面 $\triangle SAB$ 上,可采用辅助直线法求得另外两面投影。

作图步骤:如图 4-4(b)所示。

(1)作 $n'1'/\!/a'b'$ 与 $s'a'$ 交于 $1'$;利用点的从属性,在 sa 和 $s''a''$ 上定出相应的水平投影 1 及侧面投影 $1''$,再分别过 1 及 $1''$ 作 ab 和 $a''b''$ 的平行线,即得到 $\triangle SAB$ 面上过点 N 的辅助线的三面投影 12、$1'2'$、$1''2''$。

(2)过 n' 向下作垂线,与直线 12 的交点即为水平投影 n,再由 n、n' 求出 n''。

(3)由点 M 的水平投影根据"宽相等"先求出它的侧面投影 m'',再由"长对正、高平齐"求 m'。

(4)判别可见性。N 点位于左前侧棱面上,三面投影均可见;M 点位于后侧棱面上,正面投影不可见,需放到括号里,后侧棱面在侧面具有积聚性,其上面的点不必判别可见性。

4.2 曲面立体的投影

曲面立体又称回转体,其曲表面可以看作是由一条动线绕某个固定轴线旋转而成的。动线称为母线,母线在旋转过程中所处的任一具体位置称为曲面的素线。常见的曲面立体有圆柱体、圆锥体和圆球体等。

曲面立体是由曲面和平面或由曲面围成的,因此,求作曲面立体的投影就是求作围成它的曲面和平面或曲面的投影。

4.2.1 圆柱体的投影

如图 4-5 所示,圆柱体是由圆柱面与两个相互平行的底面围成的回转体。圆柱面可看作由一条直母线绕与它平行的轴线回转而成,圆柱面上任意一条平行于轴线的直线都可以称为圆柱面的素线。因此,可认为回转体的曲面上存在着无数条素线。确定曲面范围的外形线称为轮廓素线,圆柱的轮廓素线有四条,分别是最左、最右、最前、最后轮廓素线,如图 4-6 所示。

下面以正立放置的圆柱体(两底面为水平面)为例,分析其投影特性和作图方法。

(1)投影分析。如图 4-6(a)所示,当圆柱体轴线垂直于水平面时,圆柱体上、下底面的水平投影反映实形,正面和侧面投影积聚成直线。圆柱面的水平投影积聚为一圆周,

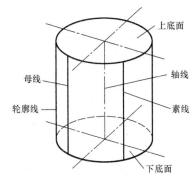

图 4-5 圆柱体

与两底面的水平投影重合。在正面投影中,前、后两半圆柱面的投影重合为一矩形,矩形的两条竖线分别是圆柱面的最左、最右素线的投影,也是圆柱面前、后分界的转向轮廓线。在侧面投影中,左、右两半圆柱面的投影重合为一矩形,矩形的两条竖线分别是圆柱面最前、最后素线的投影,也是圆柱面左、右分界的转向轮廓线。

(2)作投影图。如图 4-6(b)所示,先绘制反映上下底面实形的水平投影——圆,再根据"长对正、宽相等"及圆柱体的高度绘制正面投影和侧面投影——两个大小相同的矩形线框。

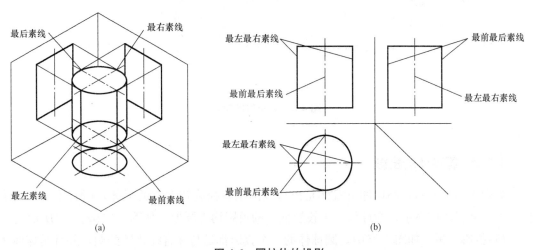

图 4-6 圆柱体的投影

4.2.2 圆锥体的投影

如图 4-7 所示,圆锥体由圆锥面和底面组成。圆锥面可看作由一条直母线绕与它相交

的轴线回转而成。圆锥面上任意一条与轴线相交的直线，称为圆锥面上的素线。圆锥也有最左、最右、最前、最后四条轮廓素线，如图 4-8 所示。

下面以正立放置的圆锥体（底面为水平面）为例，分析其投影特性和作图方法。

(1) 投影分析。如图 4-8(a)所示，当圆锥轴线垂直于水平面时，底面平行于水平面，水平投影反映实形，正面和侧面投影积聚成直线。圆锥面的三面投影都没有积聚性，水平投影与底面的水平投影（圆）重合，锥顶的水平投影位于圆的圆心，全部可见。正面投影由前、后两个半圆锥面的投影重合

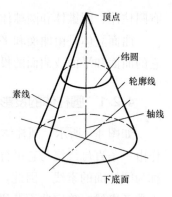

图 4-7 圆锥体

为一等腰三角形，三角形的两腰分别是圆锥最左、最右素线的投影，也是圆锥面前、后分界的转向轮廓线。圆锥的侧面投影由左、右两半圆锥面的投影重合为一等腰三角形，三角形的两腰分别是圆锥最前、最后素线的投影，也是圆锥面左、右分界的转向轮廓线。

(2) 作投影图。如图 4-8(b)所示，先绘制反映上下底面实形的水平投影——圆及顶点的投影—圆的圆心，再根据"长对正、宽相等"及圆柱体的高度绘制正面投影和侧面投影——两个大小相同的三角形线框。

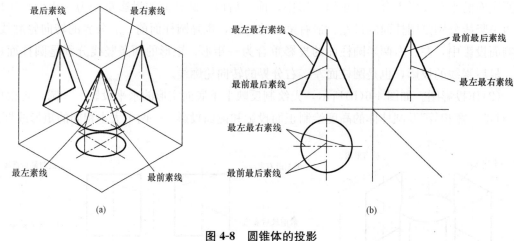

图 4-8 圆锥体的投影

4.2.3 圆球体的投影

如图 4-9(a)所示，圆球体可看作是由母线圆绕直径旋转而成的形体，所有素线均为大圆。在三面投影体系中，圆球体三个投影面上的投影均为圆形，如图 4-9(b)、(c)所示。

(1) 投影分析。如图 4-9(b)，圆球体的三个投影都是与球直径相等的圆，并且是球体表面平行于相应投影面的三个不同位置的最大轮廓圆。正面投影的轮廓圆是前、后两半球面可见与不可见的分界线；水平投影的轮廓圆是上、下两半球面可见与不可见的分界线；侧面投影的轮廓圆是左、右两半球面可见与不可见的分界线。

(2) 作投影图。如图 4-9(c)所示。

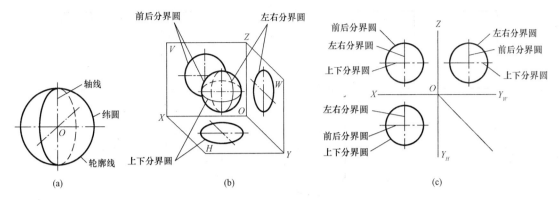

图 4-9 圆球体的投影图
(a)直观图;(b)立体图;(c)投影图

4.2.4 曲面立体表面上点和线的投影

曲面立体表面上点和线投影的求作原理与平面立体相同,也可分为从属性法、积聚性法和辅助线法三种。

(1)从属性法:当点和直线位于曲面立体的转向轮廓线或某条已知素线上时,可用点的从属性作图。

(2)积聚性法:当点和直线位于曲面立体的具有积聚性的表面上时,可用积聚性作图。

(3)辅助线法:当点和线位于曲面立体的一般位置的表面上时,则需用辅助线法作图,包括辅助素线法和辅助圆法。

1)辅助素线法。圆锥面上的所有点一定在过该点的素线上,因此,可借助求作过该点的素线的投影来求点的投影,即为辅助素线法。

2)辅助圆法。由回转面的形成可知,母线上任意一点的运动轨迹都为圆,且该圆垂直于旋转轴线,这样的圆称为纬圆,因此,可借助求作经过该点的纬圆的投影来求点的投影,即为辅助圆法。

下面举例说明上述方法的应用。

【例 4-3】 如图 4-10(a)所示,已知圆柱体表面上 A、B 两点的正面投影 a'、b',求作 A、B 两点的另两面投影。

分析:A、B 两点均位于圆柱面上,圆柱面的水平投影积聚为一圆周,则 A、B 的水平投影 a、b 必在该圆周上。侧面投影可根据"高平齐、宽相等"求得。

作图步骤:如图 4-10(b)所示。

(1)过 a'、b' 向下作垂线,由于 a'、b' 均可见,所以 A、B 位于圆柱体的前半个圆柱面上,水平投影为竖直垂线与前半个圆周的交点,则可得到水平投影 a、b。

(2)由正面投影 a'、b' 和水平投影 a、b,作出侧面投影 a''、b''。

(3)判别可见性。分析已知投影图可知,A 点位于圆柱体的最前转向轮廓线上,因此,a''可见;B 点位于右前圆柱面上,因此,b''不可见,应放到括号里。

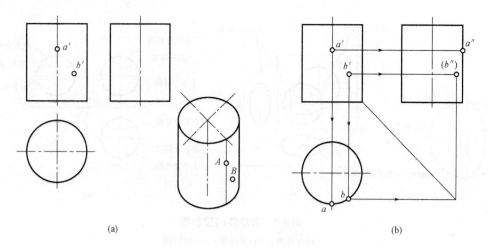

图 4-10　圆柱体表面上点的投影

【例 4-4】　如图 4-11(a)所示,已知圆锥体表面上点 A 的正面投影 a',求作点 A 的另两面投影。

分析:A 点位于不具有积聚性的圆锥面上,必须通过辅助线法才能求得 A 点的另两面投影。下面分别用辅助素线法和辅助圆法来解题。

解法一:辅助素线法。

作图步骤:如图 4-11(b)所示。

(1)在圆锥体的正面投影上,作通过 a' 的素线的正面投影 $s'1'$。

(2)作该素线的水平投影 $s1$,再在 $s1$ 上作出点 A 的水平投影 a。

(3)根据点的投影规律,作出点 A 的侧面投影 a''。

(4)判别可见性。A 点位于正立放置的圆锥面上,所以水平投影和侧面投影均可见。

解法二:辅助圆法。

作图步骤:如图 4-11(c)所示。

(1)在正面投影上,过 a' 作水平线,交圆锥的最左与最右轮廓素线于两点,这两点的连线即为过点 A 的纬圆在 V 面上的积聚投影,其长度等于纬圆直径。

(2)在水平投影上,以锥顶的水平投影为圆心,辅助纬圆直径为直径作圆,点 A 的水平投影即在该圆上。

(3)由点的正面投影 a' 和水平投影 a,求得点 A 的侧面投影 a''。

(4)判别可见性。结果同上。

【例 4-5】　如图 4-12(a)所示,已知圆球体表面上点 A 的正面投影 a',点 B 的水平投影 b,求作 A,B 两点的另两面投影。

分析:

(1)B 点位于圆球体的前后方向轮廓圆上,可直接利用从属性求得另外两面投影;

(2)A 点位于圆球体的任意位置球面上,需采用辅助圆法求另外两面投影。

作图步骤:如图 4-12(b)所示。

(1)过 b 向上作垂线,与正面投影的圆周上半部的交点即为 b' 点;过 b' 向右作水平线,

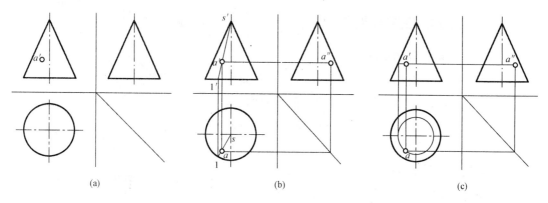

图 4-11　圆锥体表面上点的投影

与竖直中心线的交点即为 b''。

(2) 过 a' 作水平线，与圆球前后方向轮廓圆相交，竖直轴线到交点的距离即为通过 A 点的纬圆的半径 R，以水平投影的圆心为圆心，以 R 为半径，作辅助圆的水平投影，前半圆与过 a' 向下所作的垂线的交点即为 a；再由"高平齐、宽相等"求得 a''。

(3) 判别可见性。A 点位于左上前方的圆球面上，a，a'' 都可见，B 点位于前后方向轮廓圆的右上部，b'' 不可见，要放到括号里。

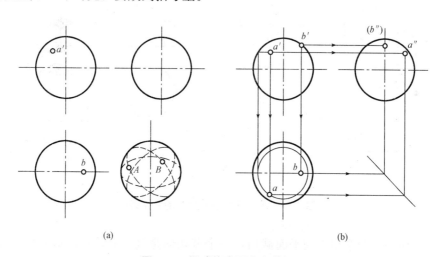

图 4-12　圆球体表面上点的投影

4.3　平面与立体相交

立体与平面相交所产生的交线称为截交线。通常将用来截断立体的平面称为截平面；被截断的立体称为截断体；截交线与其所围成的平面区域称为截断面，如图 4-13 所示。

4.3.1 平面与平面立体相交

1. 平面立体截交线的形状

平面立体的各表面都是平面,所以,它与平面相交而得的截交线都是平面多边形,对单一截平面而言,多边形的顶点是平面立体上各棱线(包括底边线)与截平面的交点,有几个交点即为几边形。如图4-13所示,三棱锥被截断三条棱线,截交线为三角形。

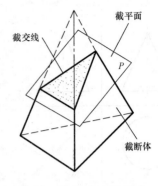

图4-13 平面与立体相交

2. 平面立体截交线的画法

截交线都是截平面与基本体表面的共有线,因此截交线具有"共有性"。求作平面与平面立体相交的截交线的方法就是先求出截平面与平面立体上被截棱线(或底面边线)的各交点,然后依次连接成多边形,即为截交线,同时注意判别可见性。下面举例说明平面与平面立体相交的截交线的画法。

【例4-6】 如图4-14所示,已知正六棱柱被截切后的正面投影,试作另外两面投影。

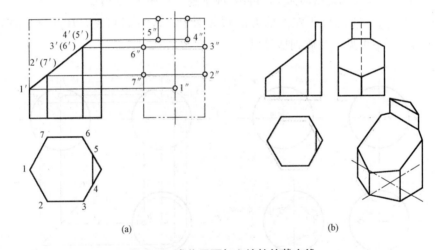

图4-14 求作平面与六棱柱的截交线

分析:六棱柱被两个相交的平面截切,一个截切面是侧平面,对应截断面为矩形,其正面投影和水平投影都积聚成直线,侧面投影反映实形。另一个截切面是正垂面,对应截断面为七边形,其正面投影积聚成斜线,水平投影和侧面投影为类似形。两个截平面有交线,交线为正垂线。

作图步骤:

(1)作六棱柱的侧面投影。

(2)在正面投影上标出各棱线及上底面与截切面的交点、两截切面交线的端点。

(3)利用投影规律求出各点的另外两面投影。

(4)连接各点的同面投影,擦去被切掉的线条,加深可见轮廓线(注意最右端的棱线在侧面投影不可见),完成图形。

【例 4-7】 如图 4-15(a)所示,已知正三棱锥被一个正垂面截切,试作出截断体的投影。

分析:如图 4-15(a)所示,三棱锥被一个正垂面截切,参与截交的有三个侧棱面,截交线为三角形,三角形的顶点是三条棱线与截平面的交点。截交线的正面投影积聚成一条已知的斜直线,三个交点的正面投影就在该直线上。因为截交线上的点是截平面与立体表面的共有点,可直接应用直线上点的投影特性求得各交点的另外两面投影,然后将各点的同面投影依次连线,并判别可见性,即得截交线的投影,最后修剪或擦去多余的图线即可。

作图步骤:

(1)在正面投影上标出三条棱线与正垂面的三个交点,并利用投影规律求出三点的另外两面投影,如图 4-15(b)所示。

(2)判别可见性,用实线依次连接各点的同面投影,擦去被切掉的棱线,加深图形轮廓线,完成图形,如图 4-15(c)所示。

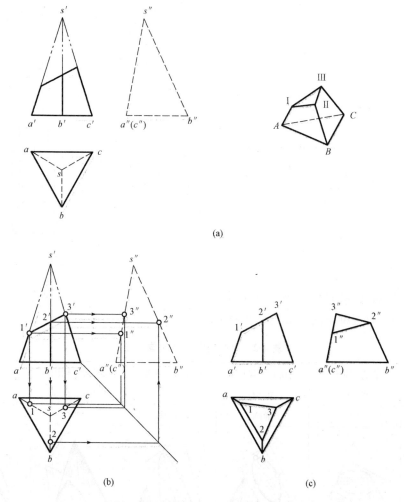

图 4-15 求作平面与三棱锥的截交线

4.3.2 平面与曲面立体相交

1. 曲面立体截交线的形状

曲面立体的表面都是由曲面或曲面与平面围成，所以，平面与曲面立体相交所得的截交线一般为封闭的平面曲线。截平面截切不同的立体或截平面与基本体的相对位置不同，所产生的截交线形状也不同，下面分析几种常见的平面与曲面立体相交的截交线的形状。

(1)圆柱体截交线的形状。圆柱体被平面截切后产生的截交线，因截平面与圆柱轴线的相对位置不同，有三种不同的形式，见表4-1。

表4-1 平面与圆柱体的截交线

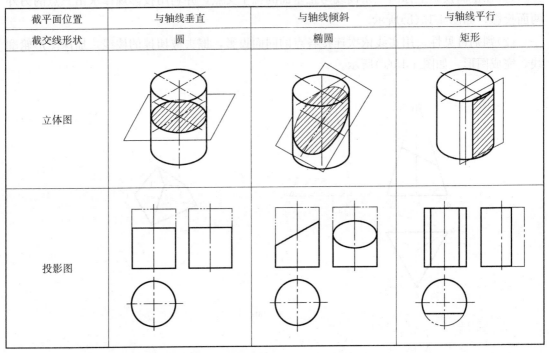

(2)圆锥体截交线的形状。圆锥体被平面截切后产生的截交线，因截平面与圆锥轴线的相对位置不同，有五种不同的形式，见表4-2。

表4-2 平面与圆锥体的截交线

截平面位置	垂直于轴线 $\theta=90°$	与所有素线相交 $\theta>\alpha$	平行于一条素线 $\theta=\alpha$	平行于轴线 $\theta=0°$，$\theta<\alpha$	过锥顶
截交线形状	圆	椭圆	抛物线	双曲线	三角形
立体图					

续表

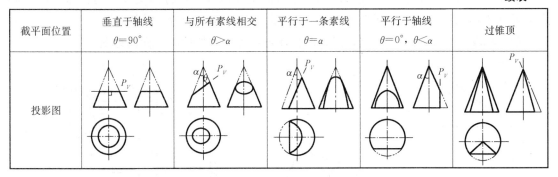

（3）圆球体截交线的形状。圆球体被任意平面截切，其截交线都是圆。当截平面与投影面平行时，截交线在所平行的投影面上的投影为圆形，其余两面投影积聚为直线，直线的长度等于截面圆的直径，直径的大小与截平面到球心的距离有关。截平面对投影面的位置不同，截交线圆的投影也不同，见表4-3。

表4-3 平面与圆球体的截交线

截平面位置	投影面的平行面（以正平面截切为例）	投影面的垂直面（以正垂面截切为例）
截交线形状	圆	圆
立体图		
投影图		

2. 曲面立体截交线的画法

因为截交线具有"共有性"，所以截交线上的每一个点都是截平面与立体表面的共有点，这些共有点的连线就是截交线。

求作曲面立体截交线的投影，分为以下两种情况：

（1）截交线为直线或投影面平行圆时，投影可由已知条件根据投影规律直接画出。

（2）截交线为椭圆、抛物线、双曲线等非圆曲线或非平行圆时，需求出曲面和截平面上的一系列共有点，然后依次连接成光滑曲线。求共有点常用的方法是"体表面取点法"，为了使所求的截交线形状准确，在求画非圆曲线截交线投影时，应首先求出截交线上最上、最下、最左、最右、最前、最后六个方位控制点及截交线与体轮廓素线的交点（转向点）。

交线上的六个方位控制点及交线与体轮廓素线的交点(转向点)称为交线上的特殊点，其余的点称为交线的一般点。下面举例说明平面与曲面立体相交的截交线的画法。

【例 4-8】 如图 4-16(a)所示，求作圆柱体被正垂面截切后的三面投影图。

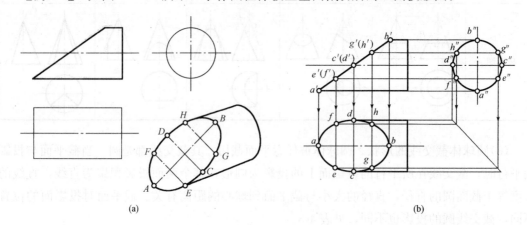

图 4-16 求作平面与圆柱体的截交线

分析：圆柱体被倾斜于轴线的正垂面截切，截交线为椭圆。该椭圆截交线上有四个控制点 A、B、C、D，是截平面与圆柱体四条特殊位置素线的交点，又是椭圆长、短轴的端点(长轴 AB 为正平线，短轴 CD 为正垂线)。由于截平面的正面投影和圆柱面的侧面投影都具有积聚性，而且截交线是截平面与圆柱面的共有线，故椭圆的正面投影积聚为一条斜线，侧面投影与圆周重合，只需求水平投影。

作图步骤：如图 4-16(b)所示。

(1)求特殊点。分别求出四条特殊位置素线上的点 A、B、C、D 的三面投影。

(2)求一般点。先在正面投影及侧面投影上取 $e'(f')$、$g'(h')$ 和 e''、f''、g''、h''，再根据投影规律，求出其水平投影 e、f、g、h。

(3)依次光滑连接各点，形成一个椭圆，擦去被切掉的图线，加深轮廓线。

【例 4-9】 如图 4-17(a)所示，求作圆锥被切后的三面投影图。

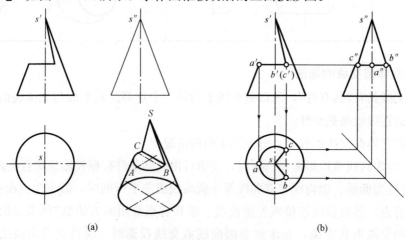

图 4-17 求作平面与圆锥体的截交线

分析：圆锥体被一个水平面和一个正垂面截切，且正垂面通过锥顶，截交线为水平圆弧 BAC 和两条直线（素线）SB、SC；两个截平面的交线为正垂线 BC。两个截平面的正面投影有积聚性，所以，截交线的正面投影为已知的两条相交直线。水平圆弧的水平投影反映实形，侧面投影积聚为水平直线段；两相交素线的水平投影、侧面投影仍为直线。

作图步骤：如图 4-17(b)所示。

(1)作圆弧的水平投影与侧面投影。以 s 为圆心，以 sa 为半径作圆，自 $b'(c')$ 向下作垂线与所作圆交于 b，c，圆弧 bac 为部分截交线——水平圆弧的水平投影；根据投影规律作出水平圆弧的侧面投影，注意 b''、c'' 与 b、c 的宽度对应。

(2)连接 sb、sc 及 $s''b''$、$s''c''$，得到两条相交素线的水平投影及侧面投影。

(3)作两截平面的交线。连接 bc 及 $b''c''$，判别可见性，不可见的画虚线。

(4)加深轮廓线。

本章小结

本章主要介绍了基本体的分类；棱柱、棱锥、圆柱、圆锥、圆球等常见基本体的投影特征分析及作图方法；基本体表面上点和线的投影分析及作图方法；平面与基本体相交形成的截交线及截断体投影的求作方法等内容。

第 5 章　轴测图

知识目标

- 熟悉轴测投影的形成、分类和基本特性。
- 掌握正等轴测图和斜二轴测图的画法。

能力目标

- 根据轴测投影的基本原理能看懂各类轴测投影图,并学会绘制简单形体的轴测投影图。

新课导入

三面正投影图能准确、完整地表达工程形体的形状与各部分的大小,具有作图方便的优点,是工程上应用广泛的一种图示方法。但是,它也存在着缺乏立体感,不容易读懂的缺点,而轴测图能在形体的一个投影上同时反映形体的长、宽、高三个方向的尺寸,直观性好,立体感强,恰好弥补了三面正投影图的缺点,因此,工程上常应用轴测图作为辅助图样来帮助我们理解和识读建筑形体。

同时,在给水排水工程、暖通工程、电气工程等设备工程类的专业图中,常用轴测图表达各种管道系统;在其他专业图中,还可以用来表达局部构造,直接用于生产。

5.1　轴测投影的基本知识

5.1.1　轴测投影的形成

将形体以及其直角坐标系,沿不平行于三个坐标面中的任一方向,用平行投影的方法,将其投影在单一投影面上所得的图形,称为轴测投影图,简称轴测图,如图 5-1 所示。

5.1.2　轴测图的基本参数

如图 5-1 所示,用于画轴测投影图的单一投影面称为轴测投影面。空间直角坐标系(OX、OY、OZ)在

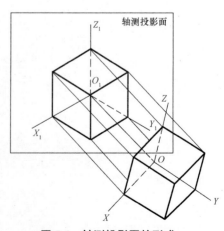

图 5-1　轴测投影图的形成

轴测投影面上的投影(O_1X_1、O_1Y_1、O_1Z_1)称为轴测轴。在轴测图中，相邻两轴测轴间的夹角$\angle X_1O_1Y_1$、$\angle X_1O_1Z_1$、$\angle Y_1O_1Z_1$称为轴间角，在二维的平面图纸上，三个轴间角之和为360°。平行于空间坐标轴的线段的投影长度与其空间实际长度之比称为轴向伸缩系数（简称伸缩系数）。OX、OY、OZ轴的伸缩系数分别用p、q、r表示。以图5-1为例，p为OX轴的轴向伸缩系数，$p=O_1X_1/OX$；同理，OY轴的轴向伸缩系数，$q=O_1Y_1/OY$；OZ轴的轴向伸缩系数，$r=O_1Z_1/OZ$。

由三面正投影图画轴测图时，在正投影图中沿轴向量取实际尺寸后，应乘以相应的轴向伸缩系数，得到轴测投影图中应画的尺寸，再画到轴测图中。因此，"轴测"也就是沿着轴的方向可以测量尺寸的意思。

5.1.3 轴测图的种类

根据投影方向与轴测投影面的相对位置不同，轴测投影可分为正轴测投影图和斜轴测投影图两大类，如图5-2所示。每类轴测图根据轴向伸缩系数的不同，一般可以分为以下三种：

(1)正轴测图。用正投影法所得到的轴测图称为正轴测图。制图标准又将正轴测图具体分为以下三种：

1) $p=q=r$，3个轴向伸缩系数都相等称为正等轴测图，可简称为正等测。

2) $p=q\neq r$或$p\neq q=r$或$p=r\neq q$，3个轴向伸缩系数中有两个相等称为正二等轴测图，可简称为正二测。

3) $p\neq q\neq r$，3个轴向伸缩系数都不相等称为正三轴测图，可简称为正三测。

(2)斜轴测图。用斜投影法所得到的轴测图称为斜轴测图。制图标准同理也将斜轴测图具体分为斜等轴测图、斜二等轴测图和斜三轴测图三种，可简称为斜等测、斜二测和斜三测。

工程中应用最多的是正等轴测图和斜二轴测图。因此，本章主要介绍正等测和斜二测的画法。

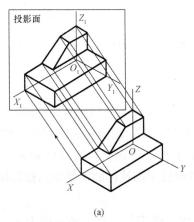 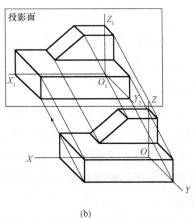

(a)　　　　　　　　　　　　　　　(b)

图5-2 轴测投影图分类

(a)正轴测图；(b)斜轴测图

5.1.4 轴测投影图的基本特性

轴测投影图是用平行投影法绘制的，所以具有平行投影的各种特性，具体如下：

(1)定比性：空间物体上平行于坐标轴的线段，在轴测投影图中平行于相应的轴测轴，并有同样的轴向伸缩系数。

(2)平行性：物体上互相平行的线段，在轴测图上仍互相平行。

(3)真实性：空间与轴测投影面平行的直线与平面，其轴测投影均反映实长或实形。

5.2 正等轴测图

5.2.1 正等轴测图的轴间角和轴向伸缩系数

如图5-3所示，正等轴测图的轴测轴通常取OZ轴为竖直方向、OX轴和OY轴与水平成$30°$；三个轴间角均为$120°$；正等轴测图的轴向伸缩系数都相等，根据计算约等于0.82，但在实际作图时通常采用简化轴向伸缩系数，即$p=q=r=1$。这样就可以直接沿轴向量取形体的实长，作图比较简便，这样作出的正等轴测图实际被放大了$1/0.82 \approx 1.22$倍，但并不影响读图人对形体的理解。

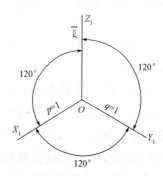

图5-3 正等轴测图的轴间角及轴向伸缩系数

5.2.2 正等轴测图的画法

5.2.2.1 平面立体正等轴测图的画法

平面立体正等轴测图常用的基本作图方法有坐标法、特征面法、叠加法和切割法。其中，坐标法是最基本的画法，而其他方法都是根据物体的形体特点对坐标法的灵活运用，下面举例说明各种方法的应用。

1. 坐标法

坐标法是按坐标值确定平面立体各特征点的轴测投影，然后连线成形体的轴测图的方法。

【例5-1】 如图5-4(a)所示，根据四棱柱的三面投影图，用坐标法绘制正等轴测图。

分析：四棱柱有8个顶点，4个在下底面，4个在上顶面上，通过已知长、宽、高尺寸，分别作出8个点的轴测投影，然后分别连接就组成了四棱柱的正等轴测投影图。

作图步骤：

(1)在正投影图上定出原点和直角坐标轴的位置，确定长、宽、高分别为a、b、h，如图5-4(a)所示；

(2)建立轴测轴，画出长方体底面的轴测图，如图5-4(b)所示；

(3)作出长方体各棱边的高,如图 5-4(c)所示;

(4)连接各顶点,擦去多余的图线,并描深而得到长方体的正等轴测图,图中的虚线可不必画出,如图 5-4(d)所示。

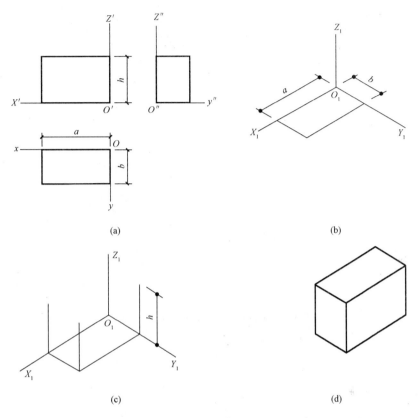

图 5-4 用坐标法作四棱柱的正等测图
(a)定坐标;(b)绘制底面轴测图;(c)确定棱高;(d)完成轴测图

2. 特征面法

特征面法适用于绘制柱类形体的轴测图。画图思路是先画出柱类形体的一个底面(特征面),然后过底面多边形的顶点作同一轴测轴的平行且相等的棱线,再画出另一底面。

【例 5-2】 如图 5-5(a)所示,根据形体的三面投影图,用特征面法作形体的正等轴测图。

分析:形体为复杂的多面棱柱体,所有侧棱平行等长,其特征面是在端面上,故本题先从特征面的正等测图开始做起,然后做侧棱的轴测投影平行于相应的轴测轴,最后连接另一特征面的各个端点,即可完成正等测图的绘制。

作图步骤:

(1)在正投影图上定出原点和直角坐标轴的位置,确定长、宽、高,如图 5-5(a)所示;

(2)画出柱体特征面(前面)的轴测图,如图 5-5(b)所示;

(3)过特征面上各点作平行于 Y 轴的各棱线,如图 5-5(c)所示;

(4)连接各顶点,擦去多余的图线,并描深而得到柱体的正等测图,如图 5-5(d)所示。

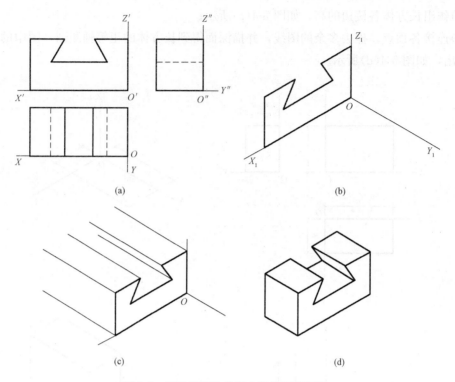

图 5-5 用特征面法作组合体的正等测图
(a)确定坐标轴；(b)绘制特征面(前面)的轴测图；
(c)作与轴测轴平行且相等的棱线；(d)完成轴测图

3. 切割法

切割法适用于切割型的组合体，画图思路是先画出被切割形体的原体的轴测图，然后依次画出被切割掉的部分。

【例 5-3】 如图 5-6(a)所示，根据形体的三面投影图，用切割法作形体的正等测轴测图。

分析：该组合体是典型的基本体四棱柱被切割两次后形成的形状，故作正等轴测图时，一般做法是先将原完整的基本体的正等轴测图绘制出来，然后根据切割位置确定在轴测图上的起始点，连接起止点形成切割线，以至于连成切割面。但需要注意的是，切割的起止点必须在轴测轴或平行轴测轴上时才可度量确定，不可在其他方向上量取切割起止点。

作图步骤：

(1)在正面投影图上定出原点和直角坐标轴的位置，确定长、宽、高，如图 5-6(a)所示；

(2)画轴测轴并作出原来未切割前整体的轴测图，如图 5-6(b)所示；

(3)按照尺寸切出左上角及左前方的三棱柱，如图 5-6(c)所示；

(4)擦去多余的图线，并描深而得到组合体的正等测图，如图 5-6(d)所示。

4. 叠加法

叠加法适用于叠加型的组合体，画图思路是先将组合体分解成若干基本体，再根据基

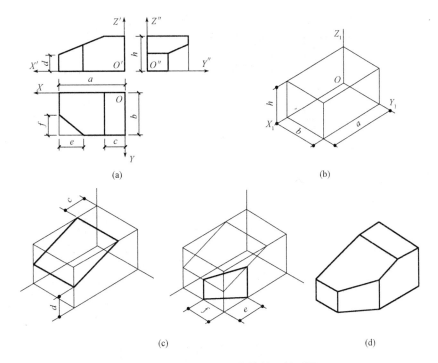

图 5-6 用切割法作组合体的正等测图
(a)定坐标；(b)绘制切割前整体轴测图；(c)切割；(d)完成轴测图

本体间的相对位置关系，按照一定顺序分别绘制各个基本体，最后再组合成复杂组合体的轴测图。

【例 5-4】 如图 5-7(a)所示，根据形体的三面投影图，用叠加法作形体的正等轴测图。

分析：该组合体垫块分别由底板四棱柱 A、背板四棱柱 B 以及侧板三棱柱 C 叠加而成。故作图时，先从最下面的垫块 A 开始绘制正等测图，然后在 A 上再次绘制 B 和 C 两个部分，最后整理图面即可完成叠加型组合体正等轴测图的绘制。

作图步骤：

(1)在正面投影图上定出原点和直角坐标轴的位置，确定长、宽、高，如图 5-7(a)所示；
(2)画轴测轴，先作出底座四棱柱 A 的轴测图，如图 5-7(b)所示；
(3)分别作出上面四棱柱 B 和三棱柱 C 的轴测图，如图 5-7(c)所示；
(4)擦去多余的图线，并描深而得到组合体垫块的正等测图，如图 5-7(d)所示。

5.2.2.2 曲面立体正等轴测图的画法

曲面立体正等轴测图的画法思路与平面立体相同。圆是曲面立体表面上常见的平面图形，因此，掌握形体上圆的画法是绘制曲面立体轴测图的关键，而掌握基本曲面立体轴测图的画法则是绘制曲面立体轴测图的基础。

常见的基本曲面立体是底面平行于坐标面的圆柱、圆台(锥)等。平行于坐标面的圆的正等测图都是椭圆，如图 5-8 所示，在绘制时一般是采用四段圆弧来近似代替，这种绘制近似椭圆的方法称为四心法。下面以水平方向的水平圆为代表讲述作图过程如下：

(1)在水平投影图中，画圆的外切正方形，如图 5-8(a)所示。

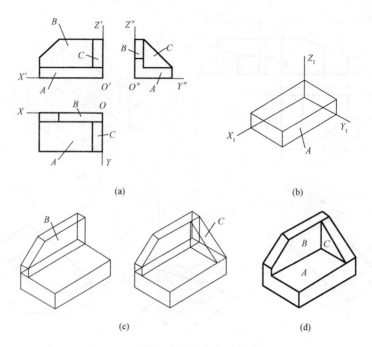

图 5-7 用叠加法作组合体的正等测图

(a)原题上确定坐标轴；(b)绘制底座四棱柱 A 的轴测图；
(c)绘制叠加棱柱 B、C 的轴测图；(d)完成全部组合体轴测图

(2)作外切正方形的正等轴测图，并找到绘制椭圆的四个圆心。以圆心的轴测投影 O_1 为原点绘制轴测轴 X_1、Y_1，以 O_1 为中心，沿轴测轴的方向分别截取半径长度为 R，得到椭圆上四个点 A_1、B_1、C_1、D_1，过这四个点分别作轴测轴的平行线得到菱形。菱形顶点 1、2 为其中两段较大圆弧的圆心；连接 $1A_1$ 和 $2B_1$ 交到菱形的长对角线于 3、4 点，即为另外两个较小圆弧的圆心，如图 5-8(b)所示。

(3)绘制椭圆。分别以 1、2 为圆心，以 $1A_1$ 或 $2B_1$ 为半径画 A_1C_1、B_1D_1 圆弧，再分别以 3、4 点为圆心，以 $3A_1$ 或 $4B_1$ 为半径画 A_1D_1、C_1B_1 圆弧，四段圆弧组合即得到水平圆的正等轴测图，如图 5-8(c)所示。

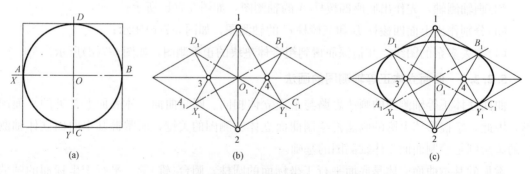

图 5-8 用"四心法"作圆的正等测图(椭圆)

按照同样的方法，可以作出正平圆及侧平圆的正等轴测投影图。三个坐标平面上相同直径圆的正等轴测图如图5-9所示。

【例5-5】 如图5-10所示，作圆柱体的正等轴测图。

分析：本题圆柱体的回转轴是铅垂线，上顶面和下底面都是水平方向的水平圆，而且半径大小一致。作图时，可以将坐标原点定在顶面中心的位置，先做上顶面圆的轴测图，从 O_1 原点再沿 O_1Z_1 方向向下量取圆柱体的高度，确定下底圆的圆心位置，再次在下底圆位置绘

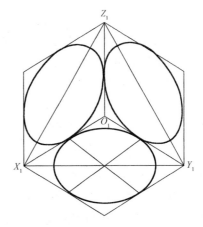

图5-9 平行于各坐标平面的圆的正等轴测图

制水平圆的轴测投影，最后绘制两个底圆之间的公切线，形成圆柱体的轮廓线。整理图面，擦除多余线条，即完成圆柱体的正等轴测图的绘制。

作图步骤：

(1)在投影图上建立坐标系，如图5-10(a)所示。

(2)利用四心法绘制某一底面的椭圆，如图5-10(b)所示。

(3)根据圆柱体高度 h 绘制出另一底面的椭圆，如图5-10(c)所示。

(4)绘制两椭圆的公切线，即得圆柱轮廓线，擦去多余线条，加深轮廓线，完成全图，如图5-10(d)所示。

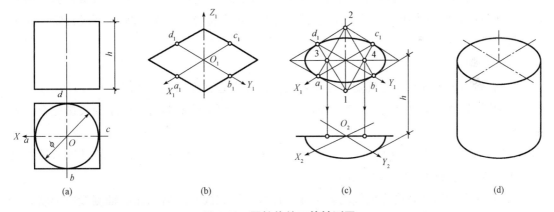

图5-10 圆柱体的正等轴测图

(a)圆柱确定坐标；(b)做上顶圆轴测图；(c)做下底圆轴测图；(d)连接上下圆公切线，整理

5.3 斜二轴测图

5.3.1 斜二轴测图的轴间角和轴向伸缩系数

斜二轴测图的画法与正等轴测图基本相同，区别仅在于两者轴间角与轴向伸缩系数

不同。

画斜二轴测图时,一般取 O_1Z_1 轴为竖直方向,O_1X_1 轴为水平方向,轴间角 $\angle X_1O_1Z_1 = 90°$,O_1Y_1 轴与水平方向夹角为 $45°$;斜二轴测图的轴向伸缩系数 $p=r=1$,$q=0.5$,如图 5-11 所示。只有在绘制管道(如给水排水管道等)的斜二轴测图时,三个坐标轴上的轴向伸缩系数都相等,常取 1(即 $p=q=r=1$)。

因为斜二轴测图的 $X_1O_1Z_1$ 坐标面平行于轴测投影面,所以斜二轴测图的特点是物体上正平面的斜二轴测图反映实形。

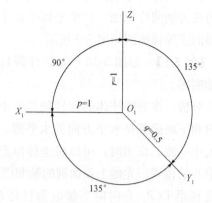

图 5-11 斜二轴测图的轴间角和轴向伸缩系数

正面斜二轴测图的特点是物体上平行于轴测投影面的平面图形的斜二轴测投影反映实形,即正面不变形。这个特性使得斜轴测图的作图较为方便,对具有较复杂的正面形状的形体,这个优点尤为显著,特别是当形体正面有圆或圆弧时,画图简单。

5.3.2 斜二轴测图的画法

1. 平面立体斜二轴测图的画法

【例 5-6】 如图 5-12(a)所示,已知台阶的两面正投影图,画出其斜二轴测图。

分析:从图 5-12(a)可以看出台阶的正面投影能体现形体的特征形状,故应先做台阶正面斜轴测投影,然后引出台阶的若干宽度方向线,截取宽度的一半,即可完成台阶的正面斜二轴测图。

作图步骤:

(1)在台阶的两面投影上确定坐标系,把坐标原点选在前面上,如图 5-12(a)所示。

(2)绘制轴测轴,由于 $p=r=1$,故先在 $X_1O_1Z_1$ 面上绘制与台阶的正面投影完全一致的图形,如图 5-12(b)所示。

(3)过前面各端点沿 O_1Y_1 轴方向做台阶的宽度方向线,由于 $q=0.5$,故截取台阶宽度的一半作为方向线的长度,如图 5-12(c)所示。

(4)连接台阶后面宽度方向线的各个端点连线,即完成台阶后端面的轴测投影形状,如图 5-12(d)所示。

(5)擦去多余图线,加深可见轮廓线,完成台阶的正面斜二轴测图的绘制,如图 5-12(e)所示。

2. 曲面立体斜二轴测图画法

【例 5-7】 如图 5-13(a)所示,已知形体的两面正投影图,绘制形体的正面斜二轴测图。

分析:形体正面投影反映其主要特征,作为特征面平行于轴测投影面绘制,Y 方向尺寸缩小一半绘制。

作图步骤:

(1)绘制轴测轴,画出形体正面实形,如图 5-13(b)所示。

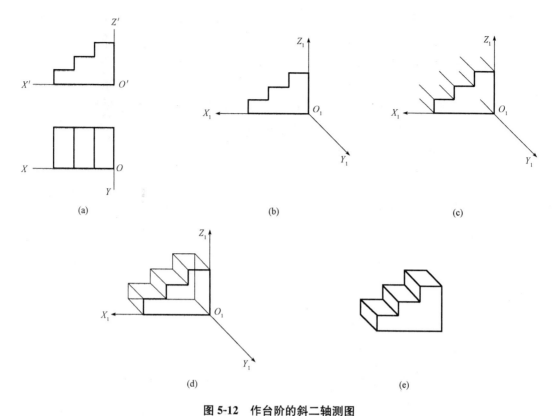

图 5-12 作台阶的斜二轴测图

(a)台阶投影上选定坐标；(b)画轴测轴及台阶正面形状；(c)画平行 O_1Y_1 轴宽度方向线，截取宽一半；
(d)连接台阶宽度方向线各端点；(e)擦去多余图线，整理图面加深轮廓线

(2)沿 Y_1 方向截取形体 Y 方向尺寸的一半长度，确定后面圆心 O_2，绘制后面的圆弧及可见轮廓线，如图 5-13(c)所示。

(3)绘制外轮廓线及两圆弧的公切线并加深，完成作图，如图 5-13(d)所示。

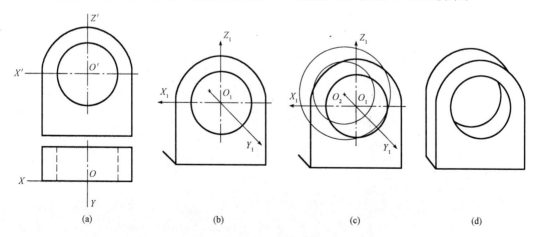

图 5-13 形体斜二轴测图的画法

(a)定坐标系；(b)绘制前面实形；(c)绘制后面圆弧；(d)做公切线，整理图面

本章小结

本章主要介绍了轴测图的基本知识及绘制方法,其中包括轴测图的形成、种类、特征以及轴测图绘制中两类重要的参数,轴间角和轴向伸缩系数。重点介绍了常用的两类轴测图——正等轴测图和斜二轴测图的画法。

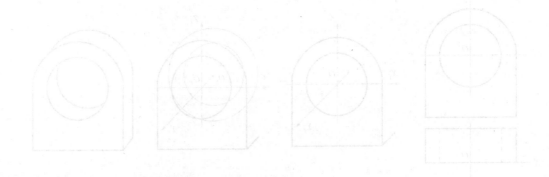

第6章 组合体的投影图

知识目标

- 了解组合体组成方式。
- 掌握形体分析的方法。
- 掌握组合体视图的绘制方法和步骤。
- 掌握线面分析方法。
- 掌握组合体视图的识读方法和步骤。

能力目标

- 能运用形体分析法准确地绘制组合体的三视图。
- 根据组合体三视图正确地想象出组合形体的空间形状。
- 能够根据组合体的两面投影图补绘第三面投影。

新课导入

- 前面课程学习了基本体的投影,掌握了基本体三视图绘制方法,生活中一些复杂的形体也可以看成是由简单基本体组合而成的。本章学习绘制组合体的三视图,并且要求能根据组合体的三视图,正确想象出组合体的空间形状。

6.1 概述

建筑工程形体及其构配件的形状是多种多样的,虽然某些形体比较复杂,但是经过分析,总可以将它们看成是由一些简单的基本几何形体(如棱柱、棱锥、圆柱、圆锥、球等)组合而成的。这种由基本几何形体组成的形体称为组合形体。

在作组合体的投影之前,先要对形体进行分析,主要分析组合形体是怎样构成的。组合形体的构成方式大致可以分为下列三种:

(1)叠加型:由两个或两个以上的基本形体按不同方式叠加而成,如图6-1(a)所示。

(2)切割型:由基本形体被一些平面或曲面切割而成,如图6-1(b)所示。

(3)混合型:形状比较复杂的组合体,可以看作是由上述叠加型和切割型混合构成,如图6-1(c)所示。

由上述可知,组合体是由基本体组合而成,所以在研究组合体时,通常可以将一个组

 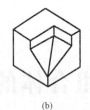 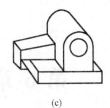

图 6-1 组合体的组合形式

合体分解成若干个基本体，再搞清楚每个基本体的形状结构、相对位置以及基本体之间的组合方式，便可以方便地分析出组合体。这种分析组合体的方法，称为形体分析法。

实际上，组合体是一个整体，将它看作由若干个几何体叠加或切割去若干个几何体，仅是一种假设，是为了理解它的形状而采用的一种分析手段。

6.1.1 组合处的图线分析

形体分析法只是化繁为简的一种思考和分析问题的方法，实际上形体并非被分解，故需注意整体组合时的表面交线。在画组合体投影时，应注意以下四种情况：

(1)平齐：当两部分叠加时，对齐共面组合处，投影图表面无线，如图 6-2(a)所示。

(2)相交：当两部分叠加时，虽属于对齐但是不共面时，投影图组合处表面应该有线，如图 6-2(b)所示。

(3)相切：当组合处两表面相切时，由于相切是光滑过渡，所以投影图组合处表面无线，如图 6-2(c)所示。

(4)表面不平齐：两基本形体的相邻表面相交但是不共面，在相交处产生的交线，均按照投影规律画出，如图 6-2(d)所示。

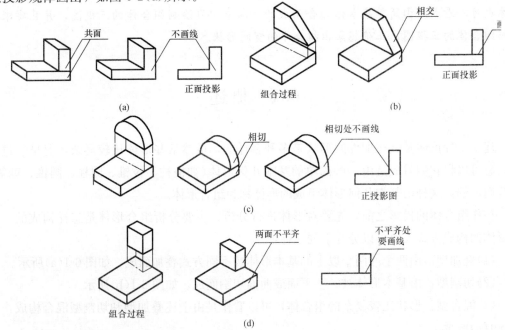

图 6-2 线面分析

(a)表面平齐；(b)表面相交；(c)表面相切；(d)表面不平齐

6.1.2 视图与投影

在建筑工程制图中,通常将叠加或是切割了的形体称为组合体或建筑形体。将它们的投影称为视图,将组合体的三面投影称为三面视图或三视图。如图 6-3 中(a)就是(b)组合体的三视图。

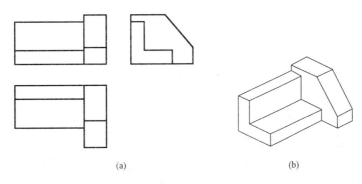

图 6-3 组合体的三视图
(a)三视图;(b)组合体

6.2 组合体视图的画法及尺寸标注

6.2.1 组合体投影图的画法

绘制组合体的投影图就是将组合体分解成几个基本体,分析出它们的内外形状和相互的位置关系,将基本体的投影图按照其相对位置进行组合,这样就可得到组合体的投影图。

如图 6-4 所示,由基本视图的观察方位定义可知,主视图反映几何体的上、下、左、右四个方位,俯视图反映几何体的前、后、左、右四个方位,左视图反映几何体的上、下、前、后四个方位。现将左右向定义为几何体的长度,上下向定义为几何体的高度,前后向定义为几何体的宽度。由于主视图与俯视图同时反映了几何体的长度,故主、俯视图在长度方向应对正,而主视图与左视图同时反映了几何体的高度,故主、左视图在高度方向应对齐,俯视图与左视图同时反映了几何体的宽度,故俯、左视图在宽度方向应相等。由此得出三视图的投影规

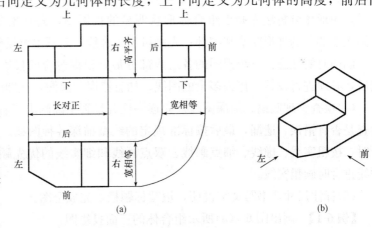

图 6-4 组合体三视图之间关系

律：主、俯视图长对正，主、左视图高平齐，俯、左视图宽相等。在手工绘制组合体的三视图时，必须严格遵守"长对正、高平齐、宽相等"的投影规律，不仅组合体整体结构的投影要符合这个规律，组合体的局部结构也必须符合这个规律，特别是在俯、左视图上量取宽度时，不但要注意量取的起点，还要注意量取的方向。

现说明叠加型组合体视图的画法，作图步骤如下：

(1)形体分析。分析组合体的组成方式，是叠加型、切割型还是混合型，之后分析组合体各组成部分的相对位置关系。

(2)确定投影方案。为了用较少的投影图将组合体的形状完整清晰地表示出来，在形体分析的基础上，还要选择合适的投影方向和数量。

1)选择正面投影方向。

①尽量反映各个组成部分的形状特征及其相对位置。选择视图时，通常先将组合体安置成自然位置，即它的正常使用位置；然后，选择正立面图的方向。在正立面图中，能明显地反映组合体的主要形状特征和相对位置，并尽量使组合体的画图位置与组合体的工作位置或加工位置相一致。

如图6-5(a)所示，将V向作为立面图的投影方向时，在立面图中能明显地反映榫头各部分的形状和位置关系，同时便于图样和实物对照。

②选择正立面图时，还要考虑尽量减少其他投影图中的虚线，如图6-5(b)所示。

③尽量合理利用图幅，如图6-5(c)所示。

2)选择投影图的数量。在保证完整、清晰地表达整体和组成部分的形状及其相对位置的前提下，尽量地减少投影图数量。如图6-6所示的沉井和圆锥，习惯上只需要两个投影，侧面投影是多余的。如果注上直径和高度的尺寸后，还可以省去平面图。但是，图6-6(c)所示的立柱需要三面投影来表示。

(3)选比例、定图幅。投影图确定后，还要根据组合体的总体大小和复杂程度，选择适当的比例和图幅，画出图框和标题栏。

(4)画底稿(布图、画基准线、逐个画出各基本形体投影图)。布图时，根据选定的比例和组合体的总体尺寸，可以粗略计算出各投影图范围的大小并合理布置图面。绘制底稿的顺序是：先画作图基线，如各视图的对称中心线和底面或端面等，以确定各视图的位置；然后，用形体分析法先画出组合体形状明显的投影图，先画主要部分的外形轮廓和细部，再画次要部分的外形轮廓和细部；先画可见轮廓线，后画不可见轮廓线。

画图时要注意：三个视图的各组成部分最好根据对应的投影关系同时画出。当底稿完成后，必须进行校核，擦去多余的图线。如有错误和缺漏，立即改正。

(5)检查整理底稿、加深图线。先逐一检查是否正确画出了各简单几何体的三视图，再检查是否有错误、遗漏，最后按标准规定的线型描深各种图线。当几种不同线型的图线重合时，按粗实线、虚线、细点画线、双点画线和细实线的优先顺序取舍，例如，粗实线与虚线重合时画粗实线。

(6)标注尺寸，书写文字说明，填写标题栏，完成全图。

【例6-1】 画出图6-7(a)所示组合体的三面投影图。

作图步骤：

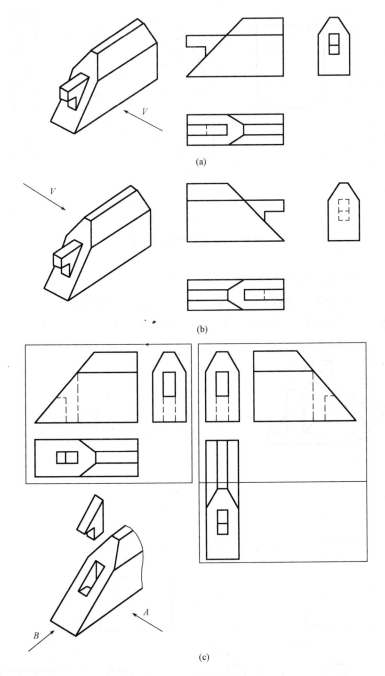

图 6-5 选择投影图

(a)反映榫头各部分；(b)虚线较多；(c)合理利用图幅比较

(1)形体分析：该组合体由长方体底板Ⅰ、四棱柱立板Ⅱ和楔形支撑肋板Ⅲ三部分组成。三部分以叠加的方式组成组合体，其中Ⅰ与Ⅱ的前后相邻表面共面，画图时，应注意该处不画线。

(2)确定投影方案：以 A 向为正面投影，可明显地反映出各部分的组合关系，而且投影不出现虚线，如图 6-7(a)所示。

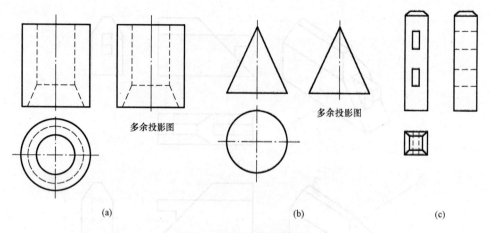

图 6-6 投影图数量的选择

(3) 定出各投影基线,如图 6-7(b)所示。

(4) 逐个画出三部分的三面投影,如图 6-7(c)、(d)、(e)所示。

(5) 检查投影图是否正确,用图线分析法确定Ⅰ、Ⅱ、Ⅲ组合时产生交线和不产生交线的问题,区分图线,如图 6-7(f)所示。

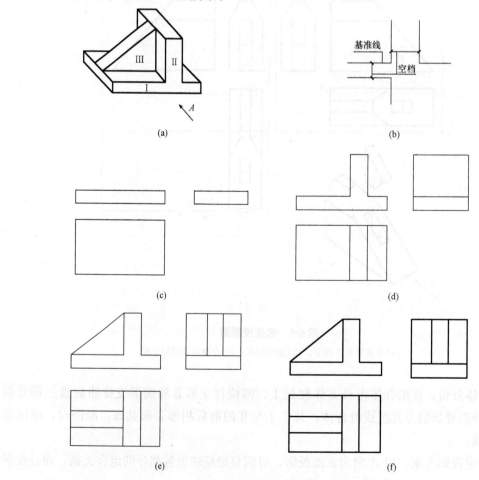

图 6-7 组合体投影图的画法

【例 6-2】 画出图 6-8(a)所示组合体的投影图。

对于切割型组合体，画图前，应用形体分析法分析基本体的原始几何形状，再分析各个被截切掉的几何体的形状以及对基本体的相对位置。其他步骤与叠加型组合体相同。

作图步骤：

(1)形体分析：该形体可看作由长方体切割而成。切割过程如图 6-8(b)所示。

(2)确定投影方向：以图示箭头方向为正立面投影，可明显反映形体特征。

(3)先画出长方体的三面投影，如图 6-8(c)所示，之后从主视图和左视图入手切去图 6-8(d)、(e)、(f)所示部分。并且，补画其他两视图。结果如图 6-8(g)所示。

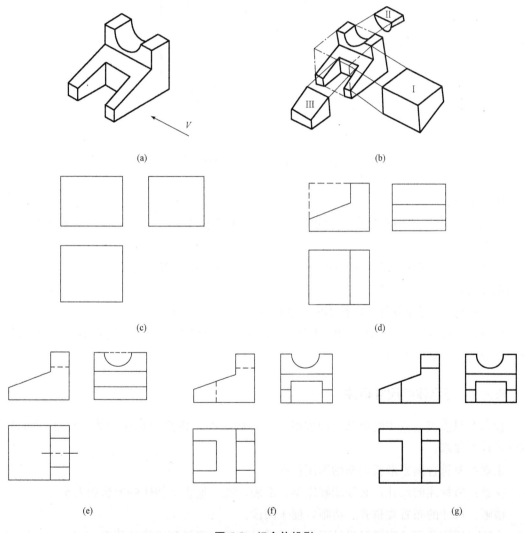

图 6-8 组合体投影

(a)已知条件；(b)形体分析；(c)画出长方体的投影；(d)画出切割掉的形体Ⅰ的投影；
(e)画出切割掉的半圆柱Ⅱ的投影；(f)画出切割掉的半圆柱Ⅲ的投影；(g)检查无误后加深图线

【例 6-3】 画出图 6-9(a)所示组合体的三视图。

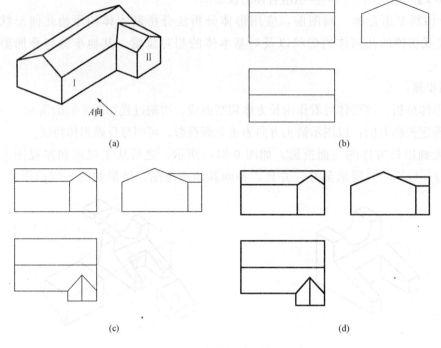

图 6-9 组合体投影图的画法

作图步骤：

(1)形体分析：该组合体由一个水平放置的长五棱柱Ⅰ和一个与Ⅰ垂直的形体Ⅱ组成，如图 6-9(a)所示。

(2)确定投影方案：以 A 向为正面投影，可明显地反映出各部分的组合关系，而且投影不出现虚线，如图 6-9(a)所示。

(3)逐个画出两部分的三面投影图，如图 6-9(b)、(c)所示。

(4)检查投影图是否正确，用图线分析法确定Ⅰ、Ⅱ组合时产生交线和不产生交线的问题，区分图线，如图 6-9(d)所示。

6.2.2 组合体的尺寸标注

投影图只能表达立体的形状，而要确定立体的大小，则需要标注立体的尺寸，而且还应满足以下要求：

正确：要符合国家最新颁布的制图标准。

完整：所标注的尺寸，必须能够完整、准确、唯一地表达物体的形状和大小。

清晰：尺寸的布置要整齐、清晰，便于阅读。

合理：标注的尺寸要满足设计要求，并满足施工、测量和检验的要求。

由于组合体是由一些基本体通过叠加、相交和切割等各种方式而形成的，因此，标注组合体尺寸必须先标注各基本体的尺寸和各基本体之间相对位置尺寸，最后再考虑标注组合体的总尺寸。由此可见，只有在形体分析的基础上，才能完整地标注出组合体的尺寸。

1. 基本几何体的尺寸标准

常见的基本体是棱柱、棱锥、圆柱、圆球等。图 6-10 所示为一些常见基本体的标注示例。基本几何体的尺寸一般只需标注出长、宽、高三个方向的定形尺寸。

图 6-10(a)、(b)、(c)、(d)所示为平面体，其长、宽、高宜标注在能反映其底面真形的平面图上。高度尺寸宜注写在反映高度方向的正立面图上。

图 6-10(e)、(f)、(g)所示为最常见的曲面体，需要注写直径与高度方向的尺寸。对于直径尺寸，宜注写在非圆的视图中，数字前应加注符号 ϕ，球体在直径符号 ϕ 前加注字母 S。

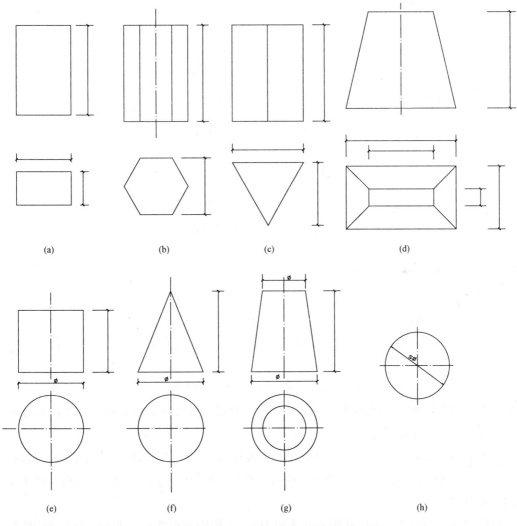

图 6-10 基本几何体的尺寸标注示例

2. 组合体尺寸标注

要完整地确定一个组合体的大小，需要注全三类尺寸。

(1)定形尺寸：注出组合体各组成部分的大小尺寸。

(2)定位尺寸：确定各组成部分相对位置的尺寸，称为定位尺寸。

在某一个方向确定各组成部分的相对位置时，标注每一个定位尺寸均需要有一个相对的基准作为标注尺寸的起点，这个起点叫作尺寸基准。由于组合体有长、宽、高三个方向的尺寸，所以每个方向至少有一个尺寸基准，尺寸基准一般选择在组合体底面、重要端面、对称面及回转体的轴线上。

(3)总体尺寸：确定组合体外形的总长、总宽、总高的尺寸，称为总体尺寸。

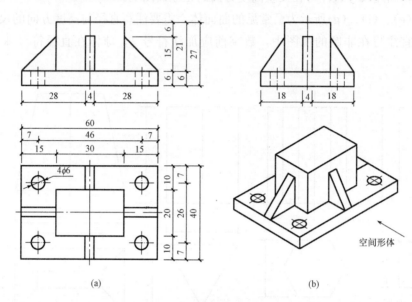

图 6-11 组合体尺寸标注

3. 尺寸标注的方法和步骤

在标注尺寸时要注意形体分析，首先标注定形尺寸，其次是定位尺寸，最后是总体尺寸。现以图 6-11 为例，说明尺寸标注的方法和步骤。

(1)形体分析。经形体分析该组合体是混合型组合体。各基本体的相对位置如图 6-11 所示，从而选定了长、宽、高三个方向的尺寸基准。

(2)标注三类尺寸。定形尺寸：为了不遗漏尺寸，在形体分析的基础上，先应分别标注各基本体的定形尺寸，以确定所需要定形尺寸的数量。如果基本体带切口，不应标注截交线的尺寸，而是标注截平面的位置尺寸。

如底板四棱柱长 60、宽 40、高 6，中间四棱柱长 30、宽 20、高 21，左右两个三棱柱肋板底边长 15、高 15、厚 4，前后两个三棱柱肋板底边长 10、高 15、厚 4，底板上四个小圆孔的直径均为 φ6。

定位尺寸：如底板上小圆孔距离基准面为 7，而图中底板高 6(已标注)为中间四棱柱和四个三棱柱肋板的竖向定位尺寸，其他方向的端面或轴线位于基准线上，则该方向定位尺寸为零，省略不注。

总体尺寸：最后，注总体尺寸，总长 60、总宽 40、总高 27。

检查复核：尺寸标注完后要用形体分析法认真检查三类尺寸，补上遗漏尺寸，并对尺寸布置进行合理化调整。

6.3 组合体投影图的阅读

读图就是根据已经作出的投影图，运用投影原理和方法，想象出空间形体的形状。也可以说，读图就是从平面图形到空间形体的想象过程，是培养和发展空间想象力、空间思维能力的过程。阅读组合体投影，是今后阅读专业图的重要基础。读图常用方法有形体分析法和线面分析法。

阅读组合体投影图时，需要熟练掌握和运用投影规律进行分析，还需要注意以下几点：

(1)熟悉各种位置直线和平面以及基本体的投影特性。

(2)读图时不能孤立地看作一个投影，要将几个投影联系起来思考，才能准确地确定组合体的空间形状。如图 6-12 所示，虽然(a)和(b)的 V 面投影相同，但是它们的 H 面和 W 面投影不相同，因此，两个组合体的空间形状不同。又如(b)和(c)所示，它们的 V 面和 H 面投影相同，但是它们的 W 面投影不同，因此，两个组合体的空间形状也不同。

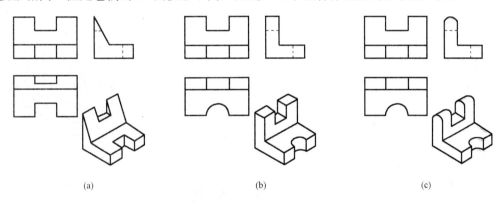

图 6-12 按三等关系读图

(3)注意投影图中线条和线框的意义。

1)投影图中的一条线，除表示一条线的投影外，可以表示一个有积聚性的面；可以表示两个面的交线；可以表示曲面的转向轮廓线。

2)投影图中的一个线框，可以表示一个面的投影；可以表示一个基本体在某一投影面上的积聚投影。

1. 形体分析法

形体分析法读图，就是以特征比较明显的视图为主，根据视图间的投影关系，将组合体分解成若干简单形体，并想象其形状，再按各组成部分之间的相对位置，综合想象出组合体的形状。此方法常用于叠加型组合体。

形体分析法读图的基本步骤如下：

(1)分——分线框：在组合体三面投影图中，从特征投影入手分线框。根据组合体的形状特点，将其分解成若干基本体。

(2)找——找出对应关系：利用"长对正、高平齐、宽相等"的投影规律找出被分解的基本形体的三个投影。

(3) 想——分部分想形状：分析各基本体的相互位置关系。想出各基本体的形状，此步骤要注意反映表面连接关系的线。

(4) 合——合起来想整体：利用各线框（各基本体）的相对位置，综合想象出组合体的形状。

【例 6-4】 如图 6-13 所示，根据组合体的投影阅读组合体的空间形状。

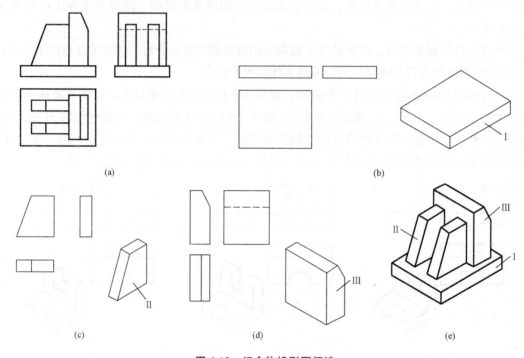

图 6-13 组合体投影图阅读

作图步骤：

(1) 分：已知组合体三面投影图中，V 面投影线框较明显，可以从 V 面投影入手，分为三个线框。

(2) 找：利用"长对正、高平齐、宽相等"的投影规律找出被分解的基本形体的 H 面和 W 面投影，如图 6-13(b)、(c)、(d) 所示。

(3) 想：想出各基本体的形状，如图 6-13(b)、(c)、(d) 所示。

(4) 合：利用各线框（各基本体）的相对位置，综合想象出组合体的形状，如图 6-13(e) 所示。

2. 线面分析法

当形体或形体的一部分是由基本体经多次切割而成，且切割后其形状与基本形体差异较大，切口处图线较为复杂，再采用形体分析法读图会非常困难，此时可采用线面分析法。线面分析法是运用线、面的投影规律，分析组合体视图中图线和线框的确切含义，根据它们的投影特点，明确它们的空间形状和位置，综合起来就能想象出整个形体的形状。线面分析法是运用形体分析法读图的补充方法，读图时，在运用形体分析法的基础上辅以线面分析法,有助于弄清楚一些难点和细节。

读图是一个试探性过程,具有尝试性和反复性。只有充分了解组合体视图中图线和线框的含义,才可能有丰富的构思和联想。读图的过程是反复与已知视图对照、修正想象中的三维实体的思维过程。

下面以图 6-14 为例,介绍线面分析法读图的步骤,其步骤可以概括为四个字,即"分、找、想、合"。

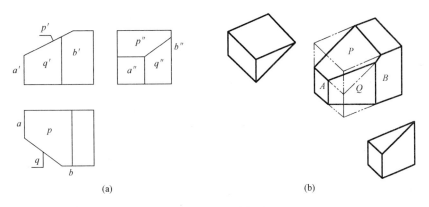

图 6-14　线面分析法

(1)分——分线框:投影图中的每个线框通常都是形体上的一个表面,线面分析法就要对线框进行分析,为了避免遗漏,通常从线框最多的投影图入手进行线框的划分。如图 6-14(a)将其侧面投影分为 a''、p''、q''。

(2)找——找对应投影:根据前面所讲的投影特性可知,除非积聚,否则平面各投影均为"相似形";反之,可以得到"无相似形则必定积聚"的规律。另外,再按照投影规律,可清楚找到各线框所对应的另外两个投影。对正面投影中出现的 b',也分别找到其对应的其他两个投影。

(3)想——想表面形状、位置。根据各线框的投影想出它们各自的形状和位置: A 为侧平面, B 为正平面, P 为正垂面,为五边形; Q 为铅垂面,为四边形。

(4)合——合起来想整体。根据前面的分析综合考虑,想象出形状的整体形状。如图 6-14(b)所示,该形体为一个长方体,被 P、Q 平面切割后所形成的。

线面分析法着重于对组合体各表面和棱线的分析,就要求对各种位置直线、平面投影特性非常熟悉,而且用线面分析法时,仅能读懂一条线或一个平面的空间意义,全图这样分析,工作量大,费时,不容易很快地形成物体的整体概念,故此法常常在形体分析法的基础上进行。读图的步骤和方法不是读图的关键,关键是每个人都要尽可能地多记忆一些常见的形体的投影,并通过自己反复的读图实践,积累自己的经验。

组合体总可以将它们看成是由一些简单的基本几何形体(如棱柱、棱锥、圆柱、圆锥、

球等)组合而成的。这种由基本几何形体组成的形体称为组合形体。组合形体的构成方式有叠加型、切割型、混合型三种。

形体分析法是假想将形体分解为若干基本几何体或单形体，只是化繁为简的一种思考和分析问题的方法，实际上形体并非被分解，故需注意整体组合时的表面交线。

画图容易，读图难。为了提高读图能力，必须加强形体分析与线面分析能力。同时，平时应多分析、积累常见形体及其投影，只有熟练掌握，才能运用自如。

第 7 章　图样画法

知识目标

- 了解视图的含义及简化画法，了解剖面图与断面图的概念及形成。
- 理解剖面图与断面图的表达方法和标注，以及剖面图与断面图的区别。
- 掌握剖面图与断面图的画法。

能力目标

- 针对不同的形体，正确选择剖面图、断面图的类型，能应用剖面图和断面图来表达形体的内部形状。

新课导入

三面正投影图主要表达物体的外部形状和大小，物体内部的孔洞以及被外部遮挡的轮廓线则需要用虚线来表示。当形体内部的形状较复杂时，在投影中就会出现很多虚线，而且虚线相互重叠或交叉，既不便于看图，又不利于标注尺寸，而且难于表达出形体的材料。在工程中，为了解决这个问题，采用剖面图和断面图来表示形体的内部形状。

实际工程中，工程形体的形状和结构是多种多样的，要想将它们表达得既完整、清晰，又便于画图和读图，只用形体的三面投影图难以满足要求。为此，在制图标准中规定了多种图样表达方法，绘图时可根据表达对象的结构特点，在完整、清晰表达各部分形状的前提下，选用适当的表达方法，并力求绘图简捷、读图方便。本章将介绍视图、剖面图、断面图的画法和国家规定的一些简化画法，以及如何应用这些方法表达各种建筑形体。

7.1　视图

建筑形体向基本投影面做投影，所得到的图形称为视图。视图即是前面提到的投影图，主要是用于表达工程形体的外部结构和形状。

7.1.1　基本视图

对于形状简单的物体，一般用三个视图就可以表达清楚。但房屋建筑形体比较复杂，各个方向的外形变化很大，采用三个视图难以表达清楚，需要多个视图才能完整表达其形状结构。在原有三个投影面 V、H、W 的基础上，再增设三个与之对应平行的投影面，构成六面投影体系，这六个投影面称为基本投影面。采用第一角画法，即将形体放置在观察者和投影面之间，从形体的前、后、左、右、上、下六个方向分别向六个投影面作正投影，所得到的六个视图称为基本视图，如图 7-1 所示，即：

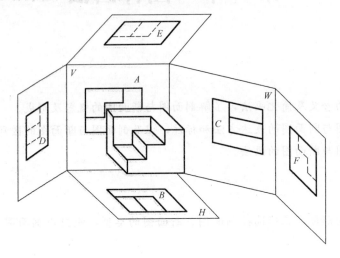

图 7-1 基本视图的形成

(1)正立面图：由前向后投射所得到的主视图。
(2)平面图：由上向下投射所得到的俯视图。
(3)左侧立面图：由左向右投射所得到的左视图。
(4)背立面图：由后向前投射所得到的后视图。
(5)底面图：由下向上投射所得到的仰视图。
(6)右侧立面图：由右向左投射所得到的右视图。

工程建筑物在表达完整、清晰的前提下，其视图是越少越好。例如，在同一张图纸上绘制同一个物体的若干个视图时，为了合理地利用图纸，各视图宜按图 7-2 所示的位置进行配置，此时每个视图一般应标注图名。图名宜标注在视图的下方或上方，并在图名下方绘制一条粗横线。由于房屋形体庞大，如果一张图纸内画不下所有投影图时，可以将各视图分别画在

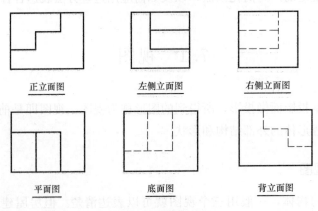

图 7-2 视图的配置

几张图纸上,但应在视图下方标注图名。当视图中出现虚线时,只要在其他视图中已经表达清楚这一部分不可见的构造,虚线可以省略不画;如不能在其他视图中清楚表达,则虚线不能省略。

7.1.2 辅助视图

1. 局部视图

把物体的某一部分向基本投影面投影,所得的视图,称为局部视图。画局部视图时,要用箭头表示它的观看方向,并注上字母,如图 7-3 中的"B"字,并在相应的局部视图下方标注"B"字。

局部视图一般用来表示基本视图没有表示清楚的那一部分,用波浪线或折断线将其与其他部分假想断开,如图 7-4(a)所示。当所表示的局部结构是完整的,外形轮廓又是封闭图形时,可以省略波浪线或折断线,如图 7-3 所示。

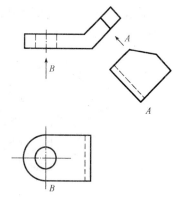

图 7-3 局部视图

当局部视图按投影关系配置,中间又没有其他图形隔开时,可省略标注。如图 7-4(a)中的平面图也为局部视图。因该平面图的观看方向和排列位置与基本视图的投影关系一致,故不必画出箭头和注写字母。

2. 斜视图

将形体向不平行于任何基本投影面的平面投射所得的视图,称为斜视图,如图 7-4 所示。为了表达形体倾斜部分的真实形状,根据换面法的原理,可设置一个与倾斜部分平行的辅助投影面,用正投影法在该辅助投影面上得到倾斜部分的实形投影。斜视图一般只用来表达形体上倾斜部分的局部形状,其余部分仍在基本视图中表达,需用波浪线表示倾斜部分与其他部分的断裂边界。同局部视图一样,斜视图所表达部分结构完整,有封闭轮廓线可作边界时,可画出完整要素,不画波浪线。

画斜视图时,须用箭头指明投射方向,并用大写拉丁字母标注(字母水平书写),斜视图最好沿箭头所指的方向布置,如图 7-4(a)所示;必要时,允许将斜视图的图形平移布置,或将图形旋转后布置在合适位置,如图 7-4(b)所示,但这时应标注旋转方向的箭头。

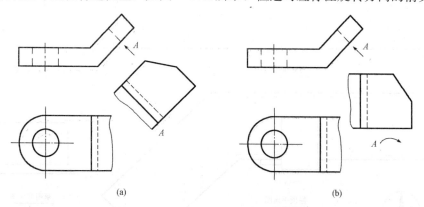

图 7-4 斜视图

3. 镜像视图

某些工程构造,如图 7-5(a)所示。梁柱构造节点直接用平面正投影法绘制平面图时,梁柱不可见，需用虚线，这样给读图和标注尺寸带来不便。对于这种情况，可采用镜像投影法绘制。所谓镜像投影法，是用镜面代替投影面，绘制形体在镜面中的反射图形的正投影。该镜面应平行于相应的投影面。用镜像投影法绘图时，应在图名后加注"镜像"二字，如图 7-5(b)所示。必要时画出镜像投影图画法的识别符号，如图 7-5(c)所示。

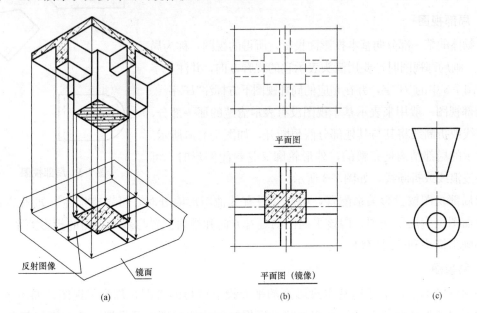

图 7-5　镜像投影图

4. 展开视图

建筑(构)物的某些部分，如与投影面不平行(如圆形、折线形及曲线形等)，画立面图时，可以将该部分展至与投影面平行的位置后，再以正投影法绘制，并在该图名后加注"展开"字样。如图 7-6 所示，房屋的南立面图的右端，为房屋的右方朝向西南的立面，按旋转法旋转、展开后所得的视图，图中省略了旋转方向的标注。

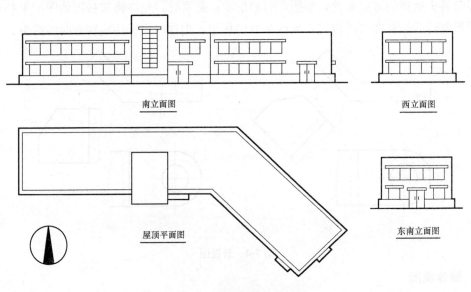

图 7-6　某房屋的展开投影图

7.2 剖面图

当物体的内部结构复杂或被遮挡的部分较多时，视图上就会出现较多的虚线，使投影图上虚线和实线互相交错、混淆不清（图 7-7），这样既影响投影图的清晰又不便标注尺寸，因此，为了能在投影图中直接表达出工程形体的内部形状、构造和材质，常采用绘制剖面图的办法来解决。

7.2.1 剖面图的形成

假想用一个剖切平面，沿着形体的适当部位将形体剖开，移去观察者与剖切平面之间的部分，将剩余部分形体向投影面作投影所得到的投影图，称为剖面图。如图 7-8 所示为剖面图的形成。但应注意的是，剖切是假想的，只有画剖面图时，才假想切开形体并移走一部分，画其他投影图时，需将未剖的完整形体画出。

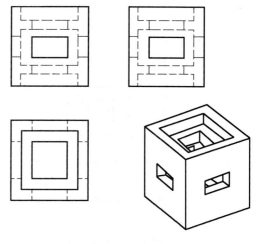

图 7-7 形体及三面投影图

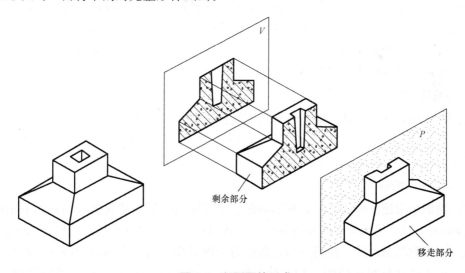

图 7-8 剖面图的形成

图 7-9 所示为工程中杯形基础的正面投影图。其中间的孔被遮住了，在投影图中用虚线表示，形体表达不是很清楚。现假想用一个平面将形体沿着其对称轴剖切开，移去观察者和剖切平面之间的形体，将剩余部分形体向 V 面投影，所得到的投影图就是剖面图，如图 7-10 所示。这样，在正面投影图中的虚线变成实线，能更清晰地表达杯形基础的内部形状。

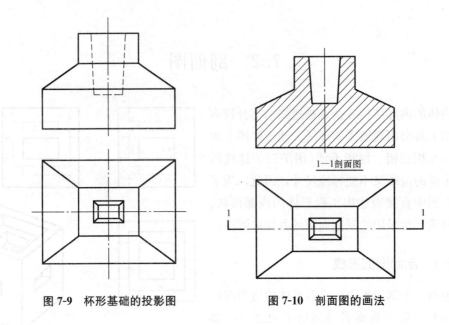

图 7-9 杯形基础的投影图　　　图 7-10 剖面图的画法

7.2.2 剖面图的表达方法

1. 剖切位置的选择

作剖面图时,剖切平面应平行于某一基本投影面,从而使断面的投影反映实形。同时,剖切平面还应尽量通过形体上的孔、洞、槽等隐蔽结构的对称轴线或对称中心,从而使形体的内部结构尽量表达清楚。当剖切平面平行于 V 面时,所作的剖面图称为正立剖面图,可以用来代替原来带虚线的正立面图;同理,当剖切平面平行于 W 面时,所作的剖面图称为侧立剖面图,也可以用来代替侧立面图。

2. 图线的规定

在剖面图中,凡被剖到的断面轮廓用粗实线绘制,沿投影方向看到的部分,其轮廓一般用中实线或细实线画出,看不见的部分不画,剖面图中一般不画虚线。如虚线省略后,配合其他图形,还不能表达清楚或会引起误解,则不能省略。

3. 材料图例的规定

在剖面图中为使图样清晰,应在断面轮廓线范围内绘制该建筑物或构筑物采用的建筑材料图例(表 1-6);当无须表明材料种类时,则用间隔均匀的与水平方向呈 45°的细实线填充,该细实线称为剖面线。在同一组合体的各个图样中,断面上的剖面线应间隔相等、方向相同。由不同材料组成的同一构筑物,剖切后,在相应的断面上应画不同的材料图例,并用粗实线将处在同一平面上的不同图例隔开。不同品种的同类材料使用同一图例时,应在图上附加必要的说明;两个相同的图例相接时,图例线宜错开或使倾斜方向相反,如图 7-11 所示。物体剖切后,当断面的范围很小时,材料图例可用涂黑表示。两个相邻的涂黑的材料断面之间须留间隙,其宽度不得小于 0.5 mm,如图 7-12 所示。

7.2.3 剖面图的标注

画剖面图时,应用规定的剖切符号进行标注。如图 7-13 所示,剖切符号由剖切位置线

图 7-11　剖面线的示意图　　　　图 7-12　剖面图的画法

和剖视方向线组成，分别表示剖切的位置和投影的方向。同时，还要给每一个剖面图加上编号，以免产生混乱。

1. 剖切位置线

剖切位置线表示剖切平面的剖切位置，是剖切平面的积聚投影。《房屋建筑制图统一标准》(GB/T 50001—2017)规定的剖切位置线是用对应的两小段短粗实线表示剖切位置，长度为 6～10 mm 且不应与其他图线相接触，如图 7-13 所示。

2. 剖视方向线

剖切后的剖视方向用垂直于剖切位置线的短粗实线表示，长度为 4～6 mm，如画在剖切位置线的左面，表示向左边投影，如图 7-13 所示。

3. 编号

为了方便读图，应对剖面图的剖切位置进行编号。一般采用阿拉伯数字，按顺序由左至右、由上到下连续编排，并应注写在剖切方向线的端部。如剖切位置线需要转折时，一般在转角处的外侧加注与该符号相同的编号，如图 7-13 中所示"3—3"。剖面图如与被剖切图样不在同一张图内，可在剖切线的另一侧注明其所在图纸的编号，如图 7-13 中的"建施-5"，也可在图上集中说明。

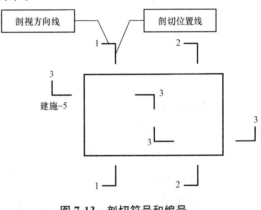

图 7-13　剖切符号和编号

4. 图名

剖面图的图名应标注在图样的下方中部或一侧，并在图名下方绘制与图名等长的粗实线，剖面图以剖切符号的编号命名，如剖切符号的编号为1，则绘制的剖面图的图名为"1—1剖面图"或"1—1剖面"，其他剖面图的图名也应同样依次命名和标明，如图 7-10 所示。

7.2.4　剖面图的种类

由于建筑形体或配件的形状变化复杂，在绘图时，应根据表达形体内部构造的不同要求，选择不同数量、不同位置的剖切平面来剖切形体，才能使形体的内部形状表达清楚。常用的剖切图有全剖面图、半剖面图、局部剖面图、阶梯剖面图和旋转剖面图。

1. 全剖面图

全剖面图是用一个剖切平面将形体完全地剖开，移去剖切平面和观察者之间的部分，对剩余的部分作投影图，所得到的图形就是全剖面图，如图 7-14 所示。全剖面图适用于外部结构比较简单，而内部结构比较复杂的不对称形体或对称形体。全剖面图在建筑工程图中普遍采用，如房屋的各层平面图及剖面图均是假想用一剖切平面在房屋的适当部位进行剖切后作出的投影图。

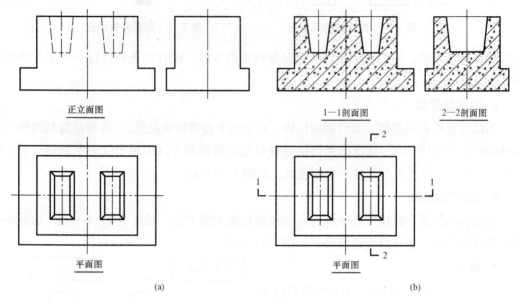

图 7-14 全剖面图

2. 半剖面图

当形体的内外结构均为对称(左右、前后、上下)时，在剖切形体时，可以只剖切形体的一半，这样在所绘制的图形中，一半是投影图，另一半是剖面图，这样的图形称为半剖面图。半剖面图既可表示形体的外部形状，又表达形体的内部结构。在半剖面图中，剖面图和投影图之间，规定用形体的对称中心线(细点画线)为分界线。通常当对称中心线是铅直时，半剖面图画在投影图的右半部；当对称中心线是水平时，半剖面图画在投影图的下半部。如图 7-15 所示的杯形基础，画出了半个侧面投影表示基础的外形，另外，配上半个相应的剖面图表示基础的内部构造。

3. 局部剖面图

局部剖面图常用于外部形状比较复杂，仅仅需要表达局部内形的建筑形体。局部剖面图是用剖切平面只将形体的局部剖开所得到的剖面图。如图 7-16(a)所示的排水管道，用局部剖面图表达管道的壁厚及管道材料情况。如图 7-16(b)所示的杯形基础，在不影响杯形基础外形表达的情况下，将它的水平投影的一个角落画成剖面图，表示基础内部钢筋的配置情况。局部剖面图，大部分投影表达外形，局部表达内形，而且剖切位置都比较明显，所以，一般可省略剖切符号和剖视图的图名，在视图中直接画出。局部剖面与外形之间要用波浪线分开，波浪线不能与轮廓线重合，也不得超出轮廓线之外。

在建筑工程和装饰工程中，为了表示楼地面、屋面、墙面及水工建筑的码头面板等的材料和构造做法，常用分层局部剖切的方法画出各构造层次的剖视图，称为分层局部剖视图。如图 7-17 所示，用分层局部剖视图表示了地面的构造和各层所用材料与做法。

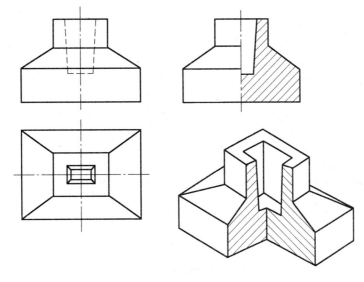

图 7-15 半剖面图

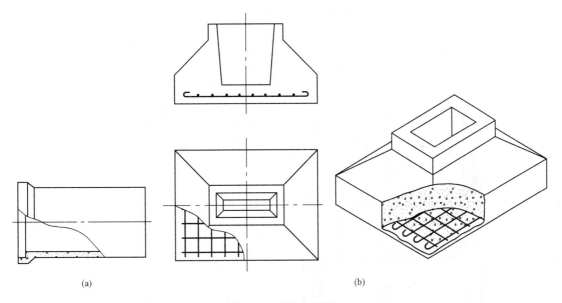

图 7-16 局部剖面图

4. 阶梯剖面图

当物体的内部结构较复杂，用一个平面无法都剖切到，这时可假想用两个或两个以上的相互平行的剖切平面剖切物体，并将各个剖切平面截得的图形画在同一个图形中，这样得到的剖面图称为阶梯剖面图，图 7-18 所示为一个建筑形体的平面图和立面图。为了清晰地表达其内部形状，可以假想用两个平行于投影面的剖切面，分别剖切该建筑两外侧窗和中间门洞，移去观察者与两个剖切平面之前的部分，将剩余的部分向正立投影面做投射，所得的 3—3 剖面图为阶梯剖面图。由于剖切是假想的，所以在剖面图中不能画出剖切平面在两个断面转折处的分界线，如图 7-18 中用圈指出的错误。同时，在标注阶梯剖面图的剖

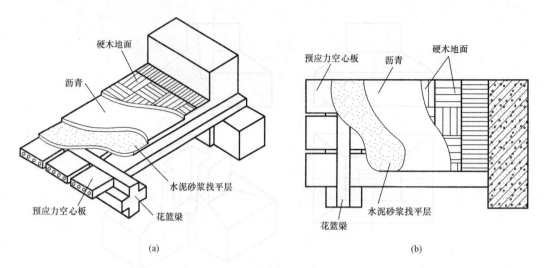

图 7-17 楼层地面分层局部剖面图
(a)直观图；(b)平面图

切符号时，应在两剖切平面转角的外侧加注与剖面剖切符号相同的编号。

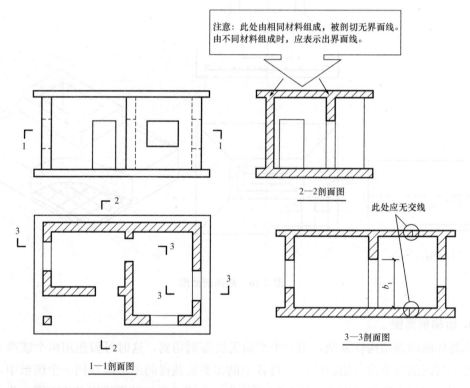

图 7-18 阶梯剖面图

5. 旋转剖面图

当物体不能用一个或几个互相平行的平面进行剖切时，需要用两个或两个以上的相交平面剖切物体。剖开以后，将倾斜于基本投影面的剖切部分旋转到平行于基本投影面后，再向基本投影面投影，这样得到的投影图称为旋转剖面图，如图 7-19 所示。该形体左右两部分是倾斜的,左半部分中间有一个矩形孔洞,不贯通到底,右半部分中间有一个圆形贯通孔洞,为了同时表达这两部分内形,用两个相交的剖切面来剖切该形体,将右半部分旋转到平行于基本投影面后进行投影,得到的投影图为1—1剖面图。

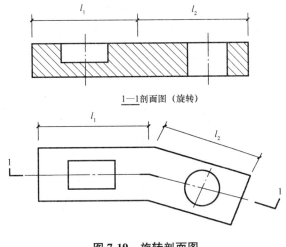

图 7-19　旋转剖面图

7.3　断面图

对于某些单一的杆件或需要表示某一局部的截面形状时,可以只画出形体与剖切平面相交部分的图样,即断面图。

7.3.1　断面图的形成

断面图是用平行于投影面的假想剖切平面剖开物体,仅画出该剖切面与物体接触部分的图形,将剖得的断面向投影面投射,所得的图形称为断面图或断面,如图7-20所示。断面的轮廓线用粗实线绘制,断面内需画出物体的材料图例或剖面线。

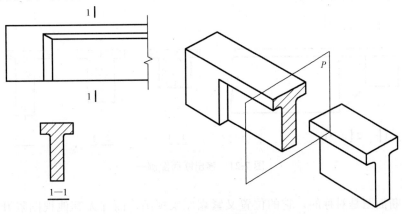

图 7-20　断面图的形成

断面图在建筑工程中，主要用来表达建筑构配件的内部构造。断面图常与基本视图和剖面图互相配合，使建筑形体的图样表达得完整、清晰、简明。断面图与剖面图的不同之处在于断面图仅画出剖切到的截断面投影，而剖面图除画出截断面的投影，还需画出沿投影方向看得到的其他部分的轮廓线投影，因此剖面图包含断面图。

7.3.2 断面图的标注

1. 剖切符号

断面图的剖切符号只用剖切位置线表示，用短粗实线绘制，长度为6~10 mm。

2. 编号

断面图的编号，宜采用阿拉伯数字，按顺序连续编排，并注写在剖切位置线的一侧，编号所在的一侧即为该断面的剖视方向。断面图与被剖切图样不在同一张图纸时，应在剖切位置线的另一侧注明其所在图纸的编号，也可以在图上集中说明。

3. 图名

断面图的正下方只注写断面编号以表示图名，如1—1、2—2……，并在编号数字下面画一短粗线，而省去"断面图"三个字。

4. 材料图例

断面图的剖面线及材料图例的画法与剖面图相同。

7.3.3 断面图的种类

断面图主要用于表达形体或构件的断面形状，根据其安放位置不同，一般可分为移出断面图、重合断面图和中断断面图三种形式。

1. 移出断面图

断面图画在投影图之外的叫作移出断面图。当一个物体有多个断面图时，应将各断面图按顺序依次整齐地排列在投影图的附近，如图7-21所示为变截面钢筋混凝土T形梁的移出断面图，断面轮廓用粗实线绘制，断面内绘制了钢筋混凝土的材料图例。有时根据需要，断面图可用较大的比例画出。

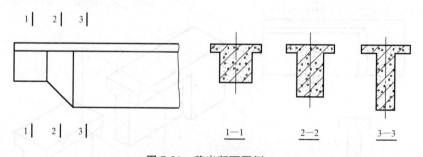

图 7-21 移出断面图例一

当移出断面图是对称的，它的位置又紧靠原来视图，而并无其他视图隔开，即断面图的对称轴线为剖切平面迹线的延长线时，也可省略剖切符号和编号，如图7-22所示。

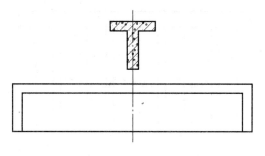

图 7-22　移出断面图例二

2. 重合断面图

画在视图之内的断面图称为重合断面图。重合断面图是将断面图旋转 90°后重合画在基本投影图上，其旋转方向可向上、向下、向左、向右，其比例应与基本投影图相同，且可省去剖切位置线和编号。

重合断面的轮廓线应用细实线画出，以表示与建筑形体的投影轮廓线的区别。图 7-23 所示为角钢的重合断面图，该角钢是平放的，它是将所剖切的断面从左向右旋转 90°后画在角钢的正立投影图中得到的。

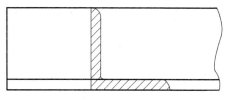

图 7-23　重合断面图例一

图 7-24 所示为钢筋混凝土楼盖的重合断面图，所剖到的部分分别为楼板、主梁和次梁。它是将所剖到的断面从下向上旋转 90°后，画在楼盖的水平投影图中得到的。

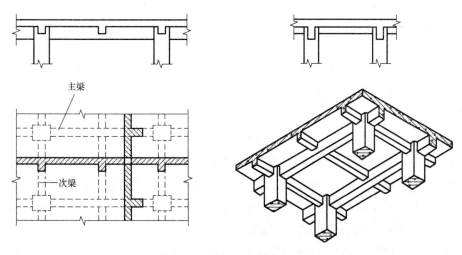

图 7-24　重合断面图例二

在建筑施工图中，为了表示墙面上凹凸的装饰构造，也可以采用重合断面图，如图 7-25 所示。此时，断面的轮廓线用粗实线绘制，并在断面轮廓线内沿轮廓线的边缘画 45°细实线。

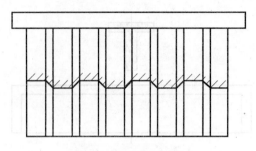

图 7-25 重合断面图例三

3. 中断断面图

画在构件投影图的中断处的断面图,称为中断断面图。它主要用于一些较长且均匀变化的单一构件。图 7-26 所示为槽钢的中断断面图;图 7-27 所示为钢筋混凝土花篮梁的中断断面图,其画法都是在构件投影图的某一处用折断线断开,然后将断面图画在当中。画中断断面图时,可省去剖切位置线和编号,原投影长度可缩短,但尺寸应完整地标注。

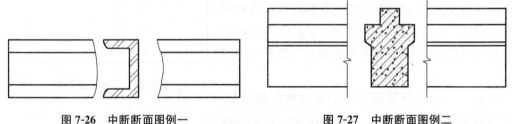

图 7-26 中断断面图例一　　　　　图 7-27 中断断面图例二

7.3.4 剖面图与断面图的联系

剖面图与断面图都是用来表示建筑形体的内部结构,两者既有区别又有共同点。图 7-28 所示为钢筋混凝土牛腿柱的断面图和剖面图,下面以此为例简述两者之间的区别与联系。

1. 区别

(1)表达的内容不同。剖面图是形体被剖切后剩余部分的投影,是体的投影;而断面图是形体被剖切后断面形状的投影,是面的投影。因此,剖面图中包含了断面图。如图 7-28(b)中1—1断面、2—2断面,断面图只画出形体被剖开后断面的实形;而剖面图要画出形体被剖开后整个余下部分的投影,如图 7-28(a)所示,除画出断面外,还画出牛腿的投影(1—1剖面)和柱脚部分投影(2—2剖面)。

(2)剖切符号的标注不同。剖面图用剖切位置线、投射方向线和编号来表示;而断面图则只画剖切位置线与编号,用编号的注写位置来代表投射方向。

2. 共同点

断面图与剖面图有许多共同之处,断面图和剖面图都是用剖切平面假剖开物体后画出的,断面的轮廓线都是用粗实线绘制;断面轮廓线范围内都要按材料的不同绘制材料图例,都要按剖切符号的编号注写图名。

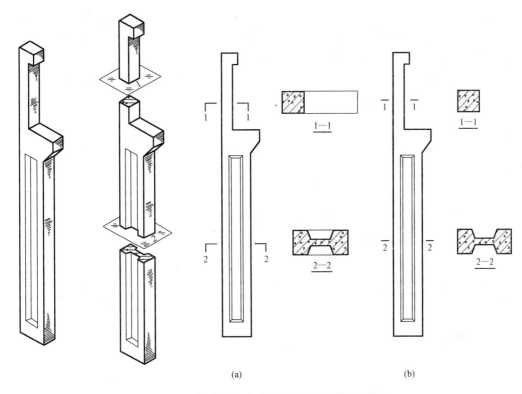

图 7-28　钢筋混凝土牛腿柱的断面图和剖面图

7.4　简化画法

采用简化画法,可适当提高绘图效率,节省图纸图幅。《房屋建筑制图统一标准》(GB/T 50001—2017)规定了几种简化画法和简化标注。

7.4.1　对称简化

当构配件是对称图形,可以对称线为分界,只绘制该图形的一半或四分之一,并绘制出对称符号。如图 7-29(a)所示为锥壳基础平面图,因它左右对称,只画左半部,如图 7-29(b)所示。同时,它上下对称,也可只画四分之一,如图 7-29(c)所示。对称简化时在对称轴线的两端加上对称符号,对称线用细点画线表示,对称符号是用两条相互平行且垂直于对称中心线的短细实线表示,其长度为 6~10 mm,两端的对称符号到图形的距离应基本相等。

对称的图形也可只画一大半(稍稍超出对称线之外),然后加上用细实线画出的折断线或波浪线。此时,不需加对称符号,如图 7-30(a)的木屋架图和图 7-30(b)的杯形基础图。对称的构件需要画剖面图时,也可以用对称线为界,一边画外形图,一边画剖面图。这时,需要加对称符号,如图 7-30(c)所示的锥壳基础。

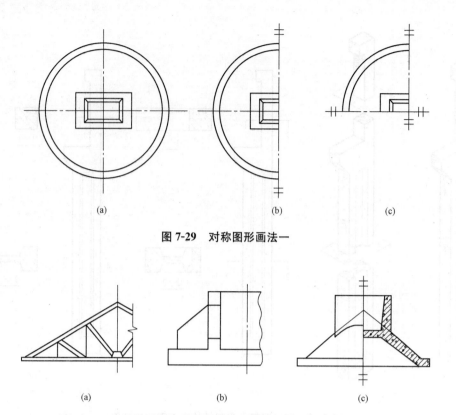

图 7-29 对称图形画法一

图 7-30 对称图形画法二

7.4.2 相同要素的简化画法

当物体上有多个完全相同且连续排列的构造要素时，可仅在两端或适当位置画出一个或几个完整形状，其余要素在所处位置用中心线或中心线交点表示，但要注明个数，如图 7-31 所示。如相同构造要素少于中心线交点，则其余部分应在相同构造要素位置的中心线交点处用小圆点表示，如图 7-31 所示。

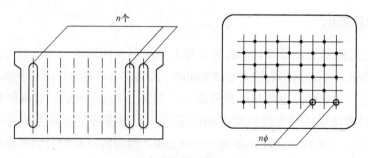

图 7-31 相同要素的简化画法

7.4.3 折断画法

对于较长的构件，如沿长度方向的形状相同，或按一定规律变化，可断开省略绘制，断开处应以折断线表示，如图 7-32(a)所示。应注意：在用折断省略画法所画出的较长构件的图形上标注尺寸时，尺寸数值应标注其全部长度。

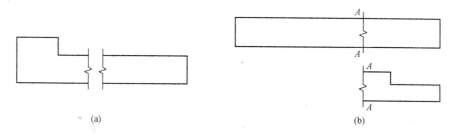

图 7-32　折断画法

(a)较长构件的折断省略画法；(b)构件局部不同省略画法

7.4.4　连接画法

当构配件较长，如绘制位置不够，但需全部表达时，可分成几个部分绘制，并应标注连接符号(折断线)和字母(需注在折断线旁的图形的一侧)，以表示连接关系，如图 7-33 所示。

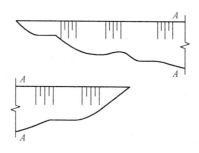

图 7-33　连接符号

本章小结

1. 视图包括基本视图和辅助视图。基本视图是在原有三个投影面 V、H、W 的基础上，再增设三个与之对应平行的投影面，构成六面投影体系，为了完整、清晰地表达复杂的工程形体，还可采用局部视图、斜视图、镜像视图和展开视图来表达。

2. 剖面图与断面图均用假想剖切面将形体剖开，将处在观察者和剖切面之间的部分移去，而将其余部分向投影面投射所得的图形。剖面图中，将剖切面剖到部分的轮廓线用粗实线绘制，没有剖到、但可以看到的部分用中实线或细实线绘制；而断面图则用粗实线画出剖切面剖到部分截面的投影。

3. 剖面图是形体被剖切后剩余部分的投影，是体的投影；而断面图是形体被剖切后断面形状的投影，是面的投影。因此说，剖面图中包含了断面图。剖面图的类型：全剖面图、半剖面图、局部剖面图、阶梯剖面图和旋转剖面图。断面图的类型：移出断面图、重合断面图和中断断面图。

4. 当构配件是对称图形时，可以对称线为分界，只绘制该图形的一半或四分之一；当物体上有多个完全相同且连续排列的构造要素时，可对其进行简化；对于较长的构件，如沿长度方向的形状相同或按一定规律变化，可断开省略绘制；当构配件较长，如绘制位置不够，可分成几个部分绘制，并应标注连接符号。

第8章 标高投影

知识目标
- 了解标高投影的概念。
- 了解直线、平面标高投影的表示方法。
- 掌握点、线、平面标高投影的绘制。
- 掌握曲面标高投影的绘制。

能力目标
- 能熟练绘制点、线、平面及曲面标高投影。
- 能熟练应用标高投影绘制建筑物交线。

新课导入

工程上常常在表达地面形状的地形图上，进行各种工程的规划、设计等工作。但地面形状复杂，起伏不平，没有规则，长度、宽度方向的尺寸，比高度方向的尺寸大得多，因此，在生产实践中常采用标高投影表示地形图。通过本章学习，了解标高投影的含义，能熟练绘制点、线、面标高投影，熟练标高投影在工程上的应用。

8.1 概述

各种工程建筑物（如水利工程建筑物、道路、桥梁等）通常要建在高低不平的或有山峦、有河流的地面上，它们与地面的形状有着密切的关系，在施工中常常需要挖掘或填筑土壤。因此，工程上常常在表达地面形状的地形图上，进行各种工程的规划、设计等工作。但地面形状复杂，起伏不平，没有规则，长度、宽度方向的尺寸比高度方向的尺寸大得多，如采用前面所讲过的多面正投影法，作图困难且无法表达清楚，因此，在生产实践中常采用标高投影表示地形图。

所谓标高投影法，是指在物体的水平投影上加注某些特征面、线及控制点的高程数值和绘图比例来表示空间物体的方法。标高投影包括水平投影、高程数值、绘图比例三要素。

标高投影是以水平投影面 H 为投影面，称为基准面。标高就是空间点到基准面 H 的距离。标准规定：基准面标高为零，基准面上方的点标高为正值；下方的点标高为负值，标高的单位常用米（m），一般不需注明。

在图 8-1 中，设水平面 H 为基准面（也称基面），A 点在 H 面上方 4 m，B 点在 H 面内，C 点在 H 面下方 3 m。分别作出 A、B、C 三点在 H 面上的水平投影 a、b、c，并在其右下角注明距 H 面的高度数值（称为高程）4 m、0 m、−3 m。即 a_4、b_0、c_{-3}，这就是 A、B、C 三点的标高投影。用这样的方法，可以画出物体的标高投影。

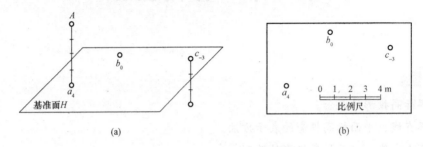

图 8-1　标高投影的基本概念

在实际工作中，地形图通常以我国青岛附近的黄海平均海平面作为基准面，所得的高程称为绝对高程，否则称为相对高程。

标高投影图是一种单面正投影图，即水平投影，它必须标明比例或画出比例尺，否则就无法从单面正投影图中来准确地确定物体的空间形状、具体尺寸和位置。除了地形面以外，也常用标高投影法来表示其他一些复杂曲面。

8.2　直线和平面的标高投影

8.2.1　直线的标高投影

1. 直线的标高投影表示法

在标高投影中，直线的位置是由直线上的两个点或直线上一点及该直线的方向决定的。以图 8-2(a)所示的直线为例说明，直线的标高投影表示法有以下两种：

(1)直线的水平投影和直线上两点的高程，如图 8-2(b)所示（图中的 $l=6$ m 通常不必注出）。

(2)直线上一点高程和直线的方向。图 8-2(c)中，直线的方向是用直线坡度 1∶2 和箭头表示的，箭头指向下坡。

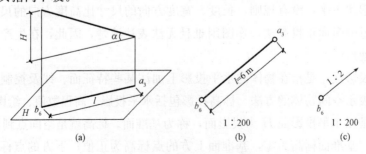

图 8-2　直线的标高投影的表示法

2. 直线的坡度和平距

(1) 坡度：直线上任意两点的高度差与该两点的水平距离之比，称为该直线的坡度，用 i 表示。如图 8-3 所示中的直线 AB：

$$坡度\ i=\frac{H}{L}=\tan\alpha$$

式中　H——两点高差；

　　　L——两点之间水平距离。

上式表明了直线坡度的含义为：当直线上两点之间的水平距离为一个单位时的高度差，如图 8-3 所示。

仍如图 8-2 所示，直线 AB 的高差 $H=6-3=3\text{(m)}$，$L=6\text{ m}$（如图上未注尺寸，可用 1∶200 比例尺在图上量得）。所以，该直线的坡度 $i=\frac{H}{L}=\frac{3}{6}=\frac{1}{2}$，写成 1∶2。

(2) 平距：当直线上两点的高度差为 1 个单位长度时，这两点之间的水平距离称为该直线的平距，用 l 表示。例如，图 8-3 中的直线 AB：$l=\frac{L}{H}=\cot\alpha$。

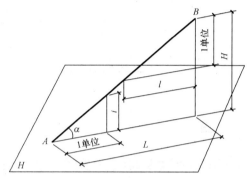

图 8-3　直线的坡度和平距

由上式可以看出，平距和坡度互为倒数，即 $l=\frac{1}{i}$。由上可知：$i=\frac{1}{2}$，则 $l=\frac{1}{i}=2$。坡度越大，则平距越小；坡度越小，则平距越大。

显然，一直线上任意两点之间的高度差与其水平距离之比是一个常数，故在已知直线上任取一点都能计算出它的标高，或已知直线上任意一点的高程，即可以确定它的水平投影的位置。

【例 8-1】　求图 8-4 所示直线 AB 的坡度与平距，并求出直线上点 C 的高程。

解： $H_{AB}=36-26=10.0\text{(m)}$

$L_{AB}=30\text{ m}$（用比例尺量得）

则：$i=\frac{H_{AB}}{L_{AB}}=\frac{10}{30}=\frac{1}{3}$；$l=\frac{1}{i}=3$

又量得 $L_{AC}=15.0\text{ m}$，因为直线上任意两点之间坡度相同，即 $\frac{H_{AC}}{L_{AC}}=i=\frac{1}{3}$。

由上可得：$H_{AC}=L_{AC}\times i=15.0\times\frac{1}{3}=5.0\text{(m)}$

故 C 点的高程为 $36-5.0=31.0\text{(m)}$

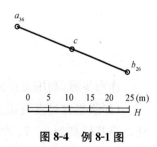

图 8-4　例 8-1 图

3. 直线的实长和整数标高点

(1)直线的实长和倾角。在标高投影中求直线的实长，可以采用正投影中的直角三角形法，如图 8-5 所示，以直线的标高投影作为直角三角形的一条直角边，以直线两端点的高差作为另一直角边，用给定的比例尺作出后，斜边即为直线的实长。斜边和标高投影的夹角为直线对水平面的倾角 α 所示。

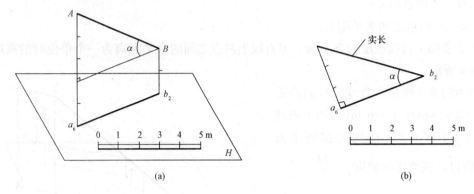

图 8-5 求线段 AB 的实长

(2)直线上的整数标高点。在实际工作中，常遇到直线两端点标高投影的高程并非整数，需要在直线的标高投影上作出各整数标高点。解决这类问题，可利用数解法和定比分割原理作图。

【例 8-2】 如图 8-6(a)所示，求直线上各整数标高点。

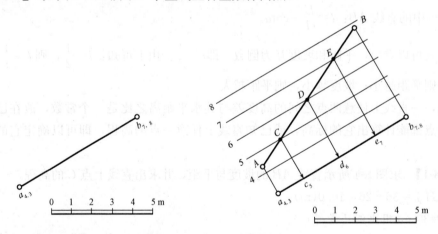

图 8-6 作直线上的整数标高点

(a)已知条件；(b)作图结果

作图步骤(利用定比分割原理作图)：

(1)假想在过直线 $a_{4.3}b_{7.8}$ 的铅垂面上，平行于 $a_{4.3}b_{7.8}$ 作互相平行且间距相等的五条等高线，令其标高为 8、7、6、5、4；

(2)由直线标高投影的两端点 $a_{4.3}$、$b_{7.8}$ 作平行线组的两垂线，在两垂线上按标高 4.3 和 7.8 确定 A、B 两点的位置；

(3)连接 A、B 点，直线 AB 与平行线组的交点为 C、D、E；

(4)从各交点向标高投影 $a_{4.3}b_{7.8}$ 直线上作垂线,得到的垂足即为直线上的各整数标高点 c_5、d_6、e_7。

8.2.2 平面的标高投影

1. 平面上的等高线和坡度线

(1)等高线。在标高投影中,预定高度的水平面与所表示表面(平面、曲面、地形面)的截交线称为等高线。如图 8-7(a)所示,平面上的水平线即平面上的等高线,也可看成是水平面与该平面的交线。在实际应用中常取整数标高的等高线,它们的高差一般取整数,如 1 m、5 m 等,并且把平面与基准面的交线,作为高程为零的等高线。图 8-7(b)所示为平面 P 上的等高线的标高投影。

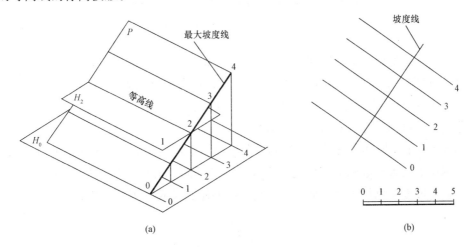

图 8-7 平面上的等高线和坡度线

(2)平面上的等高线特性。

1)平面上的等高线是直线;

2)平面上的等高线互相平行;

3)相邻等高线的高差相等时,其水平间距也相等。图 8-7(b)中相邻等高线的高差为 1 m,它们的水平间距就是平距。

(3)平面上的坡度线:如图 8-8(a)所示,平面的坡度线和平面上的水平线垂直,根据直角投影定理,它们的水平投影应互相垂直,如图 8-8(b)所示。坡度线的坡度就是该平面的坡度。工程上,有时也将坡度线的投影附以整数标高,并画成一粗一细的双线,称为平面的坡度比例尺。如图 8-8 所示,P 平面的坡度比例尺用字母 P_i 表示。

2. 平面的表示法及在平面上作等高线的方法

在正投影中所介绍的用几何元素表示平面的方法,在标高投影中仍然适用。在标高投影中,平面常采用等高线表示法、坡度比例尺表示法、平面上的一条等高线和平面的坡度表示法、平面上的一般位置直线和该平面的坡度与倾向表示法。

(1)用两条等高线表示平面。这种表示法实质上是两平行直线表示平面,平面上的水平线称为平面上的等高线。实际应用中,一般采用高差相等、标高为整数的一系列等高线来

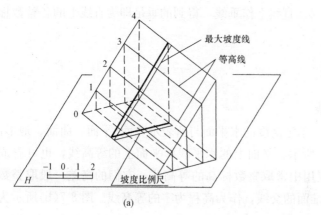
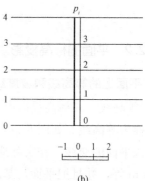

图 8-8 平面的坡度比例尺

(a)立体图；(b)投影图

表示平面，并把基准面上的等高线，作为标高为零的等高线，如图 8-7 所示。

(2)坡度比例尺表示法。这种表示法实质上就是最大坡度线表示法。已知平面的等高线组，可以利用等高线与坡度比例尺的相互垂直的关系，作出平面上的坡度比例尺。反之，如果坡度比例尺已知，则平面对基准面的倾角可以利用直角三角形法求得。

如图 8-9 所示，坡度比例尺的位置和方向一经给定，平面的方向和位置也就随之确定。过坡度比例尺上的各整数标高点作它的垂线，就是平面上的相应高程的等高线。但需要注意的是，在用坡度比例尺表示平面时，标高投影的比例尺或比例一定要给出。

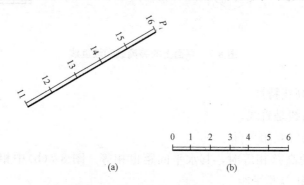

图 8-9 用坡度比例尺表示平面

(a)已知条件；(b)作图过程和结果

(3)用平面上的一条等高线和平面的坡度表示平面。图 8-10(a)表示一个平面。知道平面上的一条等高线，就可定出坡度线的方向，由于平面的坡度已知，该平面的方向和位置就确定了。如果作平面上的等高线，可利用坡度求得等高线的平距，然后作已知等高线的垂线，在垂线上按图中所给比例尺截取平距，再过各分点作已知等高线的平行线，即可作出平面上一系列等高线的标高投影，如图 8-10(b)所示。

(4)平面上的一条倾斜直线和该平面的坡度表示平面。如图 8-11(a)所示为一标高为 3 m 的水平场地及一坡度为 1∶2 的斜坡引道，斜坡引道两侧的倾斜平面，ABE 和 CDF 的坡度均为 1∶1，这种倾斜平面可由平面内一条倾斜直线的标高投影加上该平面的坡度来表示，

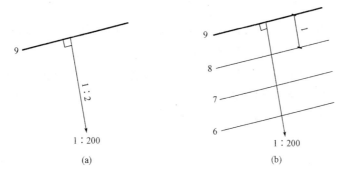

图 8-10 用平面上的等高线和平面的坡度表示平面

如图 8-11(b)所示。图中 b_0a_3 旁边的箭头只是表明该平面向直线的某一侧倾斜,不一定要画出平面的准确方向。为了与准确的坡度方向有所区别,习惯上用虚线箭头表示斜面的大致方向。而坡度线的准确方向需要作出平面上的等高线后才能确定。

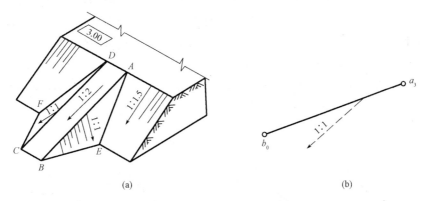

图 8-11 用平面上的倾斜线和平面的坡度表示平面
(a)应用实例;(b)表示方法

【例 8-3】 已知平面上一条倾斜直线 a_2b_5,平面的坡度为 1∶2,图中虚线箭头表示坡度大致方向如图 8-12(a)所示。试做出平面上高程为 3、4 的等高线。

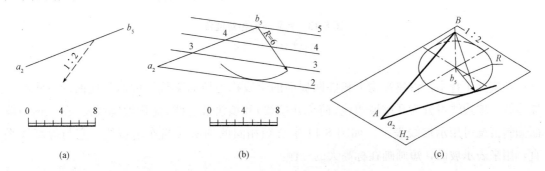

图 8-12 作已知平面的等高线
(a)已知条件;(b)作已知平面等高线;(c)立体图

图 8-12(b)表示了上述平面上等高线的作法。

作图步骤：

(1)该平面上标高为 2 m 的等高线必通过 a_2，经过 b_5 则有一条标高为 5 m 的等高线，这两条等高线之间的水平距离 $L=l\times H=2\times 3$ m$=6$ m。

(2)以 b_5 为圆心，以 $R=6$ m 为半径，在平面的倾斜方向画圆弧（按照图中所给比例尺量取），再过 a_2 作直线与圆弧相切，就得到标高为 2 m 的等高线，立体图如图 8-12(c)所示。三等分 a_2b_5 可得到直线上标高为 3 m、4 m 的点，过各点作直线与等高线 2 m 平行，就得到一系列相应的等高线。

3. 两平面的相对位置

(1)平行。如果两平面平行，那么它们的坡度比例尺、等高线相互平行，平距相等，且标高数字的增减方向也一致，如图 8-13(a)所示。

(2)相交。在标高投影中，两平面相交产生一条交线，可利用辅助平面法求两平面的交线。通常采用水平面作为辅助面。如图 8-13(b)所示，在标高投影中，求两平面的交线时，通常用水平面作辅助截平面。水平辅助面与两个相交平面的截交线是两条同标高的等高线，这两条等高线的交点是两平面的共有点，就是两平面交线上的点。由此可以看出：两平面上相同高程等高线的两个交点的连线，就是两平面的交线。如图 8-13(b)所示，已知两平面求它们的交线。可分别在两平面内作出相同高程的等高线 3 m 和 4 m，如图所示，分别得到 a_3、b_4 两个交点，连接 a_3、b_4 两点，则 a_3b_4 即为所求两平面交线的标高投影。

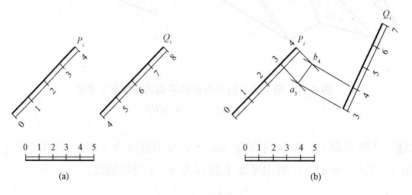

图 8-13 两平面的相对位置
(a)平行；(b)相交

在实际工程中，将建筑物上相邻两坡面的交线称为坡面交线。坡面与地面的交线称为坡边线。坡边线可分为开挖坡边线（简称开挖线）和填筑坡边线（简称坡脚线）。在工程中坡面倾斜情况可用示坡线表示。如图 8-14 中长短相间的细实线叫作示坡线，它与等高线垂直，用来表示坡面，短画画在标高大的一侧。

【例 8-4】 在高程为 6 m 的地面上挖一基坑，坑底高程为 2 m，坑底的形状、大小以及各坡面坡度，如图 8-14(a)所示。求作开挖线和坡面交线，并在坡面上画出示坡线。

作图过程如图 8-14(b)所示，作图步骤如下：

(1)求开挖线。地面高程为 6 m，因此，开挖线就是各坡面上高程为 6 m 的与坑底的相

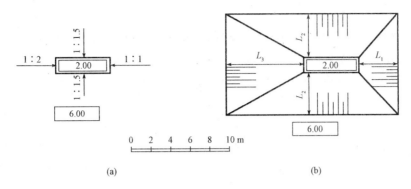

图 8-14 作开挖线、坡面交线和示坡线

(a)已知条件；(b)作图过程和作图结果

应底边线平行的等高线，水平距离 $L_1=(6-2)\div\dfrac{1}{1}=4(\mathrm{m})$。

(2) $L_2=(6-2)\div\dfrac{1}{1.5}=6(\mathrm{m})$，$L_3=(6-2)\div\dfrac{1}{2}=8(\mathrm{m})$，然后按照比例尺截取后，画出各坡面的开挖线。

(3) 求坡面交线。相邻两坡面高程相同的两条等高线的交点即两坡面共有点，分别连接相应的两个共有点可得四条坡面交线。

(4) 将结果加深，画出各坡面的示坡线。

【**例 8-5**】 已知主堤和支堤相交，顶面标高分别为 5 m 和 4 m，地面标高为 2.00，各坡面坡度如图 8-15(a)所示，试作相交两堤的标高投影图。

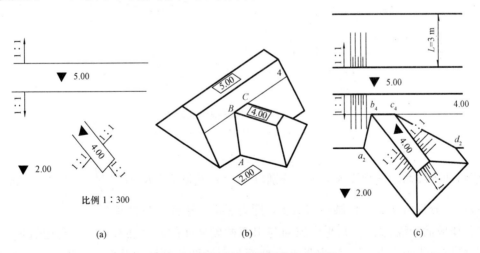

图 8-15 求作主堤和支堤的标高投影

作图步骤如下[图 8-15(c)]：

(1) 求坡脚线。即各坡面与地面的交线。现以求主堤坡脚线为例来说明坡脚线的求法：主堤坡顶线与坡脚线的高差为 3 m。主堤前、后坡面的坡度均为 1∶1，则坡顶线到坡脚线的水平距离 $L=H/i=(5-2)/1=3(\mathrm{m})$。按比例尺用 3 m 在两坡面的坡度线上分别截取一点，过这两点作坡顶线的平行线，即得大堤的前、后坡脚线。用同样的方法作出支堤的坡脚线。

(2)求支堤顶面与主堤坡面的交线。支堤顶面标高为 4 m,与主堤坡面交线就是主堤坡面上标高为 4 m 的等高线中的 b_4c_4 一段。

(3)求主堤坡面与支堤坡面的交线。它们的坡脚线交于点 a_2、d_2,a_2、b_4,c_4、d_2,即得坡面交线 a_2b_4 和 c_4d_2。

(4)将结果检查加深,画出各坡面的示坡线。

【例 8-6】 在高程为零的地面上,修建一个高程为 3 m 的平台,并修建一条斜坡引道,通到平台顶面。平台坡面的坡度为 1∶1.5,斜坡引道两侧边坡的坡度为 1∶1。图 8-16(a) 是这个工程建筑物在斜引道附近局部区域的已知条件,求作这个局部区域内的坡脚线和坡面交线。

作图过程[图 8-16(b)]:

(1)作坡脚线。因为地面的高程为 0,所以坡脚线即为各坡面上高程为 0 的等高线。平台边坡的坡脚线与平台边线平行,水平距离 $L=3\div\dfrac{1}{1.5}=4.5(\mathrm{m})$。由此就可作出平台边坡的坡脚线。

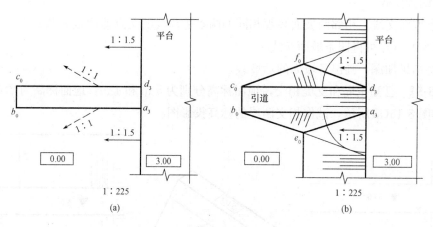

图 8-16 工程建筑物坡脚线及坡面交线

(a)已知条件;(b)作图过程与结果

引道两侧坡面的坡脚线的求法:分别以 a_3、d_3 为圆心,$R=L=\dfrac{H}{i}=3\div\dfrac{1}{1}=3(\mathrm{m})$ 为半径画弧,再分别由 b_0、c_0 作圆弧的切线,即为引道两侧坡面的坡脚线。

(2)作坡面交线 a_3、d_3 是平台坡面与引道两侧坡面的两个共有点。平台边坡坡脚线与引道两侧坡脚线的交点 e_0、f_0 也是平台坡面与引道两侧坡面的共有点,连接 a_3 与 e_0,d_3 与 f_0,即为所求的坡面交线。

(3)画各坡面示坡线。引道两侧坡面的示坡线应垂直于坡面上等高线 b_0e_0 和 c_0f_0,各个坡面的示坡线都分别与各个坡面上的等高线相垂直,于是就可画出所有坡面的示坡线。

8.3 曲面的标高投影

在实际工程中,曲面也是常见的。在标高投影中,是用一系列高差相等的水平面与曲面相截来表示曲面的。常见的曲面有圆锥面、同坡曲面和地形面等。

8.3.1 圆锥面的标高投影

正圆锥面的等高线都是同心圆,当高差相等时,等高线之间的水平间距相等,如图 8-17(a)所示。当锥面正立时,越靠近圆心,等高线的标高数字越大;当锥面倒立时,则相反,如图 8-17(b)所示。非正圆锥面的标高投影如图 8-17(c)所示。

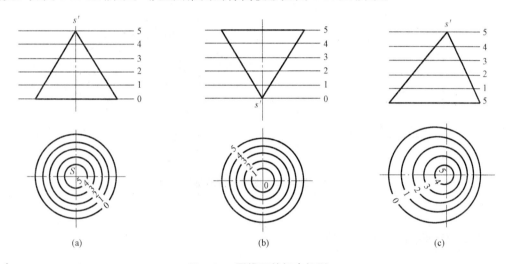

图 8-17 圆锥面的标高投影

绘制圆锥标高投影时应注意以下几点:
(1)圆锥一定要注明锥顶高程,否则无法区分圆锥与圆台;
(2)在有标高数字的地方等高线必须断开;
(3)标高字头应朝向高处以区分正圆锥与倒圆锥。

在土石方工程中,常在两平坡面的转角处采用圆锥面过渡,如图 8-18 所示。

【例 8-7】 在一河岸与堤坝的连接处,用锥面护坡,河底标高为 160.00 m,如图 8-18(a)所示为已知条件,求它们的标高投影图。

作图步骤如下:

(1)作坡脚线。土坝、河岸、锥面护坡各坡面的水平距离分别为 $L_1=(170-160)\times 2=20(m)$,$L_2=(170-160)\times 1=10(m)$,$L_3=(170-160)\times 1.5=15(m)$。根据各坡面的水平距离,即可作出坡脚线。应注意,圆弧面的坡脚线是圆锥台顶圆的同心圆,其半径为锥台顶圆半径(R_1)与其水平距离(L_3)之和,即 $R=R_1+L_3$,如图 8-18(b)所示。

(2)作坡面交线。各坡面高程值相同等高线的交点即坡面交线上的点,依次光滑连接各点，即得交线，如图 8-18(c)所示。

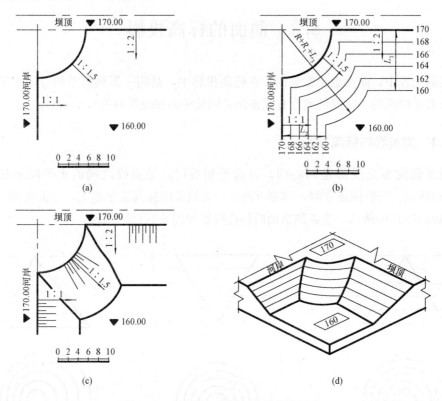

图 8-18 求河岸、堤坝、护坡标高示意

8.3.2 同坡曲面的标高投影

如图 8-19(a)所示，以一条空间曲线作导线，一个正圆锥的顶点沿此曲导线运动，当正圆锥轴线方向不变时，所有正圆锥的包络曲面就是同坡曲面。图 8-19(b)所示为道路上的一段路面倾斜的弯道。

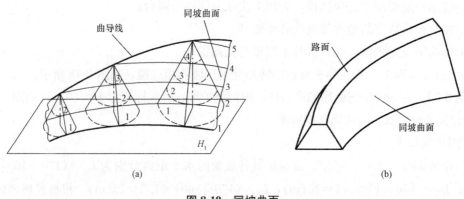

图 8-19 同坡曲面

由上述形成过程可以看出，运动的正圆锥面在任何位置时，同坡曲面都与它相切，切线为正圆锥面的素线，也就是同坡曲面的坡度线。还可以看出，同坡曲面上的等高线与各

正圆锥面上的等高线一定相切,其切点在同坡曲面与各正圆锥面的切线上;同坡曲面上的等高线为等距曲线,当高差相等时,它们的间距也相等。

【例 8-8】 如图 8-20(a)所示,在高程为 0 的地面上修建一弯道,路面自 0 逐渐向上升为 4 m,与干道相接。作出干道和弯道坡面的坡脚线以及干道和弯道的坡面交线。

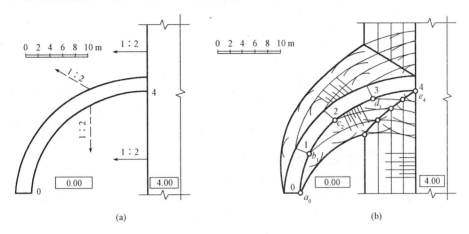

图 8-20 作坡脚线和坡面交线

(a)已知条件;(b)作图过程与作图结果

作图过程[图 8-20(b)]:

(1)作坡脚线。干道坡面为平面,坡脚线与干道边线平行,水平距离 $L=4\div 1/2=8(m)$,由此作出坡脚线。弯道两侧边坡是同坡曲面,在曲导线上定出整数标高点 a_0、b_1、c_2、d_3、e_4 作为运动正圆锥面的锥顶位置。以各锥顶为圆心,分别以 $R=1l$、$2l$、$3l$、$4l$($l=2$ m,因 $i=1:2$)为半径画同心圆,得各圆锥面上等高线。自 a_0 作各圆锥面上 0 高程等高线的公切线,即为弯道内侧同坡曲面的坡脚线。同理,作出弯道外侧的坡脚线。

(2)作坡面交线。先画出干道坡面上高程为 3 m、2 m、1 m 的诸等高线。自 b_1、c_2、d_3 作各正圆锥面上同高程的等高线的公切线(包络线),即得同坡曲面上的各等高线。将同坡曲面与斜坡面上同高程的等高线的交点,顺次连成光滑曲线,即为弯道内侧的同坡曲面与干道的平面斜坡的坡面交线。用同样的方法作出弯道外侧的同坡曲面与干道的平面斜坡的坡面交线。

(3)画出各坡面的示坡线。按与各坡面上的等高线相垂直的方向,画出各坡面的示坡线。

8.3.3 地形面的标高投影

地形面是一个不规则曲面,在标高投影中仍然是用一系列等高线表示。假想用一组高差相等的水平面截切小山丘,则得到许多条形状不规则的封闭曲线,因为每条曲线上的所有的点的高程都相等,所以就是地形面的等高线。如图 8-21 所示,画出等高线的水平投影,并标注其高程值,即为地形面的标高投影,通常也称为地形图。

地形图有下列特性:

(1)其等高线一般是封闭的不规则的曲线;

(2)等高线一般不相交(除悬崖、峭壁外);

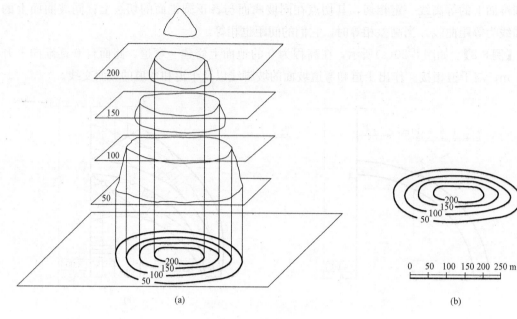

图 8-21 地形图表示法

(3) 同一地形内,等高线的疏密反映地势的陡缓——等高线越密地势越陡,等高线越稀疏地势越平缓;

(4) 等高线的标高数字,字头都是朝向地势高的方向;

(5) 地形图的等高线能反映地形面的地势地貌情况。

如图 8-22 所示,在一张完整的地形等高线图中,为了方便看图,一般每隔四条等高线,要加粗一条等高线,这样的中粗等高线称为计曲线。其余不加粗的等高线称为首曲线。

为了便于查阅,将典型地貌在地形图上的特征归纳到表 8-1。

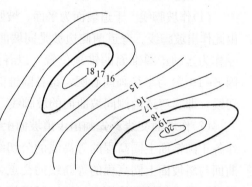

图 8-22 地形等高线

表 8-1 典型地貌在地图上的特征

地形	表示方法	示意图	等高线图	地形特征	说明
山地山峰	闭合曲线内高外低为山峰,等号"▲"	山顶 山坡		地形起伏大,山顶中间高四周低	示坡线画在等高线外侧,坡度向外侧降
盆地	闭合曲线外高内低			四周高中间低	示坡线画在等高线内侧,坡度向内侧降

续表

地形	表示方法	示意图	等高线图	地形特征	说明
山脊	等高线向低处凸		800 600 400 200	从山麓到山顶高耸的部分	山脊线也叫分水岭
山谷	等高线凸向高处		600 400 200	山脊之间低洼部分	山谷线也叫集水线
鞍部	由一对山脊等高线组成			相邻山顶之间呈马鞍形	鞍部是山谷线最高处，山脊线最低处
峭壁陡崖	多条等高线重叠在一起			近于垂直的山坡，称峭壁。崖壁上部凸出处，称悬崖或陡崖	

8.3.4 地形断面图

用铅垂面剖切地形面，在剖切平面与地形面的截交线上画上相应的材料图例，称为地形断面图。其作图方法如图 8-23 所示。

(1) 过地形面上的剖切位置线作铅垂面。如图过 $A-A$ 作铅垂面，它与地形面上各等高线的交点为 1、2、3、…，这些点的高程分别与它们所在的等高线的高程相同，如图 8-23(a) 所示。

(2) 以高程为纵坐标，以 $A-A$ 剖切线的水平距离为横坐标，建立一个平面直角坐标系。将上面地形图上的 1、2、3、…画在横坐标轴上，按照地形图的比例，将各高程顺次标注在纵坐标轴上，并过各高程点作平行于横坐标轴的高程线，如图 8-23(b) 所示。

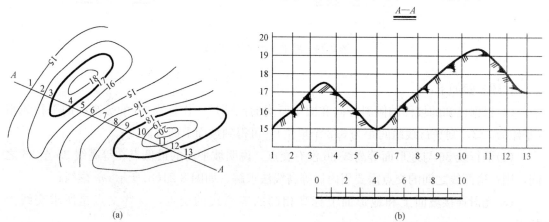

图 8-23 地形断面图的画法

(3)将图8-23(a)中的1、2、3、…各点转移到图8-23(b)中最下面一条直线上,并由各点作纵坐标的平行线,使其与相应的高程线相交得到一系列交点。

(4)光滑连接各交点,即得地形断面图,并根据地质情况画上相应的材料图例。

8.4 工程实例

在土建工程中,经常要应用标高投影来求解工程构筑物坡面的交线以及坡面与地面的交线,即坡脚线和开挖线。由于构筑物的表面可能是平面或曲面,地形面也可能是水平地面或是不规则地面,因此,它们的交线形状也不一样,但是求解交线的基本方法仍然是采用水平辅助平面来求两个面的共有点。如果交线是直线,只需求出两个共有点并连成直线;如果交线是曲线,则应求出一系列共有点,然后依次光滑连接。

8.4.1 平面与地形面的交线

【例8-9】 如图8-24(a)所示,求坡平面(给定了等高线和坡度及倾向)与地形面的交线。

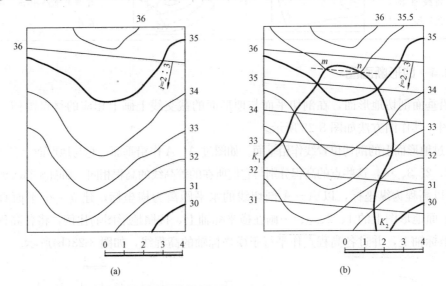

图8-24 求平面与地面的交线

作图步骤如下:

(1)根据已知的坡面的倾斜方向和图中所附的比例尺,作标高36的等高线的平行线组(平距为3/2,则平行线组间距为3/2个单位),可得到坡面上的等高线;

(2)平行线36与地形面等高线36没有交点,说明坡平面的最低点在等高线35至36之间,则在这两线之间的交点需要用内插等高线法求解,如图8-24(b)所示mn虚线;

(3)光滑连接坡面上和地形面上标高相同的等高线的交点,这些交点是所求交线上的点。

【例8-10】 如图8-25(a)所示求管线AB与地面的交点。

分析与作图步骤：作出包含直线的铅垂剖切面与地形面的截交线，再求直线与截交线的交点，就是直线与地形面的交点。图 8-25(b)所示为立体图。

(1)等高线的间隔为 5 个单位，则在坐标系里作间距为 5 个单位的平行线组，如图 8-25(c)所示；

(2)将图 8-25(a)中直线 $a_{20}b_{42}$ 与地形面上各等高线的交点按它对应的高程和水平距离点到平行线组中，连接各点得到地面截交线，如图 8-25(d)所示；

(3)将管线两端点的标高投影 a_{20}、b_{42} 按其对应的水平距离点到平行线组中，连接 AB，则直线 AB 与截交线的交点Ⅰ、Ⅱ、Ⅲ，即是 AB 直线与地面的交点，如图 8-25(c)、(d)所示；

(4)对照交点的高程，在图 8-25(b)中找出四点的位置，并将地面以下的部分画成虚线，则作图完成。

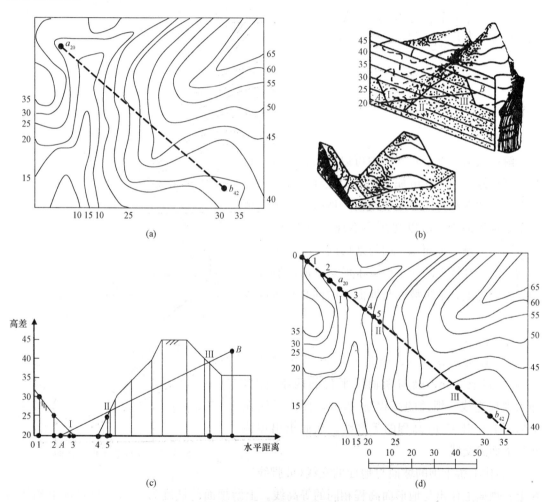

图 8-25　求管线与地面的交点

【例 8-11】　如图 8-26(a)、(b)所示，在河道上修筑一土坝，已知河道的地形图，土坝的轴线位置，以及土坝的横断面图(土坝的垂直于轴线的断面图称为它的横断面图)，试完成土坝的平面图。图 8-26(c)为土坝的示意图，仅供参考。

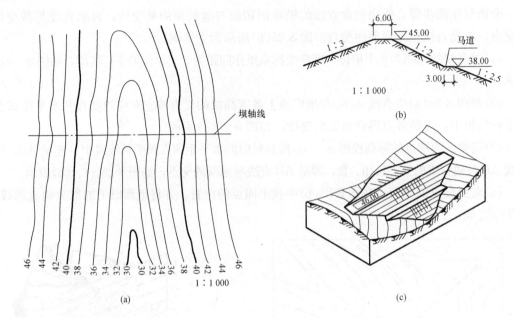

图 8-26 作土坝平面图的已知条件和土坝的示意

(a)、(b)地形图和土坝的轴线位置；(c)土坝示意

解： 从图 8-26(a)、(b)中可以看出在河谷中筑坝，坝顶标高 45.00 m 属于填方。土坝顶面、马道和上下游坡面都与地面有交线——坡脚线。由于地面是不规则曲面，所以交线是不规则的平面曲线。坝顶、马道是水平面，它们与地面的交线是地面上同高程的等高线上的一小段。上游、下游坡脚线上的点，则是上、下游坡面与地面上的同高程等高线的交点。

作图过程(图 8-27)：

(1)画坝顶宽 6 m，由坝轴线向两边按 1：1 000 各量取 3 m，画与坝轴线平行的两条直线，即为坝顶边线。坝顶的高程是 45 m，用内插法在地形图上画出 45 m 高程的等高线，从而求出坝顶面与地面的交线。

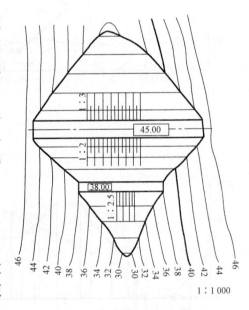

图 8-27 完成的土坝平面图

(2)作上游土坝的坡面与地面的交线(坡脚线)。在上游坝面上作出与地形面高程相同的等高线。上游坝面的坡度为 1：3，则坡面上相邻两条等高线间的水平距离 $L=\dfrac{H}{i}=2 \div \dfrac{1}{3}=6(\mathrm{m})$。按比例即可作出坡面上与地形面高程相同的等高线 44、42…。上游坝面与地面上同高程的等高线的交点，即是上游坝面的坡脚线上的点。依次用曲线光滑连接各点，即为上游坝面的坡脚线。在连线时应注意上游坝面上高程为 36 m 的等高线与地面上高程为 36 m 的等高线有两个交点，不能连成直线，应顺着交线

的趋势连成光滑的闭合曲线。

(3)作下游土坝坡面的坡脚线。应先画出马道，马道顶面的内边线与坝顶下游边线的水平距离 $L=\dfrac{H}{i}=(45-38)\div\dfrac{1}{2}=14(\mathrm{m})$，按比例先画出马道内边线；再根据马道宽 3 m，画出马道外边线；马道的左、右边线，分别是在马道内外边线范围之内的各一小段地面上高程为 38 m 的等高线。下游坝面的坡脚线，与上游坝面的坡脚线作法相同，如图 8-27 所示。但应注意：马道以上的坡度为 1∶2，马道以下的坡度为 1∶2.5。在土坝的坡面上作等高线时，不同的坡度要用不同的水平距离。

(4)完成作图内容。画出土坝平面图中上、下游坡面上的示坡线，并注明坝顶、马道高程和各坡面的坡度，作图结果如图 8-27 所示。

8.4.2 曲面与地形面的交线

求曲面与地形面的交线，即求曲面与地形面上一系列高程相同的等高线的交点，然后将所得的交点依次相连，即为曲面与地形面的交线。

【例 8-12】 如图 8-28(a)所示，要在山坡上修筑一带圆弧的水平广场，其高程为 32 m，填方坡度为 1∶1.5，挖方坡度为 1∶1，求填挖边坡与地形面的交线(即填挖边界)。

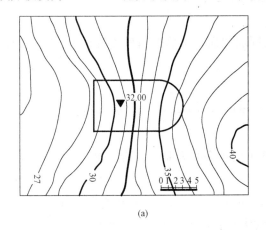
(a)

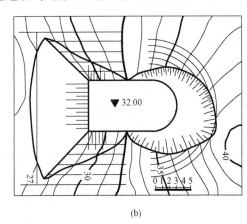
(b)

图 8-28 求水平广场的标高投影

分析及作图步骤：

等高线 32 为此广场的填挖分界线；用对应等高线的水平面剖切坡面，得到与等高线的交点，然后将交点相连，即得到交线。

(1)填挖分界线的确定。水平广场高程为 32，则地面标高为 32 的等高线为填挖分界线，32 等高线与广场边缘的交点即为填挖分界点。

(2)坡面形状的确定。高程比 32 高的地形，是挖土部分，即广场两侧的坡面是平面，坡面下降方向是朝着广场内部的，广场圆弧边缘的坡面是倒圆锥面；高程比 32 低的地方是填土部分，其坡平面下降的方向，朝着广场外部。

(3)作等高线确定截交线。挖方部分坡度为 1∶1，得平距为 1，则可在挖土部分两侧平面边坡作间隔为单位 1 的等高线，同理，填方边坡也求作出等高线(平距为 2)，在广场半圆边缘作间隔为单位 1 的圆弧,即为倒圆锥面上的等高线,连接等高线的交点,即为填挖边界线。

(4)在等高线 26 与 27 及 39 与 40 之间的交线,可以用内插法来确定,如图 8-28(b)所示。

【**例 8-13**】 如图 8-29 所示,在所给定的地形面上修筑一条弯曲的道路,道路的路面标高为 20 m,道路两侧的边坡,填为 1∶1.5,挖方为 1∶1,求填挖边界线。

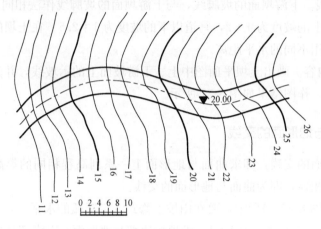

图 8-29 弯道的已知条件

分析与作图步骤:弯曲道路的两侧坡面为同坡曲面,求填挖边界线就是求该同坡曲面与地形面的交线。

作图步骤(图 8-30):

(1)填、挖分界线是在地形面上与路面上高程相同的等高线 20。分界线右边部分为挖方;左边部分为填方。

(2)由题可知各坡面为同坡曲面,同坡曲面上的等高线为曲线。路缘曲线,就是同坡曲面上高程为 20 m 的等高线。

(3)根据填、挖方的坡度算出同坡面的平距(左边平距为 1.5,右边平距为 1),作出等高线,如图 8-30 所示。因为路面是标高为 20 的水平面,所以边坡等高线与路缘曲线平行。

(4)连接坡面上各等高线与相同高程的地形等高线的交点,即得填、挖边界线。

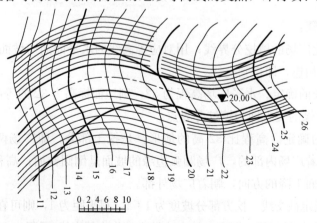

图 8-30 求弯道的填挖边界线

本章小结

在生产实践中常采用标高投影表示地形图。标高投影法是指在物体的水平投影上加注某些特征面、线及控制点的高程数值和绘图比例来表示空间物体的方法。标高的单位常用米(m)。标高投影包括水平投影、高程数值、绘图比例三要素。

(1)直线标高投影的表达方式：直线水平投影和直线上两点的高程；直线上一点高程和直线的方向。

(2)平面的标高投影的表达方式：用两条等高线表示平面；坡度比例尺表示法；用平面上的一条等高线和平面的坡度表示平面；平面上的一条倾斜直线和该平面的坡度表示平面。

在土建工程中，经常要应用标高投影来求解工程构筑物坡面的交线以及坡面与地面的坡脚线和开挖线。如果交线是直线，只需求出两个共有点并连成直线；如果交线是曲线，则应求出一系列共有点，然后依次光滑连接。

第 9 章 房屋建筑施工图

知识目标

- 了解房屋的构造组成及施工图的类型与用途。
- 掌握建筑施工常用各种符号的含义及绘制。
- 了解总平面图的表达内容、表达方式及图示特点。
- 掌握平面图、立面图、剖面图、详图的图示内容和方法。

能力目标

- 能熟练识读建筑施工图。
- 根据建筑施工图的平、立、剖、详图正确地想象出建筑物。

新课导入

- 建筑施工图是根据正投影的方法所绘制的一套图样,是表示建筑物的总体布局、外部造型、内部布置、细部构造、固定设施和施工要求的图样。一般包括图纸目录、总平面图、施工总说明、门窗表、建筑平面图、建筑立面图、建筑剖面图和建筑详图等。

9.1 概述

建筑施工图是根据正投影的方法将所设计房屋的大小、外部形状、内部布置和室内外装修及各结构、构造、设备等的做法,按照建筑制图国家标准规定,用建筑专业的习惯画法详尽、准确地表达出来,并注写尺寸和文字说明的一套图样,是指导施工的图样。

为了方便学习,现将房屋的组成和房屋建筑图的有关规定介绍如下。

9.1.1 房屋的类型及其组成部分

房屋按使用功能可分为民用建筑、工业建筑、农业建筑。房屋一般主要由基础、墙或柱、楼地层、屋顶、楼梯、门窗六大部分组成,如图 9-1 所示。

1. 基础

基础位于建筑物的最下部,埋于自然地坪以下,承受上部传递来的所有荷载,并将这些荷载传递给下面的土层(该土层称为地基)。

2. 墙或柱

墙或柱是房屋的竖向承重构件，它承受着由屋盖和各楼层传递来的各种荷载，并将这些荷载可靠地传递给基础。墙体还有围护和分隔的功能。

3. 楼地层

楼地层是指楼板层与地坪层。楼板层直接承受着各楼层上的家具、设备、人的质量和楼层自重；同时，楼层对墙或柱有水平支撑的作用，传递着风、地震等侧向水平荷载，并将上述各种荷载传递给墙或柱。

4. 屋顶

屋顶既是承重构件又是围护构件。作为承重构件，和楼板层相似，承受着直接作用于屋顶的各种荷载，同时，在房屋顶部起着水平传力构件的作用，并将本身承受的各种荷载直接传递给墙或柱。

5. 楼梯

楼梯是建筑的竖向通行设施。

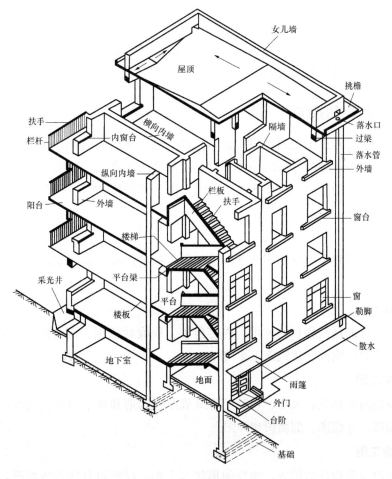

图 9-1　房屋的基本组成

6. 门窗

门与窗属于围护构件。门的主要作用是疏散；窗的主要作用是采光通风。

另外，建筑还有一些相关的构配件如阳台、雨篷、勒脚、散水、雨水管、台阶、烟道等，使得建筑的功能更加完善。

9.1.2 设计房屋的过程和房屋施工图的分类

建筑一幢房屋，要经过设计和施工两个阶段。一般房屋设计过程包括初步设计阶段、技术设计阶段和施工图设计阶段。

初步设计阶段即根据设计任务书，明确要求、收集资料、踏勘现场、调查研究。其包括前期准备、方案设计、绘制初步设计图。

当初步设计经征求意见、修改和审批后，进一步去解决构建选型、布置以及建筑、结构、设备等工作之间的配合等技术问题，从而对方案进一步进行修改。

施工图设计阶段是修改和完善初步设计，进一步解决实用和技术问题，统一各工种之间矛盾，在满足施工要求及协调各专业之间关系后最终完成设计，形成完整的、正确的、作为房屋施工依据的一套图样。

一套房屋建筑施工图通常可分为建筑施工图（简称"建施"）、结构施工图（简称"结施"）和设备施工图（简称"设施"）三大类。

9.1.3 施工图纸的组成

一幢房屋的全套施工图纸的组成包括首页图、总平面、建施图、结施图、水施图、暖施图、电施图等。各工种的图纸的编排一般是全局性图纸在前、说明局部的图纸在后；先施工的在前，后施工的在后；重要的图纸在前，次要的图纸在后。在全部施工图前面还编入图纸目录和总说明。

1. 图纸目录

说明该工程由哪几个工种的图纸所组成，各工种的图纸名称、张数和图号顺序，其目的为便于查找图纸。

2. 总说明

主要说明工程的概貌和总的要求。内容包括工程设计依据、设计标准、施工要求。一般中小型工程的总说明放在建筑施工图内。

3. 建筑施工图

反映房屋的内外形状、大小、布局、建筑节点的构造和所用材料的情况，包括总平面图、建筑平面图、立面图、剖面图和详图。

4. 结构施工图

反映房屋的承重构件的位置，构件的形状、大小、材料以及构造等情况，包括结构计算说明书、基础图、结构布置平面图以及构件的详图等。一般混合结构自首层室内地面以上的砖墙及砖柱由建筑图表示；首层地面以下的砖墙由结构基础图表示。

5. 给水排水施工图

主要表示管道的布置和走向，构件做法和加工安装要求。图纸包括平面图、系统图、详图等。

6. 采暖通风施工图

主要表示管道布置和构造安装要求。图纸包括平面图、系统图、安装详图等。

7. 电气施工图

主要表示电气线路走向及安装要求。图纸包括平面图、系统图、接线原理图以及详图等。

9.1.4 建筑施工图制图标准

建筑施工图是表示建筑物的总体布局、外部造型、内部布置、细部构造、固定设施和施工要求的图样。一般包括：图纸目录、总平面图、施工总说明、门窗表、建筑平面图、建筑立面图、建筑剖面图和建筑详图等。

绘制和阅读房屋的建筑施工图，应依据画法几何的投影原理，并遵守《房屋建筑制图统一标准》(GB/T 50001—2017)；在绘制和阅读总平面图时，还应遵守《总图制图标准》(GB/T 50103—2010)，而在绘制和阅读建筑平面图、立面图、剖面图和详图时则还应遵守《建筑制图标准》(GB/T 50104—2010)。这里简要说明标准中的一些基本规定。

1. 图线

在建筑施工图中，为了表明不同的内容并使层次分明，应根据图样的复杂程度和比例选用不同的线型和线宽的图线绘制图形。线宽根据表 9-1 选用。当绘制较简单的图样时，也可采用两种线宽的线宽组，其线宽比宜为 $b:0.25b$，如图 9-2～图 9-4 所示。

表 9-1 图线的线宽及用途

名称		线宽	用途
实线	粗	b	1. 平、剖面图中被剖切的主要建筑构造（包括构配件）的轮廓线。 2. 建筑立面图或室内立面图的外轮廓线。 3. 建筑构造详图中被剖切的主要部分的轮廓线。 4. 建筑构配件详图中的外轮廓线。 5. 平、立、剖面的剖切符号
	中粗	$0.7b$	1. 平、剖面图中被剖切的次要建筑构造（包括构配件）的轮廓线。 2. 建筑平、立、剖面图中建筑构配件的轮廓线。 3. 建筑构造详图及建筑构配件详图中的一般轮廓线
	中	$0.5b$	小于 $0.7b$ 的图形线、尺寸线、尺寸界线、索引符号、标高符号、详图材料做法引出线、粉刷线、保温层线、地面的高差分界线等
	细	$0.25b$	图例填充线、家具线、纹样线等

续表

名称		线宽	用途
虚线	中粗	0.7b	1. 建筑构造详图及建筑构配件不可见轮廓线 2. 平面图中的起重机(吊车)轮廓线 3. 拟建、扩建的建筑物轮廓线
	中	0.5b	投影线、小于0.5b的不可见轮廓线
	细	0.25b	图例填充线、家具线等
单点长画线	粗	b	起重机(吊车)轨道线
	细	0.25b	中心线、对称线、定位轴线
折断线	细	0.25b	部分省略表示时的断开界线
波浪线	细	0.25b	部分省略表示时的断开界线，曲线形构间断开界线 构造层次的断开界线

注：地平线的线宽可用1.4b。

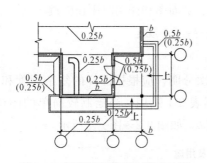

图9-2 平面图图线宽度选用示例

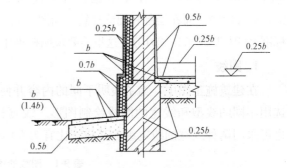

图9-3 墙身平面图图线宽度选用示例

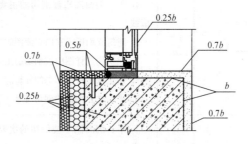

图9-4 详图图线宽度选用示例

2. 比例

由于房屋建筑的形体庞大，所以施工图一般都用较小的比例绘制。比例应注写在图名的右侧，比例的字高应比图名的字高小一号或二号，常用比例见表9-2。

表 9-2 建筑施工图的比例

图 名	比 例
建筑物或构筑物的平面图、立面图、剖面图	1:50、1:100、1:150、1:200、1:300
建筑物或构筑物的局部放大图	1:10、1:20、1:25、1:30、1:50
配件及构造详图	1:1、1:2、1:5、1:10、1:15、1:20、1:25、1:30、1:50

3. 构造及配件图例

由于建筑平、立、剖面图是采用小比例绘制的，有些内容不可能按实际情况画出，因此，常采用各种规定的图例来表示各种建筑构配件和建筑材料。下面介绍几种常用的构配件的图例，见表 9-3。

表 9-3 常用建筑构件与配件图例

序号	名称	图例	备注
1	墙体	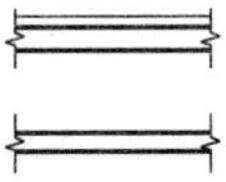	1. 上图为外墙，下图为内墙 2. 外墙粗线表示有保温层或有幕墙 3. 应加注文字或涂色或图案填充表示各种材料的墙体 4. 在各层平面图中防火墙宜着重以特殊图案填充表示
2	隔断		1. 加注文字或涂色或图案填充表示各种材料的轻质隔断 2. 适用于到顶与不到顶隔断
3	检查口		左图为可见检查口，右图为不可见检查口
4	楼梯	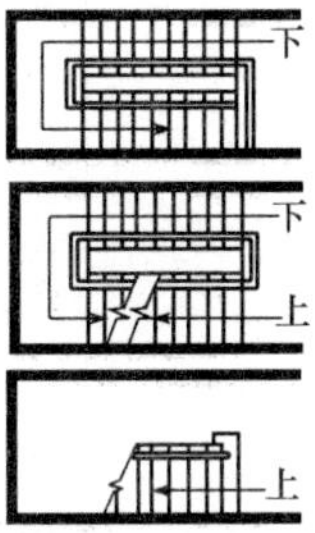	1. 上图为顶层楼梯平面，中图为中间层楼梯平面，下图为底层楼梯平面 2. 需设置靠墙扶手或中间扶手时，应在图中表示
5	单面开启单扇门（包括平开或单面弹簧）	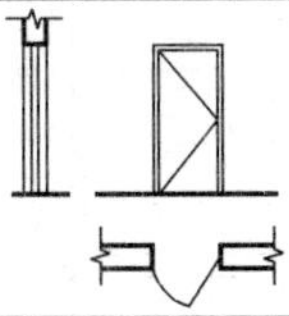	1. 门的名称代号用 M 表示 2. 平面图中，下为外，上为内。门开启线为 90°、60°或 45°，开启弧线宜绘出 3. 立面图中，开启线实线为外开，虚线为内开，开启线交角的一侧为安装合页一侧。开启线在建筑立面图中可不表示，在立面大样图中可根据需要绘出 4. 剖面图中，左为外，右为内 5. 附加纱扇应以文字说明，在平、立、剖面图中均不表示 6. 立面形式应按实际情况绘制
	双面开启单扇门（包括双面平开或双面弹簧）	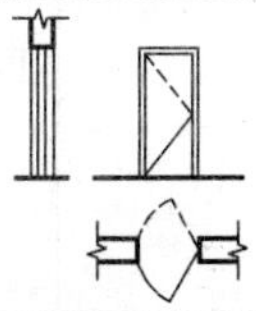	
	双层单扇平开门	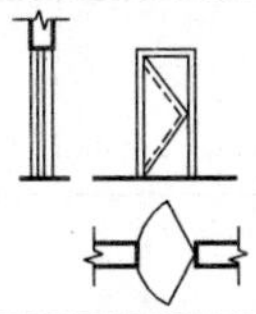	

续表

序号	名称	图例	备注
6	折叠门	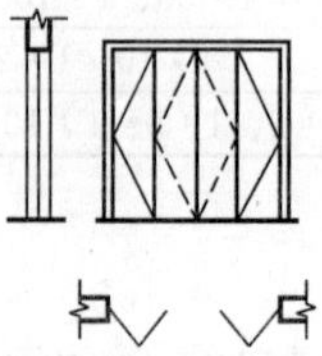	1. 门的名称代号用 M 表示 2. 平面图中，下为外，上为内 3. 立面图中，开启线实线为外开，虚线为内开，开启线交角的一侧为安装合页一侧 4. 剖面图中，左为外，右为内 5. 立面形式应按实际情况绘制
	推拉折叠门	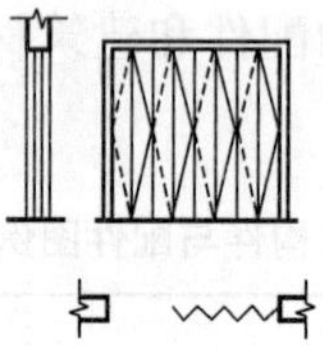	
7	墙中单扇推拉门	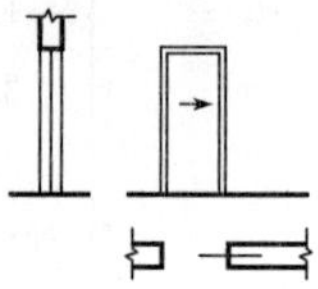	1. 门的名称代号用 M 表示 2. 立面形式应按实际情况绘制
	墙中双扇推拉门	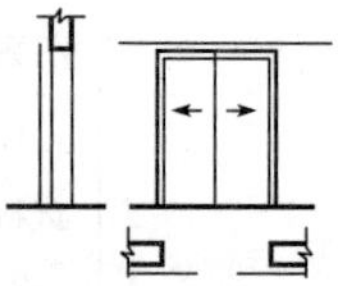	
8	固定窗	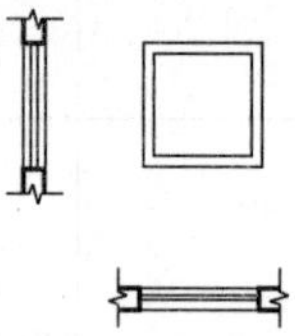	1. 窗的名称代号用 C 表示 2. 平面图中，下为外，上为内 3. 立面图中，开启线实线为外开，虚线为内开，开启线交角的一侧为安装合页一侧。开启线在建筑立面图中可不表示，在门窗立面大样图中需绘出 4. 剖面图中，左为外，右为内，虚线仅表示开启方向，项目设计不表示 5. 附加纱窗应以文字说明，在平、立、剖面图中均不表示 6. 立面形式应按实际情况绘制
9	上悬窗	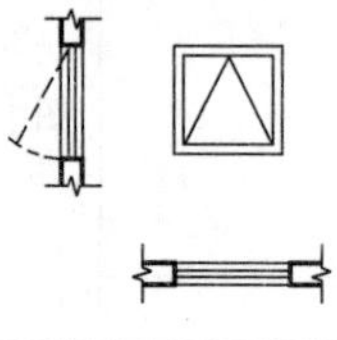	
10	中悬窗	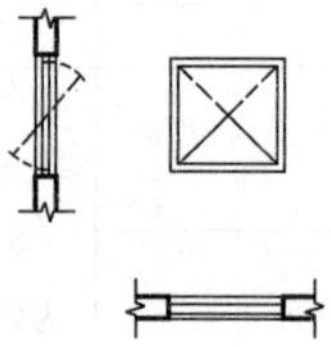	
11	下悬窗	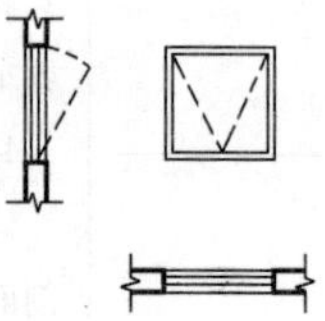	

续表

序号	名称	图例	备注
12	单层外开平开窗	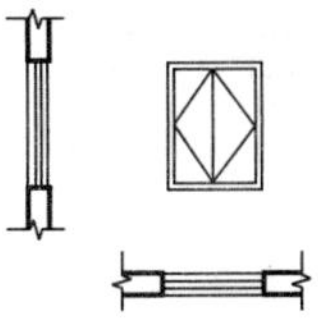	1. 窗的名称代号用C表示 2. 平面图中，下为外，上为内 3. 立面图中，开启线实线为外开，虚线为内开。开启线交角的一侧为安装合页一侧。开启线在建筑立面图中可不表示，在门窗立面大样图中需绘出 4. 剖面图中，左为外，右为内，虚线仅表示开启方向，项目设计不表示 5. 附加纱窗应以文字说明，在平、立、剖面图中均不表示 6. 立面形式应按实际情况绘制
	单层内开平开窗	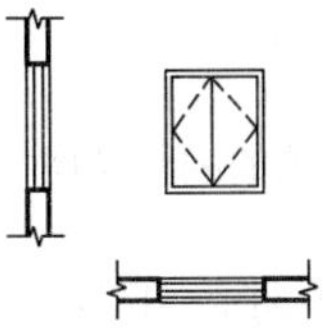	
	双层内外开平开窗	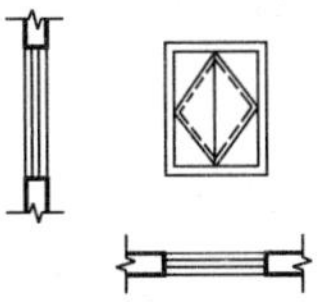	
13	孔洞		阴影部分也可填充灰度或涂色代替
14	坑槽		
15	烟道	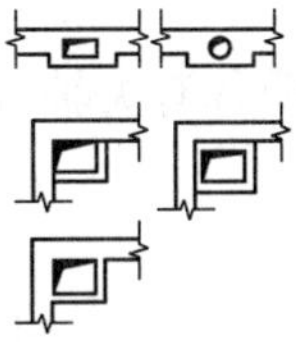	1. 阴影部分也可填充灰度或涂色代替 2. 烟道、风道与墙体为相同材料，其相接处墙身线应连通 3. 烟道、风道根据需要增加不同材料的内衬
16	风道	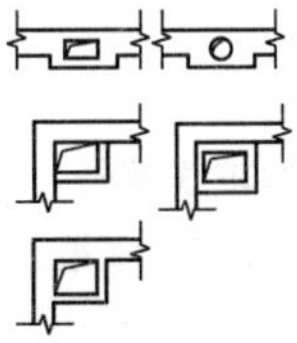	

9.1.5 建筑施工图中常用符号

1. 定位轴线

建筑施工图中的定位轴线是确定建筑物主要承重构件位置的基准线，是施工定位、放线的重要依据。定位轴线应以细点画线绘制。定位轴线一般应编号，编号应注写在轴线端部的圆内。圆应用细实线绘制，直径应为 8 mm，详图上可增为 10 mm。定位轴线圆的圆心，应在定位轴线的延长线上或延长线的折线上。施工图上定位轴线的编号，宜注写在图样的下方与左侧。横向编号应用阿拉伯数字，从左至右顺序编写，竖向编号应用大写拉丁字母(I、O、Z除外),从下至上顺序编写,如图9-5所示。

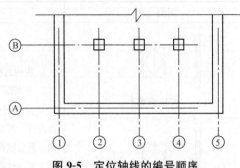

图9-5 定位轴线的编号顺序

在标注非承重的分隔墙或次要的承重构件时,可用在两根轴线之间的附加定位轴线。附加定位轴线的编号,应以分数的形式表示。见图9-6。

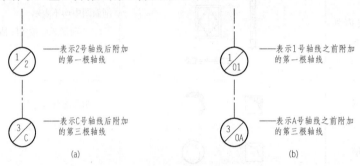

图9-6 附加定位轴线及其编号

当一个详图适用于几根轴线时,应同时注明各有关轴线的编号,如图9-7所示。

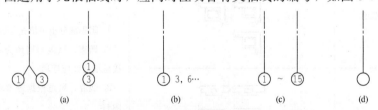

图9-7 详图的轴线编号

(a)用于2根轴线;(b)用于3根或3根以上轴线;(c)用于3根以上连续轴线;(d)用于通用详图

2. 标高符号

标高是表示建筑物某一部位相对于基准面(标高零点)的竖向高度,是竖向定位的依据。标高是标注建筑物高度的另一种尺寸形式。标高按基准面的不同分为相对标高和绝对标高。

绝对标高以国家或地区统一规定的基准面作为零点的标高。我国规定以山东省青岛市的黄海平均海平面作为标高的零点。相对标高的基准面可以根据工程需要自由选定,一般以建筑物一层室内主要地面作为相对标高的零点(±0.000)。

标高符号应以直角等腰三角形表示。总平面图室外地坪标高符号,用涂黑的三角形表示。标高数字以米为单位,注写到小数点第3位,总平面图中可注写到小数点后两位,零点标高注写成±0.000;正数标高不注"+"号,负数标高应注"—"号,如图9-8所示。

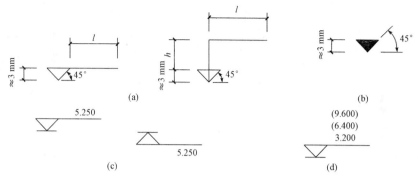

图 9-8 标高符号的标注

3. 索引符号与详图符号

(1)索引符号。对图样中的某一局部或构件,如需另见详图,应以索引符号索引。索引符号的圆及水平直径均应以细实线绘制,圆的直径为 8~10 mm,索引符号的引出线应指在要索引的位置上,当引出的是剖视详图时,用粗实线表示剖切位置,引出线所在的一侧应为剖视方向,圆内编号的含义如图 9-8 所示。

(2)详图符号。详图的名称和编号,应以详图符号表示。详图符号的圆应以直径为 14 mm 粗实线绘制。详图与被索引的图样同在一张图纸内时,应在详图符号内用阿拉伯数字注明详图的编号;详图与被索引的图样不在同一张图纸内,应用细实线在详图符号内画一水平直径,在上半圆中注明详图编号,在下半圆中注明被索引的图纸的编号。详图编号含义如图 9-10 所示。

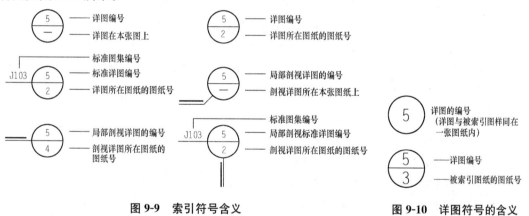

图 9-9 索引符号含义   图 9-10 详图符号的含义

4. 指北针与风向频率玫瑰图

(1)指北针。指北针符号圆的直径为 24 mm,用细实线绘制,指针尾部的宽度宜为 3 mm,指针头部应注"北"或"N"字。需用较大直径绘制指北针时,指针尾部宽度宜为直径的 1/8,如图 9-11 所示。

(2)风向频率玫瑰图。风向频率玫瑰图,简称风玫瑰图,用来表示该地区常年的风向频率和房屋的朝向。风玫瑰图是根据当地多年平均统计的各个方向吹风次数的百分数,按一定比例绘制的。风的吹向是从外吹向中心。实线表示全年风向频率,虚线表示按 6、7、8 三个月统计的夏季风向频率,如图 9-12 所示。

图9-11 指北针

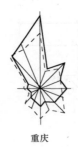
重庆

沈阳

天津

图9-12 风向频率玫瑰图

9.2 首页图及建筑总平面图

9.2.1 首页图

首页图一般包括：图纸目录、施工总说明、楼地面、内外墙等处的构造做法和装修做法，用表格或文字说明。

1. 图纸目录

图纸目录说明该套图纸有几类，各类图纸分别有几张，每张图纸的图号、图名、图幅大小；如采用标准图，应写出所使用的标准图的名称、所在的标注图集和图号或页次。编制图纸目录的目的是为了便于查找图纸。表9-4所示为某住宅楼的图纸目录。

表9-4 图纸目录示例

×××建筑设计研究院图纸目录		工程项目		××市××学校学生宿舍		
^^ || 业务号	A2012－08	日期	2012.08	第1张
^^ || 专业负责人	×××	专业	建筑	共13张
顺序	图幅	图纸编号	图纸名称			备注
1	A1	建筑－01	施工图设计总说明一1：100			
2	A1	建筑－02	施工图设计总说明一1：100			
3	A1	建筑－03	首层平面图 1：100			
4	A1	建筑－04	二层平面图 1：100			
5	A1	建筑－05	三～五层平面图 1：100			
6	A1	建筑－06	六层平面图 1：100			
7	A1	建筑－07	屋顶平面图 1：100			
8	A1	建筑－08	A1～A27立面图 2－2立面图			
9	A1	建筑－09	AA～AD立面图 AD～AA立面图			
10	A1	建筑－10	建筑外檐详图 1：50			
11	A1	建筑－11	楼梯、厨房卫生间大样1；1：50			
12	A1	建筑－12	楼梯、厨房卫生间大样2；1：50			
13	A1	建筑－13	门窗大样 1：50			

2. 施工总说明

施工总说明主要用来说明图样的设计依据和施工要求。中小型房屋的施工总说明也常与总平面图一起放在建筑施工图内。有时施工总说明与建筑、结构总说明合并，成为整套施工图的首页，放在所有施工图的最前面。其内容包括：

(1)本工程的设计依据，包括有关的地质、水文情况等。
(2)设计标准，如建筑标准、结构荷载等级、抗震要求、采暖通风要求、照明标准等。
(3)施工要求，如施工技术及材料的要求。
(4)技术经济指标，如建筑面积、总造价、单位造价等。
(5)建筑用料说明，如砖、混凝土的强度等级等。

下面为某单位办公楼的设计说明举例：

建筑施工说明

一、本工程设计依据

(1)某单位(甲方)设计委托书。
(2)甲方提供的详细规划图及地形图。
(3)规划部门的设计方案审查批复。
(4)国家现行有关的设计规范。

二、本工程概况

1. 建筑名称：某单位学生宿舍

2. 概况

本工程为学生宿舍楼，共6层，建筑主体高度为20.05 m。耐火等级为二级。设计使用年限为50年。结构形式为砖混结构，基础采用条形基础。本工程按民用建筑工程设计等级为三级，按7度抗震设防。屋面防水等级为Ⅱ级。

3. 规模

建筑面积为10 116.5 m^2，建筑高度为20.05 m。

三、竖向设计

(1)本建筑±0.000，相当于绝对标高62.7 m。
(2)宿舍首层室内外高差0.9 m。各层标高为完成面标高，屋面标高为结构面标高。
(3)环境设计中庭院及绿地标高的确定应以不影响本设计的室内外标高为原则。

四、墙体

(1)外墙、内墙：外墙采用360 mm页岩烧结多孔砖，内墙主要采用240 mm厚页岩烧结多孔砖，局部注明除外，水泥砂浆强度见结构施工图设计说明。
(2)墙体构造柱、水平配筋做法见结施。

(3)内外墙留洞：钢筋混凝土预留洞，见结施和设备施工图纸，非承重墙预留洞见建施和设备施工图，暗装消火栓背后加铅丝网一层。

(4)墙体保温：360 mm 页岩砖外贴 70 mm 岩棉保温层。

五、屋面

(1)本工程为二级防水，防水层合理使用年限为15年。

(2)本工程屋面均设置隔汽层，做法详见装修及工程做法表。

(3)屋面保温：平屋面，混凝土楼板，100 mm 厚，屋面上铺 130 mm 厚泡沫混凝土，$K=0.4\ W/(m^2 \cdot K)$。

六、门窗

(1)门窗立面形式、颜色、开启方向、门窗材料及门窗五金的选用，见门窗表及门窗小样；门窗数量见门窗表。

(2)门窗玻璃选用应遵照《建筑玻璃应用技术规程》(JGJ 113—2015)和《建筑安全玻璃管理规定》，单扇面积超过 $1.5\ m^2$ 为安全玻璃。

(3)本工程中二层以上所有窗台低于 0.8 m 高的外窗均在室内设置不锈钢安全护栏，做法参见 06J403—B23/3；垂直栏杆间距≤110 mm，水平荷载 1.0 kN/m 首层门窗的安全护栏做法另详。

七、内装修

(1)本图纸室内装修设计为参考做法，如作二次装修，具体做法详见装修公司所做装修施工图，但不应破坏承重体系及违反防火规范。

(2)如无特殊说明，室内墙及柱子阳角均做 1∶2 水泥砂浆 20 mm 厚护角，护角每侧宽度不小于 50 mm，高度大于 1 500 mm，做于洞口时抹过墙角 120 mm，做于窗口时，一侧抹过 120 mm，另一面压入框料灰口线。

八、建筑材料及门窗

(1)为保证工程质量，主要建筑装修材料须选用优质绿色环保产品，花岗石、大理石、地面砖、吊顶、门窗、铁艺栏杆、涂料等材料应有产品合格证书和必要的性能检测报告，材料的品格规格、色彩、性能应符合现行国家产品标准和设计要求，不合格的材料不得在工程中使用。

(2)所有门窗，其选用的玻璃厚度和框料均应满足安全强度要求，其抗风压变形、雨水渗透、空气渗透、平面内变形、保温、隔声及耐撞击等性能指标均应符合现行国家产品标准的规定。

(3)所有门窗制作安装前需现场校核尺寸及数量。

(4)门窗表是对建筑物上所有不同类型门窗的统计表格。它主要反映门窗的类型、大小、所选用的标准图集及其类型编号等，如有特殊要求，应在备注中加以说明。表9-5 为某住宅工程门窗表。

表 9-5 门窗表

类别	设计编号	洞口尺寸 mm		数量					采用标准图集及编号	备注
		宽	高	总计	一层	二层	三~五层	六层		
门	M-1	1 000	2 400	346	41	61	61×3	61		木制空心门
	M-2	1 000	2 400	4	3	2×3	3	16	（甲方自定）	阻燃乙级防火门
	M-3	3 600	2 700	2	2					木制空心门
	M-4	1 500	2 400	8	3	1	1×3	1		木制空心门
	M-5	1 500	2 100	7	2	1	1×3	1		塑钢门
	M-6	965	1 800							木制空心门
连门窗	MC-1	2 180	2 100	1	1					塑钢门窗
窗	WC-1	1 800	1 800	374	54	64	64×3	64		塑钢窗
	WC-1A	1 800	2 200	1	1					塑钢窗
	WC-1B	1 200	1 800	12	2	2	2×3	2		塑钢窗
	WC-2	1 500	1 800	12	2	2	2×3	2		塑钢窗
	WC-2A	800	1 800	12	2	2	2×3	2		塑钢窗
	WC-3	1 800	800	10		2	2×3	2		塑钢窗
	WC-4	5 400	2 200	2	2					塑钢窗

3. 构造做法说明

工程做法表主要是对建筑各部位构造做法用表格的形式加以详细说明。当大量引用通用图集中的标准做法时，使用工程做法表方便、高效。

工程做法表的内容一般包括工程构造的部位、名称、做法及备注说明等，因为多数工程做法属于房屋的基本土建装修，所以又称为建筑装修表。表 9-6 所示为某学校学生宿舍楼的工程做法表，在表中对各施工部位的名称、做法等详细表达清楚，如采用标准图集中的做法，应注明所采用标准图集的代号，做法编号如有改变，在备注中应说明。

表 9-6 工程做法表

编号	名称	施工部位	做法	备注
1	外墙面	无机建筑涂料	见立面图	05J909WQ109D	内贴岩棉保温板 80 mm 厚
		无机建筑涂料	见立面图	05J909WQ109D	
		涂料墙面	见立面图	05J909WQ109D	
2	内墙面	乳胶漆墙面	用于砖墙	05J909－NQ17－内墙 8E	楼梯间墙面抹 30 mm 厚保温砂浆
		乳胶漆墙面	用于加气混凝土墙	05J909－NQ17－内墙 8E	
		瓷砖墙面	仅用于厨房、卫生间阳台	05J909－NQ37－内墙 17E	规格及颜色由甲方定
3	踢脚	水泥砂浆踢脚	厨房用卫生间不做	05J909－TJ12－踢 1E	$H=150$ mm
		磨光花岗岩踢脚	楼梯	05J909－TJ10－踢 6E	$H=150$ mm

续表

编号	名称	施工部位	做法	备注
4	地面		05J909—LD4—楼1A	
		楼梯	05J909—LD20—楼17A	
	磨光花岗岩			
	陶瓷地砖面层	大厅	05J909—LD15—楼12A	
	聚氨酯防水防滑地砖面层	卫生间	05J909—LD5—楼2A	
	细石混凝土		05J909—LD8—地5A	
5	楼面	水泥砂浆楼面	仅用于楼梯间	98JI楼1	
		铺地砖楼面	仅用于厨房及卫生间	98JI楼14	规格及颜色由甲方定
		磨光花岗岩踢脚	楼梯	05J909—LD20—楼17A	磨光花岗岩踢脚
		铺地砖楼面	用于客厅、餐厅、卧室	98JI楼12	规格及颜色由甲方定
6	顶棚	轻钢龙骨纸面石膏板	除了走廊、卫生间部分	05J909—DP10棚14A	
		乳胶漆顶棚	走廊顶棚	05J909—DP7棚7A	
		铝合金条形板	卫生间	05J909—DP19棚35A	
7	台阶	花岗岩板贴面层		05J909—SW8—台9A 加铺300厚中砂防冻层	
		混凝土散水		05J909—SW20—台7A 加铺300厚中砂防冻层	
8	散水			05J909—SW20—散7A	宽1 000 mm
9	层面	平屋面不上人保温屋面		05J909—WM14—屋12—B2	

9.2.2 总平面图

1. 总平面图的用途内容

建筑总平面图是表明新建房屋所在基地有关范围内的总体布置，它反映新建房屋、构筑物的位置和朝向，室外场地、道路、绿化等的布置，地貌、标高等情况以及与原有环境的关系和邻界情况等。

2. 总平面图图示方法

(1)图名比例。总平面图所包括的区域面积较大，所以，一般采用1∶500、1∶1 000、1∶2 000的比例绘制，房屋只用外围轮廓线的水平投影表示。

(2)应用图例来表示新建、原有、拟建的建筑物，附近的地物、环境、交通和绿化布置等情况，在总平面图上一般应画上所采用的主要图例及其名称。另外，对于标准中缺乏规定而需要自定的图例，必须在总平面图中绘制清楚，并注明其名称。表9-7为常用的一部分图例。

表 9-7 总平面图中常用图例

名称	图例	说明	名称	图例	说明
新建的建筑物		1. 需要时，可用▲表示出入口，可在图形内右上角用点数或数字表示层数 2. 用粗实线表示	填挖边坡		
原有的建筑物		用细实线表示	室内地坪标高	$\dfrac{151.00}{(\pm 0.00)}$	数字平行于建筑物书写
计划扩建的预留地或建筑物		用中粗虚线表示	室外地坪标高	▼ 143.00	室外标高也可采用等高线
拆除的建筑物	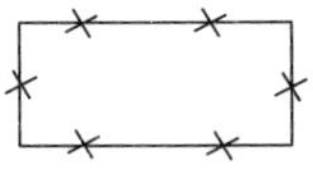	用细实线表示	新建的道路		"R9"表示道路转弯半径为 9 m，"150.00"为路面中心控制点标高 "0.6"表示 6‰ 的纵向坡度 "101.00"表示变坡点间距离
铺砌场地					
敞棚或敞廊					
围墙及大门					
坐标	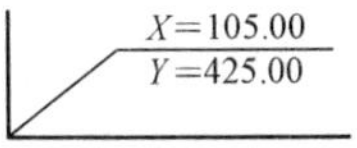 $X=105.00$ $Y=425.00$ 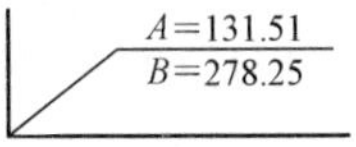 $A=131.51$ $B=278.25$	上图表示地形测量坐标系 下图表示自设坐标系 坐标数字平行于建筑标注	原有的道路	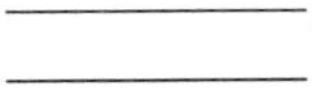	
			计划扩建的道路	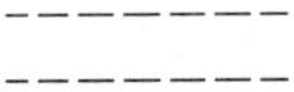	
雨水口与消火栓井	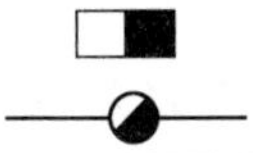	上图表示雨水口 下图表示消火栓井	人行道	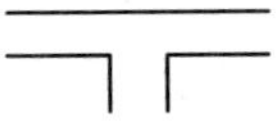	
常绿阔叶乔木			植草砖	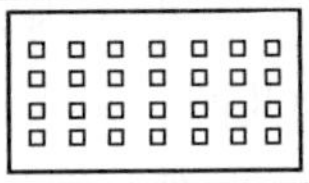	
落叶针叶乔木			花卉	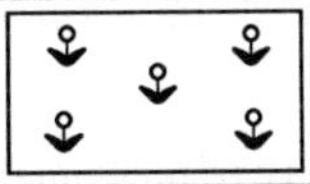	

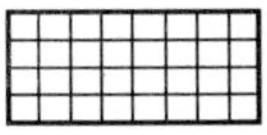

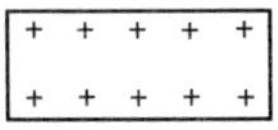

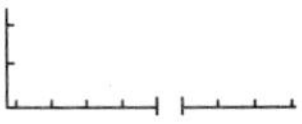

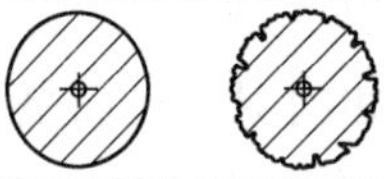

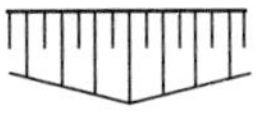

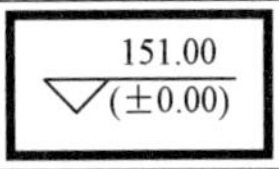

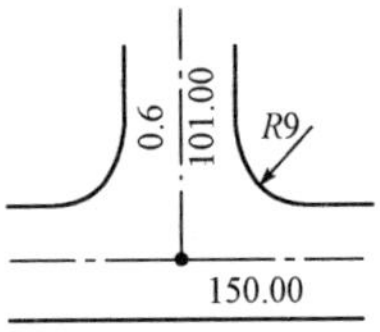

（3）在总平面图中，除图例外，通常还要画出带有指北方向的风向频率玫瑰图，用来表示该地区的常年风向频率和房屋的朝向。总平面图应按上北下南方向绘制。根据场地形状或布局，可向左或右偏转，但不宜超过 45°。

（4）确定新建、改建或扩建工程的具体位置，一般根据原有房屋或道路来定位，并以米为单位标出定位尺寸。当新建成片的建筑物和构筑物或较大的公共建筑或厂房时，往往用坐标来确定每一建筑物及道路转折点的位置，地形起伏较大的地区，还应画出地形等高线。坐标分为测量坐标和建筑坐标两种系统。测量坐标是国家或地区测绘的，X 轴方向为南北方向，Y 轴方向为东西方向，以 100 m×100 m 或 50 m×50 m 为一方格，在方格交点处画十字线表示。用新建房屋的两个角点或三个角点的坐标值标定其位置，放线时根据已有的导线点，用仪器测出新建房屋的坐标，以便确定其位置。

建筑坐标将建设地区的某一点定为原点"O",轴线用A、B表示,A相当于测量坐标网的X轴,B相当于测量网的Y轴(但不一定是南北方向),其轴线应与主要建筑物的基本轴线平行,用100 m×100 m或50 m×50 m的尺寸画成网格通线。放线时根据原点"O"可导测出新建房屋的两个角点的位置。朝向偏斜的房屋采用建筑坐标较合适,如图9-13所示。

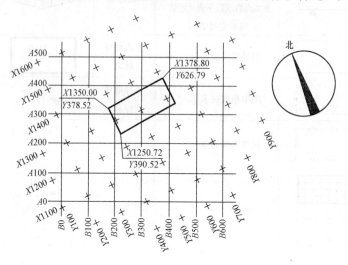

图 9-13　测量坐标定位

(5)在总平面图中,常标出新建房屋的总长、总宽和定位尺寸及层数(多层常用黑小圆点数表示层数,层数较多时用阿拉伯数字表示)。总平面图中还要标注新建房屋室内底层地面和室外地面的绝对标高,尺寸标高都以m为单位,注写到小数点以后两位数字。

3. 建筑总平面图识图举例

(1)了解图名、比例及建筑布局。从图9-14中可以看出这是某小区新建别墅的总平面图,比例为1∶500。小区内新建住宅21幢,连排别墅2栋,独立别墅16栋,9层公寓2栋,还有一座幼儿园。主入口在西南,旁边是物业管理办公室和门卫,对面是喷水池,园区东北有幼儿园,北部有游泳池,东北有网球场,北面小山上有面积30 000 m² 的植物公园。

(2)了解新建房屋的平面位置、标高、层数及其外围尺寸等。小区内新建房屋平面位置通过测量坐标网来定位。新建别墅均布在园区的西面及南面,连排别墅在园区的东部。室外地面绝对标高为5.20 m、5.30 m、5.35 m,其他为各新建房屋的一层室内绝对标高值,如A型连排别墅一层室内标高为5.32 m。新建公寓楼为9层建筑,还有一些园区内的道路宽为6.00 m。

(3)了解新建房屋的朝向和主要风向。通过图中风向频率玫瑰离中心最远的点表示全年该风向风吹的天数最多,即主导风向。从图中可看到该地区全年的主导风向为北风,夏季主导风向为南风。

(4)了解绿化、美化的要求和布置情况以及周围的环境。园区外围种植落叶针叶树种,园区内围绕道路种植阔叶乔木及灌木,两个高层公寓楼之间有部分造型的植草砖铺地,幼儿园南面设置一个椭圆形花坛。小区西面毗邻主要街道春辉路。

图9-14 总平面图

9.3 建筑平面图

9.3.1 概述

假想用一个水平的切平面在窗台之上将整幢建筑物剖切后，移去处于剖切平面上方的房屋，将留下的部分按俯视方向在水平投影面上作正投影所得到的图样。它反映出房屋的平面形状、大小和房屋的平面布置情况，墙（或柱子）的位置、厚度、材料，门窗的类型和位置等情况。在施工过程中，是进行放线、砌墙和安装门窗等工作的依据。

建筑平面图通常包括楼层平面图、屋顶平面图和局部平面图三类。楼层平面图一般以层次来命名，每层房屋画一个平面图，并在图的正下方标注相应的图名；如果房屋中间若干层的平面布局、构造情况完全一致，则可用一个标准层平面图来表达。局部平面图可以用于表示两层或两层以上合用平面图中的局部不同处，也可以用来将平面图中某个局部以较大的比例另行画出，以便能较为清晰地表示出室内一些固定设施的形状和标注它们的定形、定位尺寸。屋顶平面图则是房屋顶部按俯视方向在水平投影面上所得到的正投影图。

9.3.2 建筑平面图的图示方法及内容

下面结合某学校的学生宿舍一层平面图（图9-15）说明建筑平面图的内容及图示方法。

1. 比例、图名及朝向

在实际工程中，平面图常采用的比例有1∶50、1∶100、1∶200。图9-15所示为一层平面图采用的比例为1∶100。

图 9-15 一层平面图

平面图的图名以楼层层次命名，如"一层平面图"（或"底层平面图"）、"二层平面图"等。图名标注通常在图样的下方中间区域，图名文字下方加画一条粗实线，比例标注在图名右方，其字高比图名字高小一号或二号。若一幢房屋的建筑平面图左右对称，则习惯上将两层平面图合并画在一个图上，左边画一层的一半，右边画另一层的一半，中间用对称线分界，在对称线的两端画上对称符号，并在图的下方分别注明它们的图名。

通常，在底层平面图形外画出指北针符号，指北针所指风向应与总平面图中风玫瑰的指北针方向一致，指北针表明了房屋的朝向。从图中可以看出，本例房屋坐北朝南。

2. 平面布局

一层平面图表示房屋底层的平面布局情况。即各房间的分隔与组合，房间的名称，出入口、楼梯的布置，门窗的位置，室外台阶、雨水管的布置，厨房、卫生间的固定设施等。该平面图是学生宿舍，一层有三个出入口，主入口设在北面（门YW1），两侧有两樘门，分别为YW2。平面布局为中间走廊，南北均为学生宿舍。

3. 定位轴线

宿舍横向定位轴线为27根，纵向定位轴线为4根。定位轴线是确定房屋各承重构件（如承重墙、柱、梁）位置及标注尺寸的基线。定位轴线之间的距离，这里横向称为"开间"，竖向称为"进深"。如宿舍的开间尺寸为 3 600 mm，走廊的开间尺寸为 2 700 mm，门厅的开间尺寸为 7 200 mm，两个侧门的开间为 3 600 mm，卫生间的开间尺寸为 3 600 mm，宿舍的进深尺寸均为 7 500 mm，卫生间的进深尺寸为 7 500 mm，门厅的进深尺寸为 7 500 mm。

4. 墙柱的断面及门窗

平面图中凡是剖切到的墙用粗实线双线表示，门扇的开启示意线用中粗线单线表示，其余可见轮廓线则用细实线表示。

当比例用 1∶100～1∶200 时，建筑平面图中的墙、柱断面通常不画建筑材料图例，可画简化的材料图例(如柱的混凝土断面涂黑表示)，且不画抹灰层；比例大于 1∶50 的平面图，应画出抹灰层的面层线，并画出材料图例；比例等于 1∶50 的平面图，抹灰层的面层线应根据需要而定；比例小于 1∶50 的平面图，可以不画出抹灰层，但宜画出楼地面、屋面的面层线。

门窗等构配件参见表 9-3 中图例画法，并标注门窗代号。门窗代号分别为 M 和 C，代号后面注写编号，如 M1、WC1 等，同一编号表示同一类型即形式、大小、材料均相同的门窗。如果门窗类型较多，可单列门窗表，至于门窗的具体做法，则要查阅门窗构造详图。

5. 必要的尺寸、标高及楼梯的标注

(1)尺寸标注。平面图中必要的尺寸包括：表明房屋总长、总宽，各房间的开间、进深，门窗洞的宽度和位置，墙厚，以及其他一些主要构配件与固定设施的定形和定位尺寸等。标注的尺寸可分为外部尺寸和内部尺寸两部分。

为便于读图和施工，外部尺寸一般应注写以下三道：

第一道：标注外轮廓的总尺寸，即外墙的一端到另一端的总长和总宽尺寸，如一层总长为 90 830 mm，总宽为 18 420 mm。

第二道：标注轴线之间的距离，如①～②轴线之间的距离为 3 600 mm，④～⑤轴线之间的距离为 3 600 mm。

第三道：表示细部的位置及大小，如门、窗洞口的宽度尺寸，墙柱等的位置和大小。室外台阶(或坡道)、花池、散水等细部尺寸，可单独标注。

内部尺寸表示房间的净空大小、室内门窗洞的大小与位置、固定设施的大小与位置、墙体的厚度、室内地面标高(相对于±0.000 m 地面的高度)。

(2)标高。在房屋建筑图中，宜标注室内外地坪、楼地面、地下层地面、阳台、平台、檐口、门、窗、台阶等处的标高。标高的数字一律以"米"为单位，并注写到小数点以后第三位。常以房屋的底层室内地面作为零点标高，注写形式为±0.000；零点标高以上为"正"，标高数字前不必注写"＋"号；零点标高以下为"负"，标高数字前必须注写"－"号。如宿舍、门厅的地面的标高为±0.000 m，卫生间的标高为－0.020 m，两侧楼梯地面的标高为－0.450 m，室外地坪标高为－0.900 m 等。

(3)楼梯标注。楼梯在平面图中按照图例绘制，但要标注上下行方向线，一些图纸还标注了踏步的级数。由于楼梯构造比较复杂，通常要另画详图表示。

6. 有关的符号

在一层平面图中，除应画指北针外，必须在需要绘制剖面图的部位，画出剖切符号，以及在需要另画详图的局部或构件处，画出索引符号。

(1)剖切符号及其编号。平面图中剖切符号的剖视方向通常宜向左或向后，若剖面图与被剖切的图样不在一张图纸内，可在剖切位置线的另一侧注明其所在的图纸号，也可在图纸上集中说明。如图 9-15 中 1—1 剖切位置在⑤～⑥轴线之间，剖视方向为从东向西。

(2)索引符号。平面图中在需要另画详图的局部或构件处，画出索引符号，在楼梯间应用了索引符号，表明该处的做法详图可在建筑施工图图 BI 中查阅。应用索引符号指引详图所在位置，这样便于了解细部构造。

9.3.3 其他平面图识读

图 9-16 所示为标准层平面图。该层平面图除画出宿舍二层至五层的平面图，还应画出一层平面图无法表达的雨篷、阳台、窗楣等内容。对一层平面图上已经表达清楚的台阶、散水等内容就不必画出。

图 9-17 所示为顶层层平面图。三层以上的平面图只需画出本层的投影内容及下一层的窗楣、雨篷等在下一层平面图中无法表达的内容。

图 9-18 所示为屋顶平面图，表示了屋面的形状、交线以及屋脊线的标高等内容。

图 9-17 所示为门窗构造图。

图 9-16　标准层平面图　　　图 9-17　顶层平面图　　　图 9-18　屋顶平面图

9.3.4 绘制建筑平面图的步骤

(1)按开间、进深尺寸画定位轴线。

(2)量墙厚画墙线。

(3)确定柱断面、门窗洞口位置；画门的开启线，窗线定位。

(4)画出房屋的细部(如窗台、阳台、室外、台阶、楼梯、雨篷、阳台、室内固定设备等细部)。

(5)布置标注。对轴线编号圆、尺寸标注、门窗编号、标高符号、文字说明如房间名称等位置进行安排调整。先标外部尺寸，再标内部和细部尺寸，按要求轻画字格和数字、字母字高导线。

(6)底层平面图需要画出指北针，剖切位置符号及其编号。

(7)认真检查无误后，整理图面，按要求加深、加粗图线。

(8)书写数字、代号编号、图名、房间名称等文字。

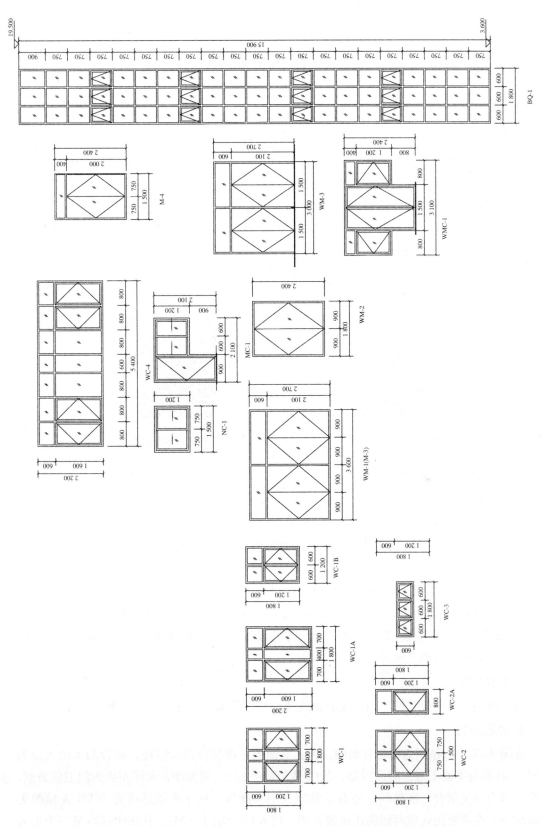

图 9-19 门窗构造

9.4 建筑立面图

9.4.1 概述

在与房屋立面平行的投影面上所作的房屋的正投影图,就是建筑立面图,简称立面图。立面图主要反映房屋的外貌、各部分配件的形状和相互关系,同时反映房屋的高度、层数,屋顶的形式,外墙面装饰的色彩、材料和做法,门窗的形式、大小和位置,以及窗台、阳台、雨篷、檐口、勒脚、台阶等构造和配件各部位的标高等。建筑立面图在施工过程中,主要用于室外装修,以表现房屋立面造型的艺术处理。

9.4.2 建筑立面图的图示方法及内容

下面以图 9-20 和图 9-21 所示的宿舍的立面图为例,说明图示方法及内容。

图 9-20　北立面图　　　　　图 9-21　南立面图

1. 建筑立面图的比例及图名

建筑立面图常用比例和平面图相同,根据《建筑制图标准》(GB/T 50104—2010)规定,常用比例的有 1∶100、1∶200、1∶50。本图采用 1∶100 的比例与平面图吻合。

建筑立面图的数量视房屋各立面的复杂程度而定,一般为四个立面图。立面图的图名,常用以下三种方式命名:

(1)按立面图中首尾两端轴线编号来命名,如①~⑧立面图等。

(2)按房屋的朝向来命名,如南立面图、北立面图、东立面图、西立面图。

(3)按房屋立面的主次(房屋主出入口所在的墙面为正面)来命名,如正立面图、背立面图、左侧立面图、右侧立面图。

2. 定位轴线

在立面图中,一般只标出图两端的轴线及编号,其编号应与平面图一致。

3. 外形外貌

在图 9-20 中,该图为宿舍立面图,为正立面图,该宿舍为六层楼,宿舍的主出入口为 WM1,将其与平面图对照阅读可知,从门 WM1 进去是一层大厅,大厅左侧为门卫值班室,走廊北侧为学生宿舍、楼梯间,还有洗漱间和卫生间等。从立面图还可见 WM1 左侧的无障碍坡道,在主要出入口两侧的还设置了两个出入口,为门 WM2,从图中还可见三个出入口门上面的雨篷。与平面图对应看,可知一至六层宿舍窗户均为 WC1,二层以上两侧楼梯间处的窗户为 WC3。屋顶处做了构架造型，如图 9-20 所示。

在图 9-21 中，将南立面图与平面图对照阅读，从北面入口 WM1 进入是大厅，左侧是门卫值班室，走廊南侧均为学生宿舍。学生宿舍窗户均为 WC2，在南立面图中可见屋顶处做的构架造型。

4. 线型

为增加图面层次，画图时常采用不同的线型：立面图的外形轮廓用粗实线表示；室外地坪线用 1.4 倍的加粗实线（线宽为粗实线的 1.4 倍左右）表示；门窗洞口、檐口、阳台、雨篷、台阶等用中实线表示；其余的，如墙面分隔线、门窗格子、雨水管以及引出线等均用细实线表示。

5. 图例

在立面图上，门窗应按标准规定的图例画出。通过不同的线型及图线的位置来表示门窗的形式和开启方向。由于立面图的比例较小，许多细部（门扇、窗扇等）应按《建筑制图标准》(GB/T 50104—2010) 所规定的图例绘制。为了简化作图，对于相同型号的门窗，只需详细地画出其中的一两个即可。其他在立面图中可只绘制简图。如另有详图和文字说明的细部（如檐口、屋顶、栏杆），在立面图中也可简化绘出。

6. 尺寸标注

立面图上通常只表示高度方向的尺寸，且该类尺寸主要用标高尺寸表示。标高尺寸有建筑标高和结构标高两种。一般情况下，用建筑标高表示构件的上表面（如女儿墙顶面和阳台栏杆顶面等），用结构标高来表示构件的下表面（如阳台底面、雨篷底面等），也就是注写标高不包括粉刷层的毛面标高，但门窗洞的上下两面必须全都标注结构标高。

建筑立面图上应标出室外地面、台阶、门、窗洞口、阳台、雨篷、檐口、屋顶等完成面的标高。对于外墙预留洞口除标注标高外，还应标注其定形和定位尺寸。标注标高时，应注写在立面图的轮廓线以外，分两侧就近注写。注写时要上下对齐，并尽量使它们位于同一条铅垂线上，但对于一些位于建筑物中部的结构，为了表达更为清楚，在不影响图面清晰的前提下，也可就近标注在轮廓线以内。例如，室外地坪标高为 -0.900 m，室内大厅地面标高 ± 0.000 m，二层楼面和三层楼面的标高分别为 3.600 m 和 6.900 m，六层楼地面标高为 16.800 m，此宿舍高为 20.050 m，女儿墙高为 0.750 m。架构造型顶部的标高为 23.800 mm。

在标高标注的基础上也有用尺寸标注立面图的。尺寸标注竖直方向标注三道尺寸线。里边一道尺寸标注房屋的室内外高差、门窗洞口高度、垂直方向窗间墙、窗下墙高、檐口高度尺寸；中间一道尺寸标注层高尺寸；外边一道尺寸为总高尺寸。立面图水平方向一般不注尺寸，但如果十分必要也可标注。

7. 外墙面装饰做法

通常在立面图上以文字说明外墙面装饰的材料和做法。在图面上，多选用带有指引线的文字说明。如图 9-21 所示，南面外墙采用白色外墙涂料和灰色外墙涂料。

8. 索引符号

根据具体情况标注有关部位详图的索引符号，以引导施工和方便阅读。如图 9-20 中雨篷大样图索引到 A 页的详图 6，图 9-21 中女儿墙详图索引到 A 页详图 1。

9.4.3 绘制建筑立面图的步骤

(1)画室外地坪、两端的定位轴线、外墙轮廓线、屋顶线等。

(2)依据层高等高度尺寸画各层楼面线(为画门窗洞口、标注尺寸等作参照基准)、檐口、女儿墙轮廓、屋面等横线。

(3)画房屋的细部。如门窗洞口、窗线、窗台、室外阳台、楼梯间超出屋面的小屋(冲层或塔楼)、柱子、雨水管、外墙面分格等细部的可见轮廓线。

(4)布置标注。布置标高(楼地面、阳台、檐口、女儿墙、台阶、平台等处标高)、尺寸标注、索引符号及文字说明的位置等，只标注外部尺寸，也只需对外墙轴线进行编号，按要求轻画字格和数字、字母字高导线。

(5)检查无误后整理图面，按要求加深、加粗图线。

(6)书写数字、图名等文字。

9.5 建筑剖面图

9.5.1 概述

假想用一个铅垂剖切平面将房屋剖开后所画出的剖面图，称为建筑剖面图，简称剖面图。剖画建筑剖面图时，常用一个剖切平面剖切，需要时也可以转折一次，用两个平行的剖切平面剖切，剖切的位置应选在能反映房屋全貌、构造特征，以及有代表性的地方。如在层高不同、层数不同、内外空间分隔或构造比较复杂处，并经常通过楼梯间、门窗洞口进行剖切。

剖面图的表达必须与平面图上所标的剖切位置和剖视方向一致。

9.5.2 建筑剖面图的图示方法及内容

下面以图 9-22 为例，来说明建筑剖面图的图示方法及内容。

1. 比例及图名

建筑剖面图的常用比例为 1∶50、1∶100、1∶200，视房屋的大小和复杂程度选定，一般选用与建筑平面图相同的或较大一些的比例。

剖面图图名要与对应的平面图(常见于一层平面图)中标注的剖切符号的编号一致，如 1—1 剖面图。剖切平面剖切到的部分及投影方向可见的部分都应表示清楚。如图 9-22 所示为某学校学生宿舍的 1—1 剖面图(剖切位置如图 9-15 所示)。

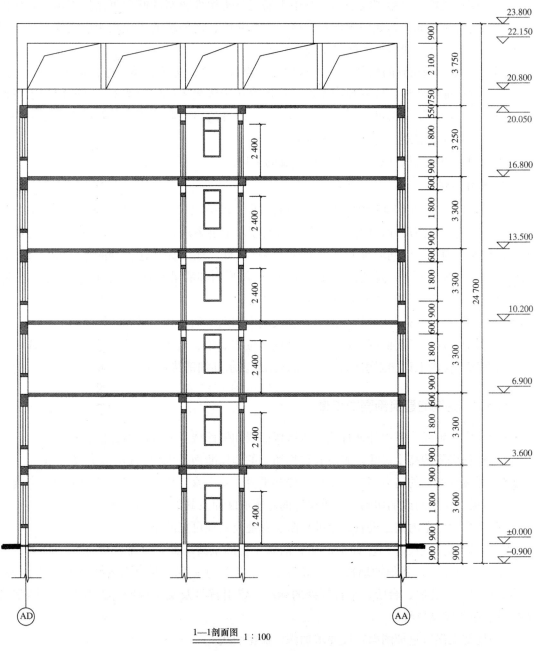

图 9-22　1—1 剖面图

2. 定位轴线

在剖面图中，应注出被剖切到的各承重墙的定位轴线及与平面图一致的轴线编号和尺寸。画剖面图所选比例，也应尽量与平面图一致。

3. 图线

在剖面图中，室内外地坪线用加粗实线表示，地面以下部分，从基础墙处断开，另由结构施工图表示。被剖切到的墙身、屋面板、楼板、楼梯、楼梯间的休息平台、阳台、雨篷及门、窗过梁等用双粗实线表示，其中钢筋混凝土构件较窄的断面可涂黑表示。其他没被剖切到的可见轮廓线，如门窗洞口、楼梯、女儿墙、内外墙的表面均用中实线表示。图中的引出线、尺寸界线、尺寸线等用细实线表示。

图 9-22 中，剖切到的构件有室内外地面、楼板、墙、房顶、梁、柱、走廊和屋顶等。二层至五层楼面的楼板、坡屋顶的层面板均搁置在砖墙或屋（楼）面梁上，其断面均示意性地涂黑，其详细结构可参见各自的节点详图。在墙身的门窗洞顶面，屋面板底面涂黑的矩形断面，表示钢筋混凝土门窗过梁或圈梁。

未剖切到的可见构件有一层至六层走廊的窗户。

4. 尺寸注法

（1）竖直方向：在剖面图中，应注出垂直方向上的分段尺寸和标高。垂直尺寸一般分三道：最外一道是总高尺寸，中间一道是层高尺寸，主要表示各层的高度，最里一道为细部尺寸，标注门窗洞、窗间墙等的高度尺寸。除此之外，还应标注建筑物的室内外地坪、各层楼面、门窗洞的上下口及墙顶等部位的标高。图形内部的梁及其他构件的标高也应标注，且楼地面的标高应尽量标在图形内。

（2）水平方向：常标注剖切到的墙、柱及剖面图两端的轴线编号和轴线间距。

（3）其他标注由于剖面图比例较小，某些部位如墙角、窗台、过梁等节点，不能详细表达，可在该部位画上详图索引标志，另用详图来表示其细部构造尺寸。

9.5.3 绘制的建筑剖面图步骤

（1）画定位轴线、室内外地坪线、各层楼面线和屋面线，并画出墙身轮廓线。

（2）根据房屋的高度尺寸，画所有被剖切到的墙体断面及未剖切到的墙体等轮廓。

（3）画被剖切到的门窗洞口、阳台、楼梯平台、屋面女儿墙、檐口、各种梁如门窗洞口上面的过梁、可见的或剖切到的承重梁等的轮廓或断面及其他可见细部轮廓。

（4）画楼梯、室内固定设备、室外台阶、花池及其他可见的细部。

（5）布置标注。尺寸标注如被剖切到的墙、柱的轴线间距；外部高度方向的总高、定位、细部三道尺寸；其他如墙段、门窗洞口等高度尺寸；标高标注如室外地坪、楼地面、阳台、檐口、女儿墙、台阶、平台等处的标高、索引符号及文字说明等。按要求轻画字格和数字、字母字高导线。

（6）检查无误后整理图面，按要求加深、加粗图线。

（7）书写数字、图名等文字。

9.6 建筑详图

9.6.1 概述

建筑平面图、立面图、剖面图反映了房屋的全貌，但由于所用比例较小，对细部构造或构配件不能表达清楚,所以通常对房屋的细部构造或构配件用较大比例将其形状、大小、材料和做法,按照正投影的画法,详细地表示出来。这样的图样称为建筑详图。

详图数量的选择,与房屋的复杂程度及平面、立面图、剖面图的内容及比例有关。需要绘制的详图一般有外墙身、楼梯、厨房、卫生间、阳台、门窗等。构造节点(如檐口、窗台、窗顶、勒脚、散水等)用较大比例画出,并详细标注其尺寸、材料及做法。有些细部构造或构配件的做法选用标准图,则可不在施工图中绘制,而是画出索引符号,注明所选用的标准图集号及图集页码、详图编号。

9.6.2 关于建筑详图的有关规定

建筑详图的主要特点是:用能清晰表达所绘节点或构配件的较大比例绘制,要求尺寸标注齐全,文字说明详尽。

建筑详图常用比例是 1∶5、1∶10、1∶20、1∶25、1∶50 等。

建筑详图必须加注图名(或详图符号),详图符号应与被索引的图样上的索引符号相对应,在详图符号的右下侧注写比例。对于套用标准图或通用图的建筑构配件和节点,只需注明所套用图集的名称、型号、页次,可不必另画详图。

建筑详图一般应表达出构配件的详细构造;所用的各种材料及其规格;各部分的构造连接方法及相对位置关系;各部位、各细部的详细尺寸;有关施工要求、构造层次及制作方法说明等。

在平、剖面形式的详图中,一般都应画出抹灰层与楼地面层的面层线,并画出材料图例。在详图中,对楼地面、地下层地面、楼梯、阳台、平台、台阶等处注写高度尺寸及标高且规定与建筑平、立、剖面图中的尺寸标高一致。在详图中如需画出定位轴线,除按前面讲述的规定外,还有如下补充规定:定位轴线端部注写编号的细实线圆直径,在详图中可增加到 10 mm。

9.6.3 详图的图示特点及内容

下面结合某学校学生宿舍的有关详图,说明建筑详图的图示内容。

1. 外墙详图

外墙详图主要表达房屋的屋面、楼层、地面和檐口构造、楼板与墙的连接、勒脚、散水等处的构造形式。画图时,通常将各个节点剖面连在一起,中间用折断线断开,各个节点详图都分别注明详图符号和比例。

根据图 9-23 可知该图为外墙详图。详图比例均采用较大比例 1∶20,所以,檐口、屋面板、台阶、雨篷等钢筋混凝土构件均应画出断面形状和材料图例,并注出全部尺寸。该图表明了檐口、屋面板、台阶、雨篷等处的构造形式以及与外墙身的连接关系。图中还标注出了女儿墙、台阶、雨篷等处的细部尺寸。

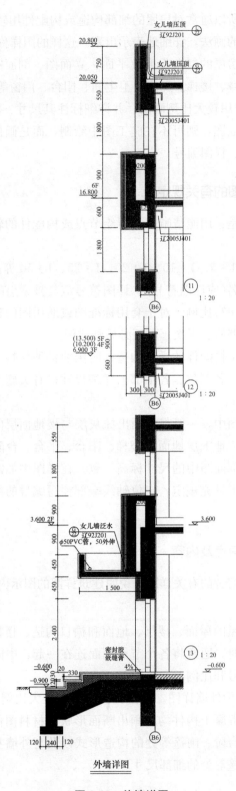

图 9-23 外墙详图

2. 楼梯详图

楼梯是楼房上下层之间的重要的垂直交通设施，一般由楼梯段、休息平台和栏杆（栏板）组成。

楼梯详图就是楼梯间平面图及剖面图的放大图。它主要反映楼梯的类型、结构形式、各部位的尺寸及踏步、栏板等装饰做法。它是楼梯施工、放样的主要依据，一般包括楼梯平面图、剖面图和节点详图。下面主要介绍楼梯平面图和剖面图。

(1)楼梯平面图。楼梯平面图是用一个假想的水平剖切平面通过每层向上的第一个梯段的中部（休息平台下）剖切后，向下作正投影所得到的水平投影图。它实质上是房屋各层建筑平面图中楼梯间的局部放大图，通常采用1∶50的比例绘制。

如果房屋楼层数在三层以上，当中间各层楼梯位置、梯段数、踏步数都相同时，通常只画出底层、中间层（标准图层）和顶层三个平面图；当各层楼梯位置、梯段数、踏步数不相同时，应分别画出各层楼梯平面图。如图9-24所示为某学生宿舍楼梯平面图。各层被剖切到的梯段，均在平面图中以45°细折断线表示其断开位置。在每一梯段处画带有箭头的指示线，并注写"上"或"下"字样。楼梯平面图通常画在同一张图纸内，并互相对齐，这样既便于识读又可省略标注一些重复尺寸。

楼梯平面图上要注出轴线编号，表明楼梯在房屋中所在的位置，并注明轴线间尺寸以及楼地面、平台的标高。

(2)楼梯剖面图。该楼梯剖面图实际是建筑剖面图的局部放大图。楼梯剖面图是用一假想的铅垂剖切平面，通过各层的同一位置梯段和门窗洞口，将楼梯垂直剖开向另一未剖到的梯段方向作正投影，所得到的剖面投影图。通常采用1∶50的比例绘制。楼梯剖面图应完整清晰地表示楼梯各梯段、平台、栏杆的构造及其相互关系，以及梯段和踏步数量，楼梯的结构形式等。图9-25所示为1—1楼梯剖面图。它的剖切位置和投影方向已表示在底层楼梯平面图之中。

在多层房屋中，若中间各层的楼梯构造相同时，则剖面图可只画出底层、中间层（标准层）和顶层，中间用折断线分开；当中间各层的楼梯构造不同时，应画出各层剖面。

在图9-25的1—1剖面图中，每层有两个梯段（也称双跑楼梯）。楼梯剖面图上应标出地面、平台和各层楼面的标高以及梯段的高度尺寸、踏步数。

在楼梯平面图中，每梯段踏步面水平投影的个数均比楼梯剖面图中对应的踏步个数少一个，这是因为平面图中梯段的最上面一个踏步面与楼面平齐。

(3)画楼梯平面。图底稿图作图步骤：

1)将各层平面图对齐，根据楼梯间的开间、进深画定位轴线；

2)画墙身厚度、门窗洞位置线及门的开启线；

3)画楼梯平台宽度、梯段长度及梯井宽度等位置线；

4)用等分平行线间距的几何作图方法，画楼梯的踏面线：$(n-1)$等分梯段长度，画出踏面，注意踏面数为$(n-1)$，n为楼梯步级数，并画出上下行箭头线；

5)画出梯井：注意底层平面、标准层平面、顶层平面中的区别；

6)检查底稿并布置标注（尺寸标注及标高标注）；

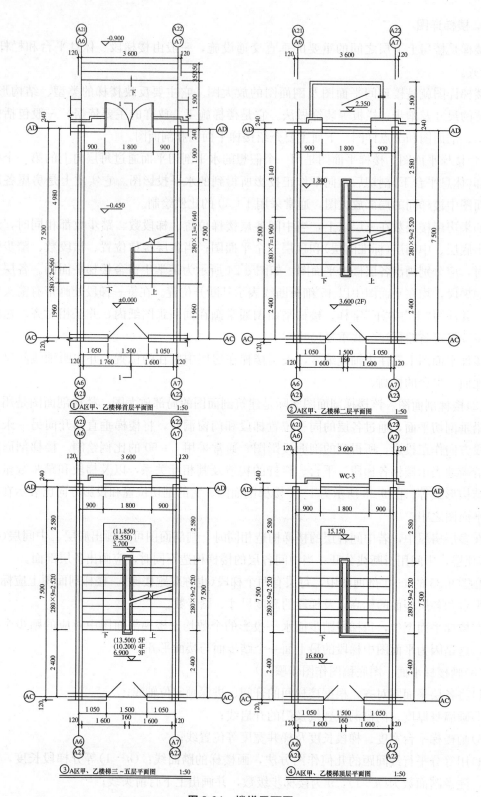

图 9-24 楼梯平面图

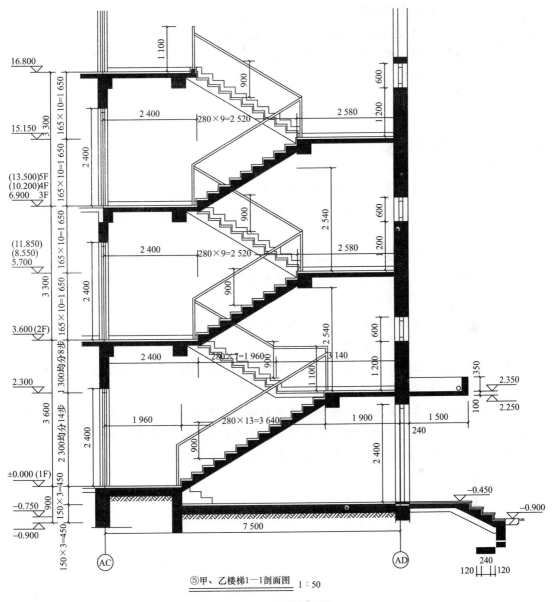

⑤甲、乙楼梯1—1剖面图 1:50

图 9-25 楼梯剖面图

7)加深及加粗图线，标注剖切位置符号及名称；

8)书写图上所有的文字，完成全图。

(4)画楼梯剖面图底稿图作图步骤。

1)根据楼梯底层平面图中的剖切符号，画被剖切的轴线和墙、柱的厚度。

2)依据标高，画室内外地坪线、各层楼面、楼梯平台及其厚度。

3)根据楼梯的长度、平台的宽度确定梯段位置，$(n-1)$等分梯段长度，n等分梯段高度，并画出斜梯段或梯板厚度、平台梁的轮廓线。未剖切到的梯段踏步可见画细实线，不可见画细虚线。

4)画门窗细部。

5)画台阶、栏杆扶手等细部。
6)布置标注(尺寸标注及标高标注)并检查底稿。
7)按线型加深加粗图线,按要求画出图例符号。
8)完成全图文字书写。

本章小结

建筑施工图是学习建筑制图课程的实际应用,实践性较强。要求同学们能较熟练地阅读简单的建筑施工图,并能绘制其建筑平面图、立面图、剖面图及建筑详图,要求熟练掌握常用的各种符号和图例。

建筑施工图是采用正投影的原理绘制的,本章研究的对象是一幢建筑物,虽然建筑物体量庞大、构造复杂,但依然适用前几章所讲的原理、读图方法、尺寸标注的方法、剖面图的形成与画法、建筑制图标准等。

建筑施工图中各种图样,都是从不同角度来反映同一幢建筑物的,因此,各个图样之间有一定内在联系。这种联系就是用定位轴线反映出来的,从定位轴线的标注中,可看出建筑物各部分的相对位置,也可以判断出投影方向。在学习建筑施工图的过程中,一定要抓住定位轴线这一关键,养成将有关图纸对照阅读的习惯。

建筑施工图的阅读,只有正确理解了建筑的结构、构造、施工等相关内容,才能够真正完全读懂建筑施工图。因此,本章只能为同学学习制图、读图能力的培养打下一定的基础,同学们还应该在以后的各门专业课程中进一步认识和理解建筑工程。

第 10 章　房屋结构施工图

知识目标

- 了解房屋结构施工图的组成及作用。
- 掌握结构施工图的有关规定。
- 明确结构施工图的识读方法。
- 掌握结构施工图中各类图的形成及图示方法。
- 简单掌握钢筋混凝土柱梁平面整体表示方法。

能力目标

- 能运用国家制图标准准确识读基础及楼层相关的结构施工图。
- 能够读懂钢筋混凝土构件详图里的技术信息。
- 能够根据平面整体表示法的制图规则读懂梁柱构件图。

新课导入

　　一套完整的房屋工程施工图，除前述的建筑施工图外，还必须根据使用要求和作用于建筑物上的荷载要求，进行结构选型和构件布置，再通过力学计算，确定房屋各承重构件的材料、形状、大小，以及内部构造等，并将设计结果按正投影法绘成图样以指导施工，这种图样称为结构施工图，简称"结施"。

10.1　概述

10.1.1　房屋结构简介

　　任何一幢房屋建筑物主要是由基础、墙、柱、梁、楼板和屋面板组成骨架，这种骨架称为房屋的结构。其中组成骨架的梁、板、柱等称为构件，承受各种外力和荷载作用。对于房屋建筑来说，房屋各部分自身的质量，室内设备、家具及人的质量等所产生的荷载由楼板传给梁、柱或墙，再通过基础传递给地基。房屋结构分类方式较多，比较常用的是按结构体系分为墙体结构、框架结构、剪力墙结构、框架-剪力墙结构、筒体结构等，采用较多的建筑材料是钢筋混凝土。

10.1.2 结构施工图的基本知识

1. 结构施工图的作用

结构施工图是作为施工放线、开挖基槽、支模板、绑扎钢筋、设置预埋件、浇捣混凝土等承重构件的制作安装及现场施工的重要依据。同时，也是编制预算和进行施工组织设计的重要依据。

2. 结构施工图的内容

(1)结构设计说明。根据工程的复杂程度内容多少不一，结构设计说明主要说明结构设计依据、结构形式、构件材料及要求、构造做法、施工要求等内容。但一般均包括以下内容：

1)建筑物的结构形式、层数和抗震的等级要求。
2)结构设计依据的规范、图集和设计所使用的结构程序软件。
3)基础的形式、采用的材料及其强度等级。
4)主体结构采用的材料及其强度等级。
5)构造连接的做法及要求。
6)抗震的构造要求。

(2)基础图。基础图一般包含基础平面图、基础详图和简单的设计说明，它表示了基础的形式、数量、型号、尺寸与基础的布置方式及相互位置关系。

(3)结构平面布置图。主要表示房屋结构中的各种承重构件的位置、数量、型号及相互关系。它与建筑平面图一样属于全局性布置的图样，包括楼层结构平面图、屋面结构平面图和柱网平面图等。

(4)钢筋混凝土结构构件详图。结构构件详图主要有模板图、配筋图及钢筋表，其主要表示各承重构件的形状、大小、材料以及各承重结构间的连接节点等构造的图样。包括梁、板、柱结构详图、楼梯结构详图、屋架结构详图等。

10.1.3 结构施工图的图示要求

绘制结构施工图既要满足《房屋建筑制图统一标准》(GB/T 50001—2017)的规定，还要遵循《建筑结构制图标准》(GB/T 50105—2010)的有关要求。

结构施工图与建筑施工图一样，均是采用正投影方法绘制的。但由于它们反映的侧重点不同，故在比例、线型及尺寸标注等方面上有所区别。

1. 比例

根据结构施工图所表达的内容及深度的不同，其绘制比例可选用表 10-1 所给的常用比例，特殊情况也可选用可用比例绘制。

表 10-1 结构施工图绘制比例

图名	常用比例	可用比例
结构平面图，基础平面图	1∶50，1∶100，1∶150	1∶60，1∶200
圈梁平面图，总图中管沟、地下设施等	1∶200，1∶500	1∶300
详图	1∶10，1∶20，1∶50	1∶5，1∶25，1∶30

2. 结构施工图中常用的图线

结构施工图的图线选择要符合《建筑结构制图标准》(GB/T 50105—2010)的规定。各图线型、线宽应符合表10-2的要求。

表10-2 图线

名称		线型	线宽	一般用途
实线	粗	———	b	螺栓、钢筋线、结构平面图中的单线结构构件线、钢木支撑及系杆线、图名下横线、剖切线
	中粗	———	$0.7b$	结构平面图及详图中剖到或可见的墙身轮廓线,基础轮廓线,钢、木构件轮廓线,钢筋线
	中	———	$0.5b$	结构平面图及详图中剖到或可见的墙身轮廓线、基础轮廓线、可见的钢筋混凝土构件轮廓线、钢筋线
	细	———	$0.25b$	标注引出线、标高符号线、索引符号线、尺寸线
虚线	粗	- - -	b	不可见的钢筋线、螺栓线、结构平面图中的不可见的单线结构构件线及钢、木支撑线
	中粗	- - -	$0.7b$	结构平面图中不可见的构件、墙身轮廓线及不可见钢、木结构构件线、不可见的钢筋线
	中	- - -	$0.5b$	结构平面图中的不可见构件、墙身轮廓线及不可见钢、木结构构件线、不可见的钢筋线
	细	- - -	$0.25b$	基础平面图中的管沟轮廓线,不可见的钢筋混凝土构件轮廓线
单点长画线	粗	—·—·—	b	柱间支撑、垂直支撑、设备基础轴线图中的中心线
	细	—·—·—	$0.25b$	定位轴线、对称线、中心线、重心线
双点长画线	粗	—··—··—	b	预应力钢筋线
	细	—··—··—	$0.25b$	原有结构轮廓线
折断线		—∿—	$0.25b$	断开界线
波浪线		∿∿∿	$0.25b$	断开界线

3. 常用构件代号

由于结构构件的种类繁多,为了便于读图,在结构施工图中常用代号来表示构件的名称,代号后应用阿拉伯数字标注改构件的型号或编号,也可为构件的顺序号,构件的顺序号采用不带角标的阿拉伯数字连续排列。常用构件的名称、代号见表10-3。

表10-3 常用构件代号

序号	名称	代号	序号	名称	代号	序号	名称	代号
1	板	B	16	屋面框架梁	WKL	31	构造柱	GZ
2	屋面板	WB	17	吊车梁	DL	32	地沟	DG
3	空心板	KB	18	圈梁	QL	33	柱间支撑	ZC
4	槽形板	CB	19	过梁	GL	34	垂直支撑	CC

续表

序号	名称	代号	序号	名称	代号	序号	名称	代号
5	折板	ZB	20	连系梁	LL	35	水平支撑	SC
6	密肋板	MB	21	基础梁	JL	36	梯	T
7	楼梯板	TB	22	楼梯梁	TL	37	雨篷	YP
8	盖板或沟盖板	GB	23	檩条	LT	38	阳台	YT
9	挡雨板或檐口板	YB	24	屋架	WJ	39	梁垫	LD
10	吊车安全走道板	DB	25	托架	TJ	40	预埋件	M—
11	墙板	QB	26	天窗架	CJ	41	天窗端壁	TD
12	天沟板	TGB	27	框架	KJ	42	钢筋网	W
13	梁	L	28	刚架	GJ	43	钢筋骨架	G
14	框架梁	KL	29	柱	Z	44	基础	J
15	框支梁	KZL	30	框架柱	KZ	45	桩	ZH

注：①预制钢筋混凝土构件、现浇钢筋混凝土构件、钢构件和木构件，一般可直接采用本表中的构件代号。在设计中，当需要区别上述构件的材料种类时，可在构件代号前加注材料代号，并在图纸中加以说明。
②预制钢筋混凝土构件代号，应在构件代号前加注"Y—"，如 Y—DL 表示预应力吊车梁。

10.1.4 结构施工图的识读方法

结构施工图的一般识读顺序是结构总说明—基础图—结构平面布置图—结构详图。在阅读时还应做到结施图与建施图对照，详图与结构平面图对照，结施图与设备施工图（简称设施图）对照。

10.2 钢筋混凝土构件详图

10.2.1 钢筋混凝土的基本知识

钢筋混凝土结构是目前建筑工程中应用最广泛的承重结构，由钢筋和混凝土两种材料组成。为了提高混凝土构件的抗拉能力，常在混凝土构件受拉区域或相应部位加入一定数量的钢筋，如图 10-1 所示。钢筋不但具有良好的抗拉强度，而且与混凝土有良好的粘结力，其热膨胀系数与混凝土也相近。因此，钢筋与混凝土可以结合成一个整体，共同承受外力。这种配有钢筋的混凝土，称为钢筋混凝土；配有钢筋的混凝土构件，称为钢筋混凝土构件。钢筋混凝土构件按施工方式不同可分为现浇整体式、预制装配式以及部分装配部分现浇的装配整浇式三类。下面主要介绍有关钢筋和混凝土的基本知识。

1. 混凝土

混凝土是由水泥、砂子（细集料）、石子（粗集料）和水按一定比例配合、拌制、浇捣、养护后硬化而成。混凝土的特点是抗压强度高，但抗拉强度低，一般仅为抗压强度的

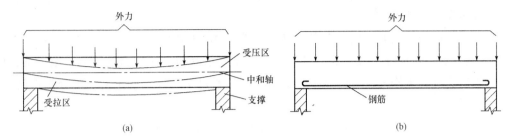

图 10-1 钢筋混凝土构件受力示意

1/10～1/20。因此，混凝土构件容易在受拉或受弯时断裂。混凝土的强度等级应按立方体抗压强度标准值确定，规范规定的混凝土强度等级有 C15、C20、C25、C30、C35、C40、C45、C50、C55、C60、C65、C70、C75、C80 共 14 个等级。符号 C 后面的数字表示以 N/mm^2 为单位的立方体抗压强度标准值。例如，C25 表示混凝土立方体抗压强度的标准值为 25 N/mm^2。数字越大，表示混凝土的抗压强度越高。

2. 钢筋的强度和品种

目前我国钢筋混凝土和预应力钢筋混凝土中使用的钢筋按生产加工工艺的不同，可分为热轧钢筋、钢丝、钢绞线和热处理钢筋四大类。其中，热轧钢筋按其强度的不同分为四级，见表 10-4。

表 10-4 常用钢筋的种类、符号和强度

种类	强度等级	符号	强度标准值/($N \cdot mm^{-2}$)
热轧钢筋	HPB300	Φ	300
	HRB335	Φ	335
	HRB400	Φ	400
	RRB400	$Φ^R$	400

钢筋按其外形可分为光圆钢筋和变形钢筋两类。钢筋的形式如图 10-2 所示，光圆钢筋俗称"圆钢"，其截面为圆形，表面光滑无凸起的花纹。变形钢筋也称为带肋钢筋，是在钢筋表面轧成肋纹，如月牙纹或人字纹。通常变形钢筋的直径不小于 10 mm，光圆钢筋的直径不小于 6 mm。

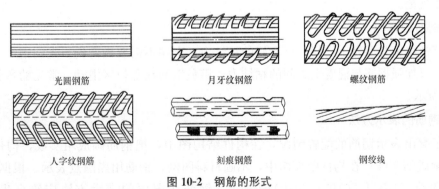

图 10-2 钢筋的形式

3. 钢筋的分类和作用

混凝土构件中的钢筋，按其作用和位置不同分为以下几种：

(1)受力筋：是构件中最主要的受力钢筋。主要承受拉、压应力的钢筋，用于梁、板、柱、墙等钢筋混凝土构件受力区域中。受力钢筋是通过结构计算确定的，可分为直筋和弯起筋两种。

(2)箍筋：也称钢箍，用以固定受力筋的位置，并受一部分斜拉应力，多用于梁和柱内。

(3)架立筋：用以固定梁内箍筋位置，与受力筋、箍筋一起形成钢筋骨架，一般只在梁内使用。

(4)分布筋：用于板或墙内，与板内受力筋垂直布置，用以固定受力筋的位置，按构造要求配置的钢筋，并将承受的重量均匀地传递给受力筋，同时，抵抗热胀冷缩所引起的温度变形。

(5)其他钢筋：构件因在构造上的要求或施工安装需要而配置的钢筋，如预埋锚固筋、吊环等，如图 10-3 所示。

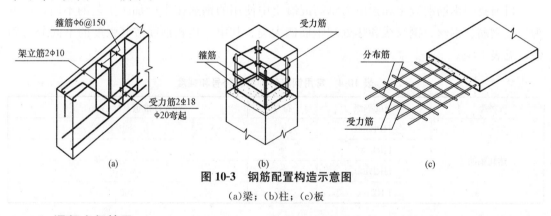

图 10-3　钢筋配置构造示意图
(a)梁；(b)柱；(c)板

4. 混凝土保护层

为了使钢筋不发生锈蚀，保证钢筋与混凝土间有足够的粘结强度，梁、板受力钢筋的表面必须有足够的混凝土保护层。钢筋外边缘至混凝土外边缘的距离，称作混凝土保护层厚度。保护层厚度在图上一般不需要标注，各种构件混凝土保护层最小厚度要求可参见钢筋混凝土规范。

5. 钢筋的弯钩

由于螺纹钢与混凝土之间具有良好的粘结力，末端不需要做弯钩。光圆钢筋两端需要做弯钩，以加强钢筋与混凝土之间的粘结力，避免钢筋在受拉区滑动。常见的弯钩形式如图 10-4 所示。

6. 钢筋的表示方法

为了突出表示钢筋的配置情况，在构件结构图中，把钢筋画成粗实线，构件的外形轮廓线画成细实线；在构件断面图中，不画材料图例，钢筋用黑圆点表示。根据《建筑结构制图标准》(GB/T 50105—2010)的规定，钢筋在图中的表示方法应符合表 10-5 的规定。

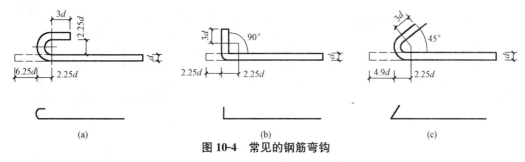

图 10-4 常见的钢筋弯钩

(a)半圆弯钩；(b)直角弯钩；(c)斜弯钩

表 10-5 钢筋的一般表示方法

名称	图例	说明
钢筋横断面	●	
无弯钩的钢筋端部		下图表示长、短钢筋投影重叠时，可在短钢筋的端部用 45° 斜画线表示
带半圆弯钩的钢筋端部		
带直钩的钢筋端部		
带丝扣的钢筋端部		
无弯钩的钢筋搭接		
带半圆弯钩的钢筋搭接		
带直弯钩的钢筋搭接		
花篮螺丝钢筋接头		
机械连接的钢筋接头		用文字说明机械连接的方式（如冷挤压或直螺纹等）
预应力钢筋或钢绞线		
预应力钢筋断面	＋	
后张法预应力钢筋断面 无粘结预应力钢筋断面	⊕	

7. 钢筋的画法

在结构施工图中，钢筋的常用画法应符合表 10-6 的规定。

表 10-6 钢筋的画法

序号	说明	图例
1	在结构楼板中配置双层钢筋时，底层钢筋的弯钩应向上或向左，顶层钢筋的弯钩则向下或向右	(底层) (顶层)

续表

序号	说明	图例
2	钢筋混凝土墙体配双层钢筋时,在配筋立面图中,远面钢筋的弯钩应向上或向左,而近面钢筋的弯钩向下或向右(JM近面,YM远面)	
3	若在断面图中不能表达清楚的钢筋布置,应在断面图外增加钢筋大样图(如:钢筋混凝土墙、楼梯等)	
4	图中所表示的箍筋、环筋等若布置复杂时,可加画钢筋大样图及说明	
5	每组相同的钢筋、箍筋或环筋,可用一根粗实线表示,同时用一根两端带斜短画线的横穿细线,表示其钢筋及起止范围	

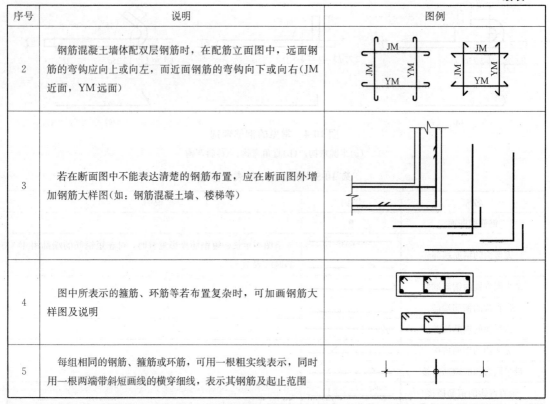

10.2.2 钢筋混凝土构件详图

钢筋混凝土构件详图是加工制作钢筋、支模板、浇筑混凝土的依据,其内容包括模板图、配筋图、钢筋表和文字说明四部分。

1. 模板图

模板图又称外形图,主要用作表明结构构件的外部形状,尺寸大小,预埋铁件、预留插筋、预留孔洞等的位置,有关标高及构件与定位轴线的关系等。在模板图中,构件的可见轮廓线用中粗实线绘制,不可见的轮廓线用中虚线表示。模板图是模板制作和安装构件的依据,对于外形简单的构件可不画模板图,只需在配筋图中将构件的尺寸标注清楚即可。牛腿柱的模板图实例如图10-5所示。

2. 配筋图

配筋图是表示构件内部各种钢筋的形状、位置、直径、数量、长度以及布置等情况的图样,是构件详图中最主要的图样,是钢筋下料、绑扎钢筋骨架的重要依据。

配筋图一般由立面图、断面图和钢筋详图组成,有时还需列出钢筋表。立面图中构件的轮廓线用中实线画出,钢筋用粗实线表示;断面图中剖切到的钢筋截面画成黑圆点,未剖到的钢筋仍画成粗实线,钢筋保护层采用夸张画法,不必拘泥于比例。凡是钢筋排列有变化的地方,都应分别画出其断面图。

10.2.3 钢筋混凝土构件详图示例

1. 钢筋混凝土梁详图

对外形简单的梁,一般不必单独绘制模板图,只需在配筋图中将梁的尺寸标注清楚即可。当梁的外形复杂或预埋件较多时(如单层工业厂房中的吊车梁),一般都要单独画出模板图。

图 10-6 所示为一个钢筋混凝土梁的构件详图,包括立面图、断面图和钢筋表。梁的两端搁置在砖墙上,是一个简支梁。

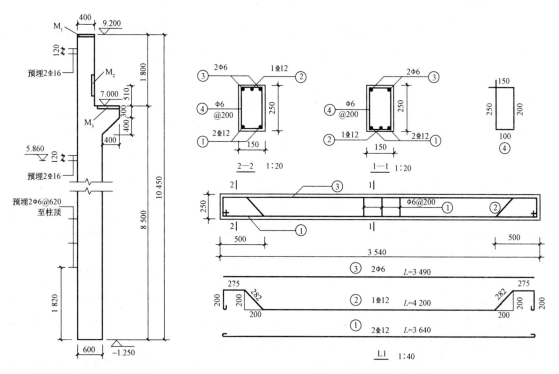

图 10-5　牛腿柱模板图　　　　**图 10-6　钢筋混凝土梁**

在梁的配筋图中,钢筋用粗实线绘制,并对不同形状、不同规格的钢筋进行编号,如图 10-6 中①~④号钢筋。编号应用阿拉伯数字顺次编写并将数字写在圆圈内,圆圈应用直径为 6 mm 的细实线绘制,并用引出线指到被编号的钢筋。其含义如图 10-7 所示。

图 10-7　钢筋标注示意

通过读图可知,矩形现浇梁断面尺寸为 250 mm×150 mm,梁长为 3 540 mm。

从梁的立面图中可以看出,梁中底部配置了受力主筋,顶部配置了架立钢筋,中间有弯起钢筋。梁长的中段采用简化画法绘制了 3 根编号为④的直径 6 mm 的 HPB300 级箍筋,这表示了梁长范围内均布的多条箍筋,任意两条箍筋中心间距为 200 mm。

在梁中部的 1—1 断面图中可见,梁的上部两侧有两个黑圆点,说明各配有一根 φ6 的架立钢筋,编号为③,共两根 HPB300 级钢筋,直径为 6 mm。断面下方有三个黑圆点,说明在梁的底部配有三根 ⌽12 的受拉筋,其中有边上两根是直径 12 mm 的 HRB400 级钢筋,编号是①,中间有一根编号是②的弯起钢筋,为直径 12 mm 的 HRB400 级钢筋,在接近梁的两端 500 mm 处弯起 45°后,伸入梁顶部支座。在梁端的 2—2 断面图中,②号弯筋伸到了梁的上方,所以梁 2—2 顶部有 3 个黑圆点,底部为两个黑圆点。

从图 10-6 下面的钢筋翻样详图中可知,梁中每种钢筋的编号、根数、直径、各段长度和总尺寸以及弯起角度,以便于钢筋的下料加工。

为了便于编制施工预算、统计用料,在配筋图中有时还列出钢筋明细表,表内应注明构件代号、构件数量、钢筋编号、钢筋简图、直径、长度、数量、总数量、总长和质量等信息。表 10-7 即为 L1 的钢筋明细表。

表 10-7 梁 L1 钢筋明细表

构件名称	构件数	编号	规格	简图	单根长度/mm	根数	累计质量/kg
L1	1	1	⌽12		3 640	2	7.41
		2	⌽12		4 200	1	4.45
		3	φ6		3 490	2	1.55
		4	φ6		650	18	2.60

2. 钢筋混凝土柱详图

图 10-8 所示为现浇变截面钢筋混凝土柱的立面图和断面图。该柱从基础起直通屋面。底柱为正方形断面 350 mm×350 mm。受力筋为 4⌽22(3—3 断面),分布在四角;下端与柱基础搭接,搭接长度为 1 100 mm;上端伸出二层楼面 1 100 mm,以便与二层柱受力筋 4⌽22(2—2 断面)搭接。二、三层柱为正方形断面 250 mm×250 mm。二层柱的受力筋上端伸出三层楼面 800 mm 与三层柱的受力筋 4⌽18(1—1 断面)搭接。钢筋搭接起止端点处两端各用 45°粗短斜线表示。受力筋搭接区的箍筋间距需加密为 φ8@100,其余箍筋均为 φ8@200。在柱的立面图中还画出了柱连接的二、三层楼面梁 L2 和四层屋面梁 L6 的局部立面。

10.3 基础平面图及基础详图

基础是房屋地面以下的承重构件,承受上部建筑的荷载并传递给地基。基础的形式与上部建筑的结构形式、荷载大小以及地基的承载力有关,一般常见的基础形式有条形基础、独立基础、井格基础、筏形基础、箱形基础和桩基础。图 10-9 所示为相对比较简单的三种基础形式。基础图是表示房屋建筑地面以下基础部分的平面布置和详细构造的图样。其包括基础平面图和基础详图两部分。它们是施工放线、基坑开挖、砌筑或浇筑基础的依据。

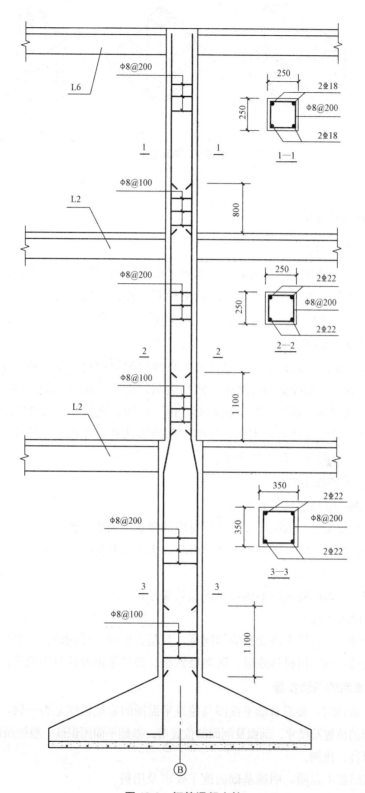

图 10-8 钢筋混凝土柱

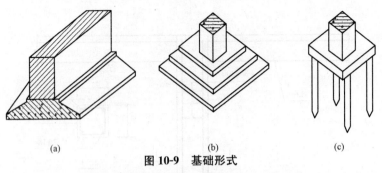

图 10-9 基础形式
(a)墙下条形基础;(b)柱下独立基础;(c)桩基础

10.3.1 基础平面图

1. 基础平面图的形成

基础平面图是表示基坑在未回填土时基础平面布置的图样,它是假想用一个水平剖切平面,沿建筑物底层室内地面将整幢建筑物剖切开,移去剖切平面以上的部分和基础回填土后,所作出的水平投影图。主要用于基础施工时的定位放线,确定基础位置和平面尺寸。

2. 基础平面图的图示方法

为了使基础平面图简洁明了,一般在图中只画出被剖切到的基础墙、基础梁及基础底面的轮廓线,基础墙、基础梁的轮廓用粗实线表示,可不绘制材料的图例。基础底面的轮廓线画中实线,剖切到的钢筋混凝土柱断面,由于绘图比例较小,要涂黑表示。基础的大放脚等细部的可见轮廓线都省略不画,这些细部的形状和尺寸用基础详图表示。另外,各种管线及其出入口处的预留孔洞用虚线表示。

3. 基础平面图的图示内容

(1)图名比例一般与建筑平面图一致。

(2)定位轴线及编号、轴线尺寸必须与对应的建筑平面图一致。

(3)基础墙、柱的平面布置,基础底面形状、大小及其与轴线的关系。

(4)基础梁的位置、代号。

(5)基础编号、基础断面图的剖切位置及其编号。

(6)条形基础底边线。

(7)基础墙线。一般同上部交接墙体同宽,凡是有墙垛、柱的地方,基础应加宽。

(8)施工说明,即所用材料强度、防潮层做法、设计依据及注意事项等内容。

4. 基础平面图的识读步骤

识读基础平面图时,要看基础平面图与建筑平面图的定位轴线是否一致,注意了解墙厚、基础宽、预留洞的位置及尺寸、剖面及剖面的位置等。基础平面图识读一般按照以下步骤进行:

(1)查看图名、比例。

(2)阅读基础施工说明,明确基础的施工要求及用料。

(3)校核定位轴线是否与建筑平面图一致。

(4)明确基础平面图上各结构构件的种类、位置及代号。

(5)查看剖切编号,明确基础的种类,各类基础的平面尺寸。

(6)联合阅读设备施工图,明确设备管线穿越基础的准确位置,洞口形状、大小及洞口上方对过梁的要求。

5. 基础平面图的读图实例

(1)砖混结构条形基础平面图识读。图 10-10 所示为砖混结构条形基础的基础平面图(局部)。基础平面图中一般只需画出墙身线(剖切平面剖切到的墙体轮廓线,用粗实线表示)和基础底面线(剖切平面以下未剖切到但可见的轮廓线,用中实线表示),其他细部如大放脚等均可省略不画。

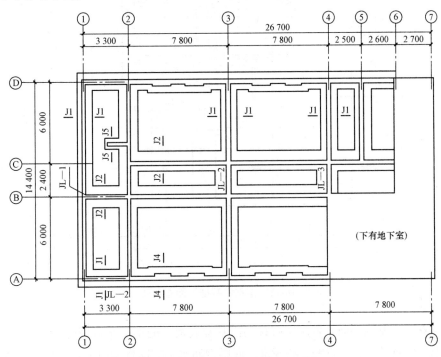

图 10-10 砖混结构条形基础平面图

基础平面图上应画出轴线并编号,标注轴线间尺寸和总长、总宽尺寸,它们必须与建筑平面图保持一致。基础底面的宽度尺寸可以在基础平面图上直接注出,也可以用代号标明,如剖切符号J1—J1,J2—J2等,以便在相应的基础断面图(即基础详图)中查找各道不同的基础底面宽度尺寸。

(2)钢筋混凝土结构条形基础平面布置图识读。钢筋混凝土条形基础的平面布置图包括基础墙、构造柱、承重柱,以及基础底面的轮廓形状、大小和其与定位轴线的关系,钢筋混凝土垫层的钢筋布置等。下面以某别墅基础平面布置图为例进行读图,如图 10-11 所示。

图 10-11 所示为钢筋混凝土结构的条形基础平面布置图。读图分两部分进行:第一部分是条形基础钢筋混凝土底板,要画出基础底板外形轮廓线,并直接注出底面宽度尺寸,如①轴为外墙,基础底面较宽,其宽度为 3 200 mm,与轴线对称两边各为 1 600 mm;⑧轴基础底面宽度为两部分:③~⑦轴之间为内墙,其宽度为 2 000 mm,与轴线对称宽度为 1 000 mm;⑦~⑧轴之间为一层外墙底板,宽度为 1 200 mm。

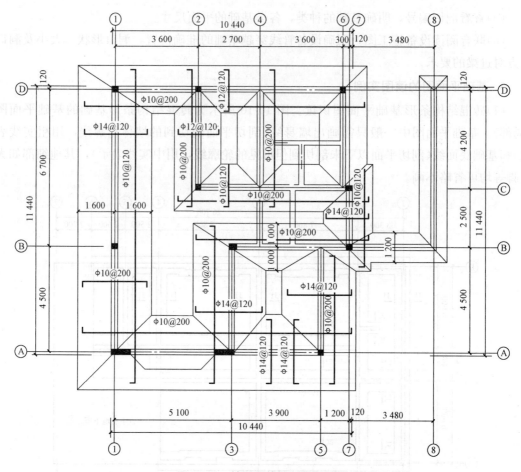

图 10-11 某别墅基础平面布置图

第二部分是在基础平面布置图上直接画出基础底板中的钢筋布置情况。底板中钢筋分上下两层,即底层钢筋和顶层钢筋。按规定,底层钢筋水平方向弯钩向上,竖直方向弯钩向左,顶层钢筋水平方向弯钩向下,竖直方向弯钩向右。顶层钢筋如图中①轴的 Φ10@120,底层钢筋如图中外墙轴①受力筋 Φ14@120,分布筋 Φ10@200,而⑪轴外墙受力筋 Φ12@120,内墙轴②受力筋 Φ12@120,分布筋 Φ10@200,内墙③轴受力筋为 Φ14@120。

(3)框架结构独立基础平面图识读。如图 10-12 所示,某办公楼的钢筋混凝土独立基础平面图,图中表达了独立基础、基础梁和柱三种构件的外部轮廓线、平面位置、尺寸及代号。其中,独立基础有 4 种类型分别是 DJ_P01、DJ_P02、DJ_P03 和 DJ01(1B),基础梁有 1 种即 JL01(1B)。

10.3.2 基础详图

1. 基础详图的形成

基础详图是用较大的比例详细地表示基础的类型、尺寸、做法和材料。通常用垂直剖面图表示。如图 10-13 所示,其主要作用就是将基础平面图中的细部构造按正投影原理将其尺寸、材料、做法更清晰、更准确地表达出来。

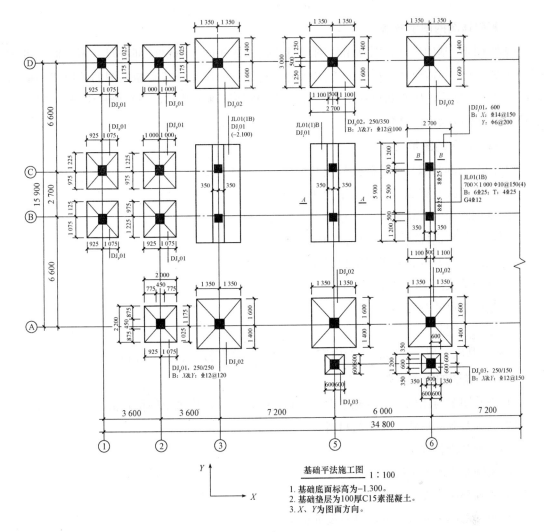

基础平法施工图 1:100

1. 基础底面标高为-1.300。
2. 基础垫层为100厚C15素混凝土。
3. X、Y为图面方向。

图 10-12 某办公楼独立基础平面图(局部)

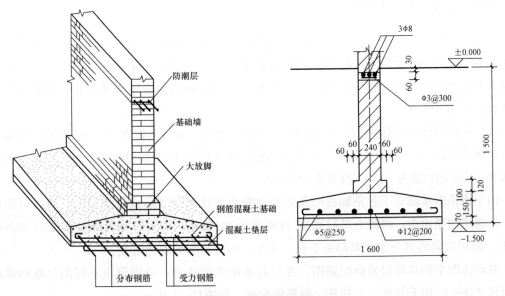

图 10-13 条形基础详图

2. 基础详图的图示方法

构造不同的基础应该分别画出详图。当基础构造相同,而仅仅部分尺寸不同时,可用一个详图表示,但需要通过列表的方式标出不同部分的尺寸。基础断面图的轮廓线一般用粗实线画出,断面内应绘制材料图例,但如果是钢筋混凝土基础,则只画出钢筋布置情况,不必画出钢筋混凝土的材料图例。

3. 基础详图的图示内容

(1)图名为剖断编号或基础代号及其编号,采用的比例较大。
(2)定位轴线及其编号与基础平面图一致。
(3)基础断面的形状、尺寸、材料以及配筋情况。
(4)室内外地面标高及基础底面的标高。
(5)基础墙的厚度、防潮层的位置及做法。
(6)基础梁或圈梁的尺寸及配筋。
(7)垫层的尺寸及做法。
(8)施工说明等。

不同的基础类型,详图表达的内容不尽相同,可能是以上的部分内容。

4. 基础详图的识读步骤

(1)查看图名与比例,与基础平面图的相对照,了解在建筑中的位置情况。
(2)明确基础的形状、大小与材料。
(3)明确基础各部位标高。
(4)明确基础配筋情况。
(5)明确垫层厚度与材料。
(6)明确基础梁或圈梁的尺寸及配筋情况。

10.3.3 基础详图实例

图 10-14 所示为承重墙下的条形基础(包括地圈梁和基础梁)详图。该实例中条形基础在标高为 -0.560 m 处沿外墙的基础墙上设置连通的钢筋混凝土梁,称为地圈梁。由于地圈梁具有防潮作用,故又称为防潮层。其断面尺寸与基础墙和墙体尺寸有关,地圈梁钢筋配置如图 10-14 所示。

该结构基础材料混凝土强度等级为 C25,所有基础梁、底板均设置 100 mm 厚 C10 混凝土垫层,每边放宽 100 mm,在标高 -0.560 m 处沿 240 墙设置断面尺寸为 240 mm×240 mm 的地圈梁,其纵向钢筋为 4Φ12,箍筋为 Φ6@200。

由于该条形基础对于各条轴线的条形基础断面形状和配筋形式是类似的,所以只需画出一个通用的断面图,再附上基础底板(称翼缘板)配筋表,列出基础翼缘板宽度 B 和基础筋 A_s,就可以将各部分条形基础的形状、大小、构造和配筋表达清楚。

基础详图中的基础梁另画配筋图,并附有基础梁配筋表,分别列出不同编号基础梁的断面尺寸($b \times h$)和下部筋、上部筋、箍筋的配置,如图 10-15 所示。

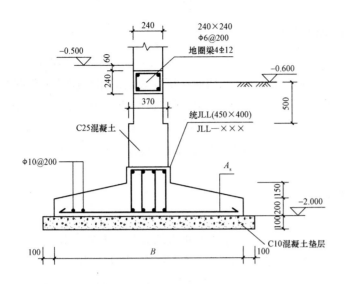

基础翼缘板配筋	
基础翼缘板宽度B	基础配筋A_s
B=3 800	Φ16@100
B=3 400	Φ16@120
B=3 200	Φ14@120
B=2 800	Φ14@140
B=2 600	Φ12@130
B=2 600	Φ12@130
B=2 500	Φ12@130
B=2 400	Φ12@130
B=2 200	Φ12@130
B≤1 500	Φ10@150

图 10-14 条形基础详图

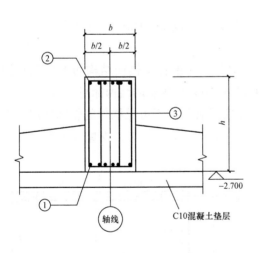

基础梁配筋表				
断面尺寸b×h	下部筋①	上部筋②	箍筋③	备注
550×700	8Φ25	8Φ25	4Φ10@150	悬挑部分 4Φ10@100
450×500	6Φ25	6Φ25	4Φ10@150	悬挑部分 4Φ8@100
450×600	7Φ25	6Φ25	4Φ8@150	悬挑部分 4Φ10@100
550×650	6Φ25	6Φ25	4Φ10@150	
450×700	8Φ25	8Φ25	4Φ10@100	
500×700	7Φ25	7Φ25	4Φ8@150	悬挑部分 4Φ8@100
450×400	4Φ20	4Φ20	4Φ8@150	
400×400	4Φ16	4Φ16	4Φ8@100	

图 10-15 基础梁配筋详图

10.4 楼层结构平面图

结构平面图是表示建筑物各承重构件平面布置的图样。在楼层结构中，当底层地面直接做在地基上时，它的地面层次、做法和用料已在建筑施工图中表明，无须再画底层结构平面图。结构平面图一般包括楼层结构平面图和屋顶结构平面图，用来分别表示各层楼面和屋面承重构件(如梁、板、柱、墙、构造柱、门窗过梁和圈梁等)的平面布置情况，以及它们之间的结构关系。它是施工布置和安放各层承重构件的重要依据。

10.4.1 楼层结构平面图的基础知识

1. 楼层结构平面图的形成

楼层结构平面图是假想用一个紧贴楼面的水平剖切面在所要表明的结构层的上部剖开，将剖切面以上部分楼层移开，将剩余部分向下作水平投影所得到的投影图。对多层建筑一般应分层绘制。但如果几层楼层构件的类型、大小、数量、布置均相同时，可以只画一个结构平面图，并注明"×层—×层"楼层结构平面图，或"标准层"楼层结构平面图。

2. 楼层结构平面图的图示内容

(1)标注出与建筑图一致的轴线网及编号。

(2)画出各种墙、柱、梁的位置。

(3)在现浇板的平面图上，画出其钢筋配置，与受力筋垂直的分布筋不必画出，但要在附注中或钢筋表中说明其级别、直径、间距(或数量)及长度等，并标注预留孔洞的大小及位置。

(4)注明预制板的跨度方向、代号、型号或编号、数量和预留洞等的大小和位置。

(5)注明圈梁或门窗洞过梁的位置和编号。

(6)注出各种梁、板的底面标高和轴线间尺寸。有时也可注出梁的断面尺寸。

(7)注出有关的剖切符号或详图索引符号。

(8)附注说明选用预制构件的图集编号、各种材料强度、板内分布筋的级别、直径、间距等。

3. 楼层结构平面图的图示方法

(1)图名。对于多层建筑，一般应分层绘制。但是，如果各层楼面结构布置情况相同时，可只画出一个楼层结构平面图，并注明应用各层的层数和各层的结构标高。

(2)图线。墙、柱、梁等可见的构件轮廓线用中实线表示，不可见构件的轮廓线用中虚线表示。钢筋用粗实线表示，每种规格的钢筋只画一根。如梁、屋架、支撑等可用粗点画线表示其中心位置。

(3)楼梯间的结构布置，一般在结构平面图中不予表示，只用双对角线表示，楼梯间这部分内容在楼梯详图中表示。

(4)楼层上各种梁、板、柱构件，在图上都用规定的代号和编号标记，查看代号、编号和定位轴线就可以了解各构件的位置和数量。

(5)预制构件的代号、型号与编号标注方法各地不一，按照地方标准执行。

(6)预制板在平面图中的布置常见方式如图10-16所示。在每个结构单元范围内画一对角线表示，并沿对角线方向注明预制板的数量和代号。对于相同铺设区域，只需做对角线，并注明相同板号。

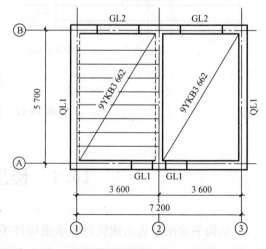

图10-16 预制板常见的表达方式

(7)现浇板的平面图主要画板的配筋情况，如图10-17所示，表示出受力筋、分布筋和其他构造钢筋的配置情况，并注明编号、规格、直径、间距等信息。每种规格的钢筋只画出一根，按其形状画在相应的部位。配筋相同的楼板，只需将其中一块板的配筋画出，其余各块分别在该楼板范围内画一对角线，并注明相同板号即可。

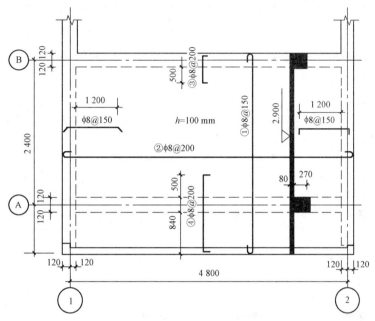

图 10-17　现浇楼板的表达示意

10.4.2　结构平面图实例

仍以某别墅为例，该房屋为砖墙承重、现浇钢筋混凝土的混合结构三层别墅，其二层结构平面图如图 10-18 所示，二层板配筋图如图 10-19 所示。

1. 二层结构平面布置图

对照建筑二层平面图，在二层结构平面布置图上，①～④轴和Ⓑ～Ⓓ轴间分别为起居室和卫生间的楼板，其中卫生间的楼板要另做防渗处理；③～⑤轴与Ⓐ～Ⓑ轴，④～⑥轴和Ⓒ～Ⓓ轴间为卧室的楼面；①～③轴和Ⓐ～Ⓑ轴间的客厅由于占两层空间的高度，所以无楼板，画有空洞符号。

(2)钢筋混凝土柱。本例为砖墙承重，并增加现浇钢筋混凝土柱以抗震。图 10-18 中各轴线上的黑色方块表示钢筋混凝土柱，除客厅中间的钢筋混凝土柱 Z1(240 mm×240 mm)和 Z2(240 mm×360 mm)外，其他钢筋混凝土柱都为防震的构造柱 GZ1(240 mm×240 mm)和 GZ2(240 mm×870 mm)，这种柱的尺寸与墙体尺寸和墙体结构有关。

(3)钢筋混凝土梁。本例砖墙均为承重墙，用中实线表示，被楼板遮住部分用中虚线表示。楼板由承重墙和梁支承，为提高楼层结构整体刚度，在楼层标高 3.000 m 处(即楼板面标高)墙上均设置圈梁(QL)，用细点画线表示其中心位置，其与墙身中心线重合。在挑出的阳台、窗台，架空的走廊等处另设置钢筋混凝土梁，如Ⓐ轴上的 ML－A(1)，Ⓑ轴上的 L2－B(1)等。ML 表示门上过梁，L2 表示二层楼面下梁的代号，"A"和"B"表示该梁位于Ⓐ或Ⓑ轴线，括号内的数字表示不同类型。在梁的代号下面注写梁的断面尺寸和配筋，如 L2－B(1)：断面尺寸为 240 mm×360 mm，梁上部和下部配筋均为 3ϕ16，箍筋为 Φ8@150。

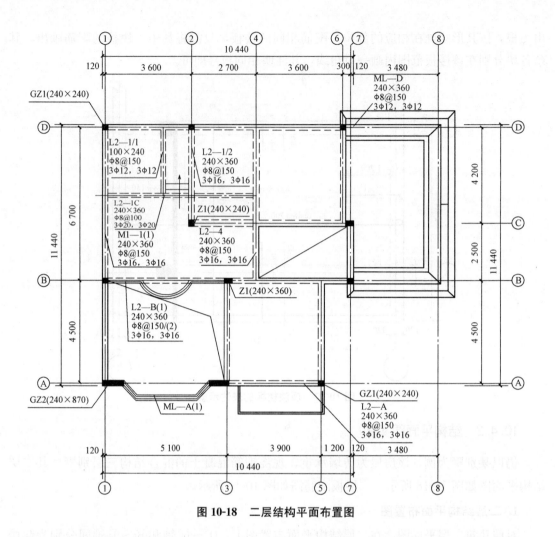

图 10-18 二层结构平面布置图

(4)二层结构平面布置图上标注。二层结构平面布置图上必须标注与建筑平面图完全一致的定位轴线和编号，还需注出轴线间尺寸、柱的断面尺寸以及有关构件与轴线的定位尺寸，同时，还要标明需要画出详图的索引符号，表示各节点的构造和钢筋配置。

2. 二层现浇楼板配筋图

图 10-19 所示为二层现浇楼板配筋图。除楼梯另有结构详图外，楼板的钢筋配置都直接画出，并注写钢筋等级、直径和间距，例如，在③～⑤轴与Ⓐ～Ⓑ轴间的卧室楼板支撑在砖墙上，为双向板，在板的底部纵横两个方向配置了 ϕ8@150 的受力钢筋，水平方向钢筋弯钩向上，竖直方向钢筋弯钩向左。在板的顶部沿墙体配置 ϕ10@200 和 ϕ8@150 的负筋，承受支座处的负弯矩。与负筋垂直的分布钢筋在配筋图中未画出，需在附注中或钢筋表中说明其级别、直径、间距(或数量)及长度等。

10.5 钢筋混凝土结构施工图平面整体表示方法

为提高设计效率、简化绘图、改革传统的逐个构件表达的烦琐设计方法，我国推出钢

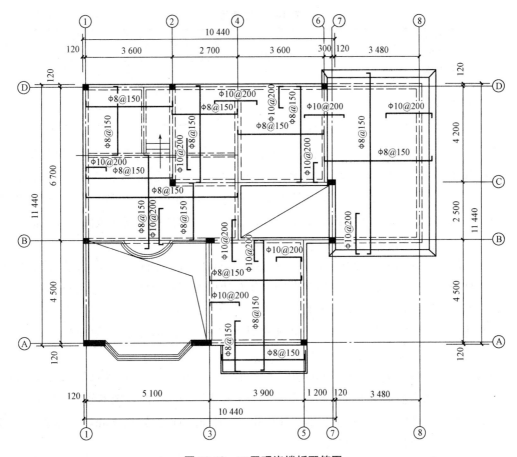

图 10-19 二层现浇楼板配筋图

筋混凝土结构施工图平面整体表示方法,简称为"平法"。所谓平法,就是将结构构件的尺寸和配筋等信息,按照平面整体表示方法制图规则,直接表达在各类构件的结构平面布置图上,再与标准构造详图相配合,即构成一套完整的结构设计。本节主要介绍柱和梁的平面整体表示方法。

10.5.1 柱平法施工图的识读

柱平法施工图是在柱平面布置图上,采用截面注写方式或列表注写方式,表示柱的截面尺寸和配筋等具体情况的平面图。它主要表达了柱的代号、平面位置、截面尺寸、与定位轴线的几何关系和配筋等内容。

1. 柱的平面表示方法

(1)列表注写方式。列表注写方式是指在柱平面布置图上,分别在同一编号的柱中选择一个或几个截面标注与轴线的关系、几何参数代号,通过列表注写柱号、柱段起止标高、几何尺寸与配筋具体数值,并配以各种柱截面形状及其箍筋类型图说明箍筋形式的方式,如图 10-20 所示。

1)柱的编号。柱编号由类型代号和序号组成,且应符号表 10-8 的规定。

表 10-8 柱编号

柱类型	代号	序号
框架柱	KZ	××
转换柱	ZHZ	××
芯柱	XZ	××
梁上柱	LZ	××
剪力墙上柱	QZ	××

2)各柱段的起止标高。自柱根部往上以变截面位置或截面未变但配筋改变处为界分段注写。

3)柱截面尺寸及其与定位轴线的关系。对于矩形柱,注写截面尺寸 $b \times h$ 及与轴线关系的几何参数代号 b_1、b_2 和 h_1、h_2 的具体数值。其中,$b=b_1+b_2$,$h=h_1+h_2$。对于圆柱,表中 $b \times h$ 一栏改用在圆柱直径数字前加 d 标识。为了表达简单,圆柱截面与轴线的关系,也用 b_1、b_2 和 h_1、h_2 表示,并使 $d=b_1+b_2=h_1+h_2$。

4)柱纵筋。当柱纵筋直径相同,各边根数也相同时,将纵筋写在"全部纵筋"一栏中;除此之外纵筋一般分角筋、截面 b 边中部钢筋和 h 边中部钢筋分别注写(采用对称配筋的可仅注写一侧中部钢筋,对称边省略不写)。当为圆柱时,表中角筋一栏注写全部纵筋。

5)箍筋类型号及箍筋肢数。具体工程所设计的各种箍筋的类型图,须画在表的上部或图中适当的位置,并在其上标注与表中相对应的 b、h 和类型号。

6)箍筋。包括钢筋级别、直径与间距。标注时,用斜线"/"区分柱端箍筋加密区与柱身非加密区长度范围内箍筋的不同间距。当箍筋沿全高为一种间距时,则不使用"/"线。

例如:Φ10@100/200 表示箍筋为 HPB300 级钢筋,直径为 10 mm,加密区间距为 100 mm,非加密区间距为 200 mm。

(2)截面注写方式。截面注写方式是指在柱的平面布置图上,在相同编号的柱中,选择一个截面在原位采用较大比例绘制柱的截面配筋图,并在放大的柱截面图上直接注写柱截面尺寸 $b \times h$,角筋,或全部纵筋、箍筋的具体数值以及在柱截面配筋图上标注截面与轴线的关系 b_1、b_2、h_1、h_2 的具体数值,如图 10-21 所示。

2. 柱平法施工图识读方法

(1)查看图名、比例。

(2)核对轴线编号及其间距尺寸是否与建筑图、基础平面图相一致。

(3)与建筑图配合,说明各柱的编号、数量及位置。

(4)通过结构设计说明或柱的施工说明,明确柱的材料及等级。

(5)根据柱的编号,查阅截面标注图或柱表,明确各柱的标高、截面尺寸以及配筋情况。

(6)根据抗震等级、设计要求和标准构造详图,确定纵向钢筋和箍筋的构造要求。

3. 读图实例

如图 10-21 中分别表示了框架柱、梁上柱的截面尺寸和配筋情况。图中 KZ1 的柱所标注的截面尺寸为 650 mm×600 mm,其中角筋 4⊈22,4 根直径为 22 mm 的 HRB400 级钢筋,柱截面上方标注的是 b 边一侧配置的中部筋 5⊈22,图左方标注的是 h 边一侧的中部筋 4⊈20,由于柱是对称配筋,所以在柱的下方和右方标注省略掉了。箍筋为 Φ10@100/200,表示箍筋为 HPB300 级钢筋,直径 10 mm,其间距加密区为 100 mm,非加密区为 200 mm。

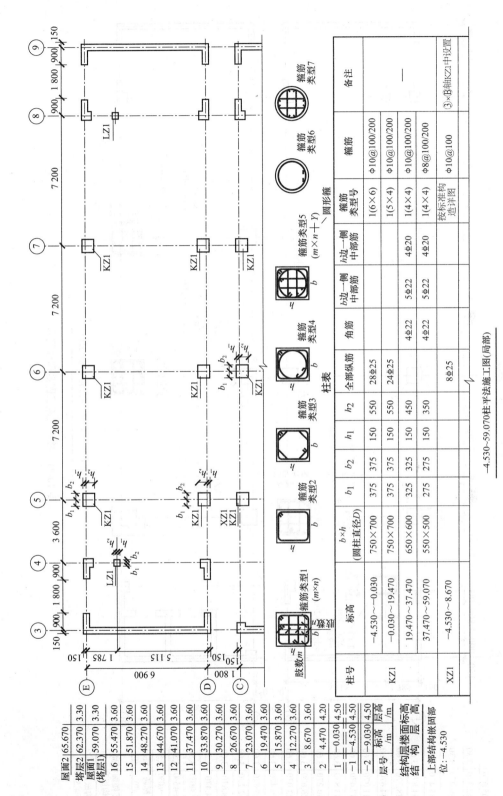

图 10-20 柱平法施工图列表注写方式示意

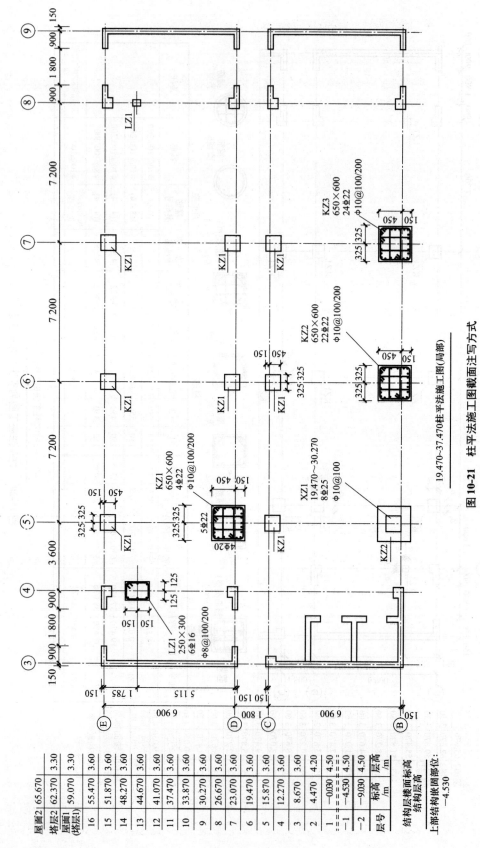

图 10-21 柱平法施工图截面注写方式

10.5.2 梁平法施工图的识读

梁平法施工图是在梁结构平面图上,采用平面注写方式或截面注写方式来表示梁的截面尺寸和钢筋配置的施工图。

1. 梁的平面表示方法

(1)平面注写法。梁平面注写方法是指在梁平面布置图上,分别在每一种编号的梁中选择一根梁,在其上注写截面尺寸和配筋具体数值,如图10-22所示。它有集中标注和原位标注法两种。集中标注注写梁的通用数值,原位标注注写梁的特殊数值。当集中标注中的某项数值不适用于梁的某部位时,则将该项数值原位标注,施工时,原位标注取值优先。

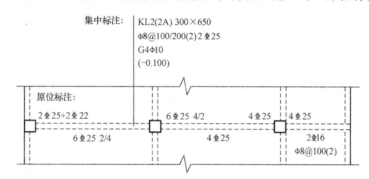

图 10-22 梁的集中标注和原位标注

1)集中标注。集中标注的内容包括五项必注值(梁的编号、截面尺寸、箍筋、上部通长筋或架立筋配置、侧面纵向构造钢筋或受扭钢筋)和一项选注值(高差值)。

①梁的编号。注写前应对所有梁进行编号,梁的编号由梁类型代号、序号、跨数及有无悬挑代号几项组成。其含义见表10-9。

表 10-9 梁编号

梁类型	代号	序号	跨数及是否带有悬挑
楼层框架梁	KL	××	(××)、(××A)或(××B)
楼层框架扁梁	KBL		
屋面框架梁	WKL		
框支梁	KZL		
托柱转换梁	TZL		
非框架梁	L		
悬挑梁	XL		
井字梁	JZL		

注:(××A)为一端有悬挑,(××B)为两端有悬挑,悬挑不计入跨数。
例如:KL7(5A)表示第7号框架梁,5跨,一端有悬挑;L9(7B)表示第9号非框架梁,7跨,两端有悬挑,但悬挑不计入跨数。

②梁的截面尺寸。如图10-23所示,如果为等截面梁时,用 $b \times h$ 表示;如果为加腋梁

时，用 $b×h$ $Yc_1×c_2$ 表示，Y 表示加腋，c_1 为腋长，c_2 为腋高，如图 10-23(a)所示；如果有悬挑梁且根部和端部的高度不同时，用斜线分隔根部与端部的高度值，即为 $b×h_1/h_2$，如图 10-23(b)所示。

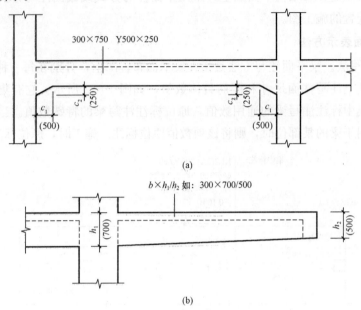

图 10-23 梁的截面尺寸注写
(a)竖向加腋截面注写示意；(b)悬挑梁不等高截面尺寸注写示意

③梁的箍筋。包括钢筋级别、直径、加密区与非加密区间距及肢数等。箍筋加密区与非加密区的不同间距及肢数应用"/"分隔，箍筋肢数应写在括号内。

例如：Φ10@100/200(4)表示箍筋为 HPB300 级钢筋，直径为 10 mm，加密区间距为 100 mm，非加密区间距为 200 mm，均为四肢箍。

Φ8@100(4)/150(2)，表示箍筋为 HPB300 级钢筋，直径为 8 mm，加密区间距为 100 mm，四肢箍；非加密区间距为 150 mm，两肢箍。

④梁上部的通长筋及架立筋根数和直径。当它们在同一排时，应用加号"+"将通长筋与架立筋相连，注写时应将角部纵筋写在加号的前面，架立筋写在加号后面的括号内，以示不同直径及与通长筋的区别。

例如：2Φ22+(4Φ12)用于六肢箍，其中 2Φ22 为通长筋，4Φ12 为架立筋。

当梁的上部纵筋和下部纵筋为全跨相同，且多数跨配筋相同时，该项可以加注下部纵筋的配筋值，用分号";"将上部与下部纵筋的配筋值分隔开。

例如：3Φ22；3Φ20 表示梁的上部配置了通长筋 3 根 HRB400 级钢筋，直径为 22 mm，下部配置了通长筋 3 根 HRB400 级钢筋，直径为 20 mm。

⑤梁侧面纵向构造钢筋或受扭钢筋配置的注写，应按以下要求进行：当梁腹板高度 $h_w≥450$ mm 时，须配置纵向构造钢筋，在配筋数量前加大写字母"G"，注写的钢筋数量为梁两个侧面的总配筋值，且为对称配置。当梁侧面配置受扭纵向钢筋时，在配筋数量前加"N"，注写的钢筋数量为梁两个侧面的总配筋值，为对称配置。

例如：G4Φ10，表示梁的两个侧面共配置了 4 根直径为 10 mm 的 HPB300 级钢筋，每侧各配置 2 根。

N6Φ22，表示梁的两个侧面共配置 6 根直径为 22 mm 的 HRB400 级钢筋，每侧各配置 3Φ22。

⑥梁顶面标高高差，是指相对于结构层楼面标高的高差值，对于位于结构夹层的梁，则指相对于结构夹层楼面标高的高差。若有高差，须将其写入括号内，无高差时则不注。当某梁的顶面高于所在结构层的楼面标高时，其标高高差为正值；反之为负值。

2）原位标注。原位标注主要标注梁支座上部纵筋（指该部位含通长筋在内的所有纵筋）及梁下部纵筋，或当梁的集中标注内容不适用于等跨梁或某悬挑部分时，则以不同数值标注在其附近。

①梁支座上部的纵筋，该部位含通长筋在内的所有纵筋，注写在梁上方，且靠近支座。

当多于一排时，用斜线"/"将各排纵筋自上而下分开，例如：6Φ25 4/2 表示上部纵筋为 4Φ25，下部纵筋为 2Φ25。

当同排钢筋有两种直径时，用加号"＋"将两种直径的纵筋相连，注写时将角部纵筋写在前面。例如，梁支座上部有四根纵筋，2Φ25 放在角部，2Φ22 放在中部，在支座上部应注写 2Φ25＋2Φ22。

当梁中间支座两边的上部纵筋不同时，须在支座两边分别标注，当梁中间支座两边的上部纵筋相同时，可仅在支座一边标注配筋值，另一边省略不注。

②梁下部纵筋。当下部纵筋多于一排时，用斜线"/"将各排纵筋自上而下分开；例如：6Φ25 2/4 表示上部纵筋为 2Φ25，下部纵筋为 4Φ25。当同排钢筋有两种直径时，用加号"＋"将两种直径的纵筋相连，注写时将角部纵筋写在前面。当梁的下部纵筋不全部伸入支座时，将梁支座下部纵筋减少的数量写在括号内。如梁下部纵筋注写为 2Φ25＋3Φ22(－3)/5Φ25，表示上排纵筋为 2Φ25 和 3Φ22，其中 3Φ22 不伸入支座，下一排纵筋为 5Φ25，全部伸入支座。

③对于梁中的附加箍筋或吊筋，应将其画在平面图中的主梁上，用引线注写总配筋值，附加箍筋的肢数注在括号内。当多数附加箍筋或吊筋相同时，可以在梁平法施工图上统一注明，少数与统一注明值不同时，再原位引注。原位引注时，需注意以下几点：

a. 当梁中间支座两边的上部纵筋相同时，可仅在支座的一侧标注，另一边省略不注；否则，须在两侧分别标注。

b. 附加箍筋和吊筋直接画在平面图的主梁支座处，与主梁的方向一致，用引线引注总配筋数值（附加箍筋的肢数注在括号内）（图 10-24）。当多数附加箍筋或吊筋相同时，可在梁平法施工图上统一注明，少数不同的，再原位引注。施工时，附加箍筋或吊筋的几何尺寸采用标准构造详图。

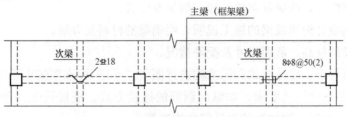

图 10-24 附加箍筋和吊筋的画法示例

(2)截面注写方式。截面注写方式是在分层绘制的梁平面布置图上,分别在不同编号的梁中各选择一根梁,用单边截面号画在该梁上,再引出配筋图,并在其上注写截面尺寸和配筋具体数值的方式。具体来讲,就是对梁按规定进行编号,相同编号的梁中,选择一根梁,先将单边剖切符号画在梁上,再画出截面配筋详图,在配筋详图上直接标注截面尺寸,并采用引出线方式标注上部钢筋、下部钢筋、侧面钢筋和箍筋的具体数值。当某梁的顶面标高与结构层的楼面标高不同时,应在梁编号后注写梁顶面标高高差,如图10-25所示。

截面注写方式可以单独使用,也可与平面注写方式结合使用。

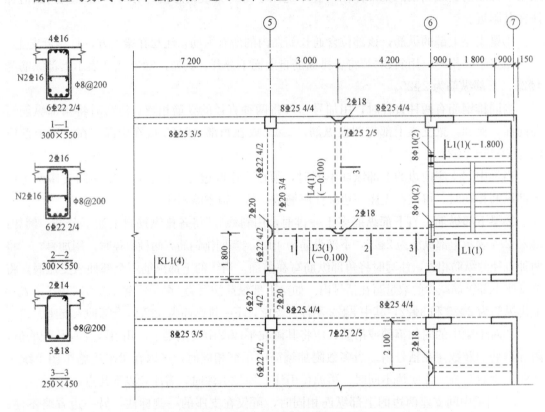

图 10-25　梁平法施工图截面注写方式

2. 梁平法施工图识读方法

(1)查看图名、比例。

(2)核对轴线编号及其间距尺寸是否与建筑图、基础平面图、柱平面图相一致。

(3)与建筑图配合,明确各梁的编号、数量及位置。

(4)通过结构设计说明或梁的施工说明,明确梁的材料及等级。

(5)明确各梁的标高、截面尺寸及配筋情况。

(6)根据抗震等级、设计要求和标准构造详图(在"平法"标准图集中后半部分),确定纵向钢筋、箍筋和吊筋的构造要求,如纵向钢筋的连接方式、搭接长度、弯折要求、锚固要求,箍筋加密区的范围,附加箍筋和吊筋的构造等。

3. 读图实例

以图 10-25 为例，该梁编号为 L3(1)，表示该梁为 3 号非框架梁，共有 1 跨，截面高为 550 mm，宽为 300 mm。配筋情况如下：

上部钢筋：2Φ16 为上部通长钢筋角筋。⑤、⑥轴支座 1 截面纵筋为单排 4Φ16（其中 2Φ16 在外侧为通长筋）；跨中截面上部纵筋为通长筋 2Φ16。

下部钢筋：⑤、⑥轴支座间梁下部纵筋为双排 6Φ22 2/4（下排 4Φ22，上排 2Φ22）。

梁的侧面配置 N2Φ16 纵向构造钢筋，HRB400 级钢筋，直径为 16 mm，每侧 1 根共配置 2 根。

箍筋：采用 Φ8@200 钢筋，HPB300 级钢筋，直径为 8 mm，间距为 200 mm。

梁顶面标高低于同层楼板面－0.100 m。细部构造查阅标准图集。

本章小结

本章主要介绍了结构施工图中各类施工图的制图有关规定、图示内容、图示方法及读图方法，并通过例图学会识读小型的工程图纸，了解工程结构信息，最后，介绍了钢筋混凝土梁、柱平法施工图的制图规则，平法施工图是目前施工中普遍使用的表达方式，使用时注意和标准图集相结合。由于学生初学专业知识欠缺，所以不能完全掌握透彻，有待在今后的相关专业课程学习中进一步强化。

第 11 章 道路路线工程图

知识目标
- 了解道路路线工程图组成。
- 掌握公路路线工程图组成及图示内容。
- 掌握城市道路工程图组成及图示内容。
- 了解公路路面结构及组成材料。

能力目标
- 能熟练识读公路路线工程图。
- 能熟练识读城市道路工程图。

新课导入
- 通过本章学习,能够了解道路路线工程图组成,掌握公路路线工程图的图示内容及识图方法,了解公路路面结构组成,能够根据资料表熟练识读公路路线纵断面图。

11.1 公路路线工程图

道路是一种供车辆行驶和行人步行的带状结构物,其基本组成包括路基、路面、桥梁、涵洞隧道、防护工程和排水设施等。道路视所处地理位置的不同又有不同的名称。处于城市内的道路称为城市道路,处于城市以外的道路称为公路。道路穿入山岭或地下的构筑物称为隧道,道路跨越江河、峡谷等障碍的构筑物称为桥梁,而埋在路基内横穿路基用以宣泄小量水流的构筑物(单孔跨径小于 5 m、多孔跨径总和小于 8 m)称为涵洞。本章重点介绍道路工程图。

道路工程具有组成复杂、长宽高三向尺寸相差大、形状受地形影响大和涉及学科广的特点,道路工程图的图示方法与一般工程图不同,它是以地形图作为平面图、以纵向展开断面图为立面图、以横断面作为侧面图,并且大都各自画在单独的图纸上。道路路线设计的最后结果是以平面图、纵断面图和横断面图来表达,利用这三种工程图,来表达道路的空间位置、线型和尺寸。本章介绍道路工程的图示方法,画法特点及表达内容。绘制道路工程图时,应遵守《道路工程制图标准》(GB 50162)中的有关规定。

道路的位置和形状与所在地区的地形、地貌、地物以及地质有很密切的关系。公路是建筑在地面上的一个有曲有直、有起有伏的带状工程构筑物。道路路线有竖向高度变化(上坡、下坡、竖曲线)和平面弯曲(左向、右向、平曲线)变化,所以,实质上从整体来看道路路线是一条空间曲线,道路路线就是指这条中心线。道路路线工程图的图示方法与一般的工程图样不完全相同,公路工程图由表达线路整体状况的路线工程图和表达各工程实体构造的桥梁、隧道、涵洞等工程图组合而成。路线工程图主要是用路线平面图、路线纵断面图和路线横断面图来表达的,如图11-1所示。

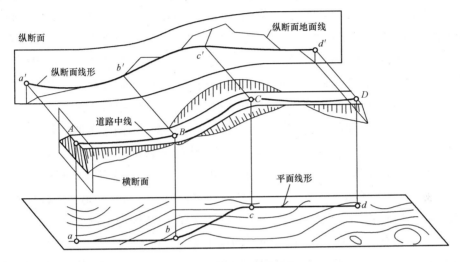

图 11-1 路线工程图示意

11.1.1 路线平面图

路线平面图是表达路线水平状况(路线走向、曲直形态)以及在线路两侧一定范围内的地形、地物情况。将路线画在地形图上,地形用等高线来表示,地物用图例来表示。由于路线平面图通常采用的比例比较小,所以当所设计的路线宽度按实际尺寸无法画出时,可以在地形图上沿设计路线中心线画一条加粗粗实线[(1.4~2.0)b]来表示设计路线的水平状况,而与设计路线进行方案比较的比较线则用加粗粗虚线来表示。

11.1.1.1 路线平面图的图示特点

路线平面图是利用标高投影法所绘制而成的,在带状地形图上,用加粗粗实线画出路线中心线(以此表示路线的水平状况及长度里程,但不表示路线的宽度)及沿路线周围的区域和地形图。

11.1.1.2 路线平面图的图示内容

如图11-2所示,路线平面图包括下述两部分。

1. 地形部分

路线平面图中的地形部分是路线布线设计的客观依据。它必须反映下述几点内容:

(1)比例。为使路线平面图较清晰地表达路线及地形、地物状况,通常根据地形起伏变化程度的不同,采用不同的比例。在山岭地区采用1∶2 000;在丘陵和平原地区采用1∶

5 000 或 1∶10 000，在城镇区为 1∶500 或 1∶1 000。

(2) 指北针或坐标网。路线平面图上应画出指北标志或坐标网，两者任选其一即可。以此来指出公路所在地区的方位和走向，也为拼接图纸时提供核对依据。

指北标志的圆周要用细实线绘制，其直径为 24 mm，指针尾端的宽度为 3 mm，指针尖端要指向正北方向。若需绘制较大直径的指北标志时，其指针尾端宽度应为直径的 1/8。在指针的尖端处应注写"北"字，字头应朝向指针指示的方向。

若不画指北标针时，则必须画出坐标网。坐标网要用沿东西及南北方向的间距相等的两组平行细实线画成互相垂直的方格网，也可只画方格网节点处的十字线，并在靠近节点处平行网线标注纵横坐标数值，数值单位是 m（若在图中需标注某些工程点的坐标数值时应精确到小数点后三位），在坐标数值前还应分别标注南北方向和东西方向的坐标轴线代号"X"和"Y"。若只有坐标数值而无坐标轴线代号时，图上还应绘制指北标志。

(3) 地形。平面图中地形起伏情况主要是用等高线表示，本图中每两根等高线之间的高差为 1 m，并标有相应的高程数字。根据图中等高线的疏密可以看出，该地区东北部地势较高，东北有一山峰，高约为 590 m。一条河流由北向南流过，沿河流两侧有河堤。

(4) 地貌地物。在平面图中地形面上的地貌地物如河流、房屋、道路、桥梁、植被等，都是按规定图例绘制的。常见道路工程地形图图例和常用结构物图例见表 11-1。对照图例可知，该地区中部有一条河自北向南流过。河东中部有一村庄。

(5) 水准点。沿路线附近每隔一段距离，就在图中标有水准点的位置，用于路线的高程测量。如 $\bigotimes \dfrac{BM_2}{581.024}$，表示路线的第 2 个水准点，该点高程为 581.024 m。

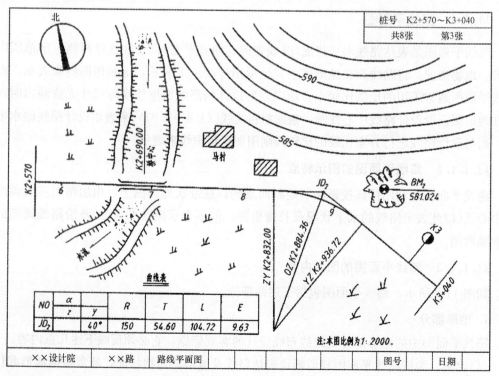

图 11-2 路线平面图

2. 路线部分

路线用加粗粗实线沿路线中心线画出。该部分主要表示路线的水平曲直走向状况、里程及平曲线要素等内容。

(1)设计路线及路线的走向。用加粗实线表示路线，由于道路的宽度相对于长度来说尺寸小得多，公路的宽度只有在较大比例的平面图中才能画清楚，因此通常是沿道路中心线画出一条加粗的实线(2b)来表示新设计的路线。

(2)里程桩号为表示路线总长度及各路段的长度，在路线上从路线起点到终点沿前进方向的左侧每隔 1 km 以"◐"符号垂直路线设一公里桩，在符号的上边注写公里数值，如 K3 即 3 km。公里数值朝向公里符号的法线方向。沿前进方向的右侧在公里桩中间，每隔 100 m 以垂直路线的细短线设百米桩。也可在路线的同一侧，用垂直路线的细短线表示公里桩和百米桩。百米数字注写在细短线的端部且字头朝向上方。

(3)平曲线。道路路线在平面上是由直线段和曲线段组成的，在路线的转折处应设平曲线。最常见的较简单的平曲线为圆弧，其基本的几何要素如图 11-3 所示。JD 为交角点，是路线的两直线段的理论交点；α 为转折角，是路线前进时向左(α_Z)或向右(α_Y)偏转的角度；R 为圆曲线半径，是连接圆弧的半径长度；T 为切线长，是切点与交角点之间的长度；E 为外距，是曲线中点到交角点的距离；L 为曲线长，是圆曲线两切点之间的弧长。

在路线平面图中，转折处应注写交角点代号并依次编号，如 JD2 表示第 2 个交角点。还要注出曲线段的起点 ZY(直圆)、中点 QZ(曲中)、终点 YZ(圆直)的位置。为了将路线上各段平曲线的几何要素值表示清楚，一般还应在图中的适当位置列出平曲线要素表。如果设置缓和曲线，则将缓和曲线与前、后段直线的切点，分别标记为 ZH(直缓点)和 HZ(缓直点)；将圆曲线与前、后段缓和曲线的切点，分别标记为：HY(缓圆点)和 YH(圆缓点)；

在每张路线平面图的适当位置，还需列出曲线表，如图 11-2 所示。通过读图 11-2 可以知道，新设计的这段公路是从 K2+570 处开始，由西北方向处引来，然后通过一条河流上的钢桥，从一个村庄南面经过，在交角点 JD2 处向右转折，$\alpha_Y = 40°$，圆曲线半径 $R = 150$ m，公路从山的南坡沿山脚向东南方向延伸到 K3+40 处。

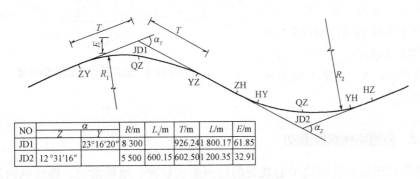

NO	α_Z	α_Y	R/m	L_s/m	T/m	L/m	E/m
JD1		23°16′20″	8 300		926.24	1 800.17	61.85
JD2	12°31′16″		5 500	600.15	602.50	1 200.35	32.91

图 11-3 平曲线几何要素

表 11-1 路线平面图中常用图例

名称	符号	名称	符号	名称	符号
房屋		涵洞		水田	
大车路		桥梁		草地	
小路		渡口		经济林	
堤坝		旱田		疏林	
河流		沙滩		人工开挖	
铁路		菜地		高压电力线 低压电力线	

11.1.1.3 画路线平面图应注意的事项

(1)先画地形图。等高线按先粗后细的顺序徒手画出，线条应顺畅。计曲线线宽宜用 $0.5b$，细等高线线宽为 $0.25b$。

(2)后画路线中心线，路线中心线用圆规和直尺按先曲后直的顺序自左至右绘制，桩号为左小右大。《道路工程制图标准》(GB 50162)中规定，以加粗粗实线绘制路线设计线，其线宽为$(1.4\sim2.0)b$。以加粗虚线绘制路线比较线。

(3)平面图的植物图例，应朝上或向北绘制；每张图纸的右上角应有角标，注明图纸序号及总张数。

(4)路线的分段应在直路段上整数百米桩处分段。每张图纸上只允许画一段路段的平面图，并在该路段两端用细实线画出垂直于路线的接图线。

(5)平面图的拼接。由于道路很长，不可能将整个路线平面图画在同一张图纸内，通常需分段绘制在若干张图纸上，使用时再将各张图纸拼接起来。每张图纸的右上角应画有角标，角标内应注明该张图纸的序号和总张数。平面图中路线的分段宜在整数里程桩处断开，断开的两端均应画出垂直于路线的细点画线作为接图线。相邻图纸拼接时，路线中心对齐，接图线重合，并以正北方向为准，如图 11-4 所示。

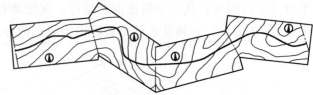

图 11-4 道路路线平面图的拼接

11.1.2 公路路线纵断面图

路线纵断面图是表达路线中心线处的地面起伏状况、地质情况、路线纵向设计坡度、竖曲线以及沿线桥涵等构筑物概况的工程图。

图 11-5 所示是用假想的铅垂面沿着路线的中心线进行剖切，并将该剖切面及其与路

面、地面的交线展成一平面,即形成路线纵断面展开图,该展开图仅是路线纵断面图的雏形。为了便于施工,需对展开图进行修正,修正方法是:首先将展开图中的路面设计线在水平横轴上的投影长度改换成路线的里程长度,而纵向标高不变;然后按修正后的数据,采用纵向比例比横向比例放大10倍的方式绘制出纵断面图,即为实际的路线纵断面图。

图 11-5 路线纵断面剖切示意

11.1.2.1 路线纵断面图的图示特点

水平横向表示里程,铅垂纵向表示标高,且纵向比例比横向比例放大10倍,清晰地显示出地面线和设计线的纵向起伏变化情况。

11.1.2.2 路线纵断面图的基本内容

如图 11-6 所示,路线纵断面图的内容包括下述两部分。

1. 图样部分

(1)比例。纵断面图的水平横向长度表示路线的里程,铅垂纵向高度表示地面线及设计线的标高。在同一张路线纵断面图中纵横方向采用不同的两种比例。纵向比例应比横向比例放大10倍。这样画出的地面线和设计线虽然不符合实际,但它能清楚地显示地面线的起伏和设计线纵向坡度的变化。一般在山岭地区横向采用1∶2 000、纵向采用1∶200;在丘陵和平原地区横向采用1∶5 000、纵向采用1∶500,纵横比例标注在图样部分左侧的竖向标尺处。

(2)地面线。图中用细实线画出的折线是地面线。它是设计的路线中心线处原地面上一系列中心桩的连线。具体画法是将水准测量测得的各桩高程,按纵向1∶500的比例将各点绘制在相应的里程桩上,然后依次把各点用细实线连接起来,即为地面线。

(3)设计线是根据地形起伏和公路等级,按相应的工程技术标准而确定的,设计线上各点的标高,通常是指路基边缘的设计高程。图中直线与曲线相间的粗实线画出。比较设计线与地面线的相对位置,可决定填挖高度。

(4)竖曲线设计线是由直线和竖曲线组成的,在设计线的纵向坡度变更处(变坡点),为了便于车辆行驶,按技术标准的规定应设置圆弧竖曲线。竖曲线分为凸形和凹形两种,在图 11-6 中分别用"⌐⌐"和"⌐⌐"的符号表示。符号中部的竖线应对准变坡点,竖线左侧标注变坡点的里程桩号,竖线右侧标注竖曲线中点的高程。两端竖细线长3 mm,并对准竖曲线的起点和终点桩号;中间竖细线长20 mm,且对准变坡点的桩号。竖曲线要素(半径R、

切线长 T、外距 E)的数值标注在水平线上方。例如,在本图中的变坡点处桩号为 K3+400,竖曲线中点的高程为 66.50 m,设有凸形竖曲线(R=7 400 m,T=100 m,E=0.68 m);在变坡点 K4+120 处设有凹形竖曲线(R=4 800 m,T=100 m,E=1.04 m)。

(5)工程构筑物。当路线上有桥涵时,应在地面线上边和设计线下边,并对正桥涵的中心桩号,用符号"⊓"和"○"分别表示桥梁和涵洞。同时,应在设计线上方或下方的空白处对准桥涵的中心位置,用细实线画竖直引出线和水平标注线。在引出线的左侧标注桥涵的中心桩号,在水平线的上方标注桥涵的规格及名称。

(6)水准点。沿线设置的水准点,都应按其所在位置,在设计线上方或下方的适当位置用细竖直引出线进行标注。在竖线左侧标注水准点的桩号,在水平线的上方标注水准点的编号和高程,在水平线的下方标注水准点与路线的相对位置关系。如水准点 BM3 设置在里程 K2+820 处的左侧距离为 20 m 的岩石上,高程为 86.316 m。

2. 资料表部分

路线纵断面图的测设数据表与图样上下对齐布置,以便阅读。这种表示方法,较好地反映出纵向设计在各桩号处的高程、填挖方量、地质条件和坡度以及平曲线与竖曲线的配合关系。资料表的内容可根据不同设计阶段和不同道路等级的要求而增减,通常包括下述八栏内容:

(1)地质概况。根据实测资料,在图中注出沿线各段的地质情况。

(2)坡度距离。坡度距离是指设计线的纵向坡度及其长度。该栏中每一分格表示一种坡度,对角线表示坡向,先低后高为上坡,反之为下坡。对角线上边的数值为坡度数值,正值为上坡,负值为下坡;对角线下边的数值为该坡路段的长度(即距离),单位是 m。若为平坡时,应在该分格中间画一条水平线,线上标注的坡度数值为 0,线下标注该平坡路段的长度。该栏中各分格竖线应与各变坡点的桩号对齐。如图 11-6 中第一格的标注"-5.8\300",表示此段路线是下坡,坡度为 5.8%,路线长度为 300 m。

(3)标高。表中有设计标高和地面标高两栏,它们应和图样互相对应,分别表示设计线和地面线上各点(桩号)的高程。

(4)填挖高度。设计线在地面线下方时需要挖土,设计线在地面线上方时需要填土,挖或填的高度值应是各点(桩号)对应的设计标高与地面标高之差的绝对值。

(5)里程桩号。沿线各点的桩号是按测量的里程数值填入的,单位为 m,桩号从左向右排列。在平曲线起点、中点、终点和桥涵中心点等处可设置加桩。

(6)平曲线。为了表示该路段的平面线型,通常在表中画出平曲线的示意图。直线段用水平线表示,道路左转弯用凹折线表示,右转弯用凸折线表示,有时还需注出平曲线各要素的值。⌐ JD7 α=43°00′ R=195 ⌐ 如图 11-6 中的平曲线栏表示第 7 号交角点沿路线前进方向左转弯,转角为 43°,曲线半径为 195 m。

(7)超高。为了减小汽车在弯道上行驶时的横向作用力,道路在平曲线处需设计成外侧高内侧低的形式,道路边缘与设计线的高程差称为超高,如图 11-7 所示。

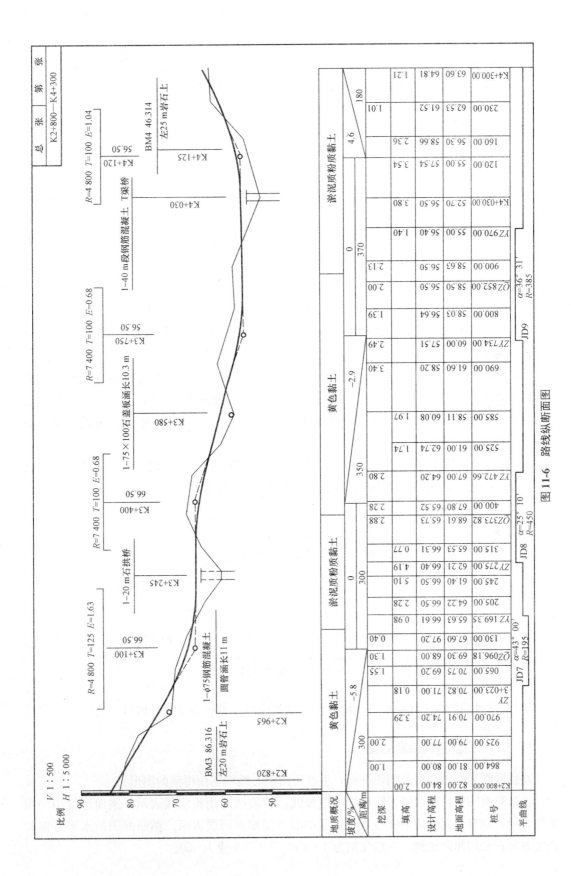

图 11-6 路线纵断面图

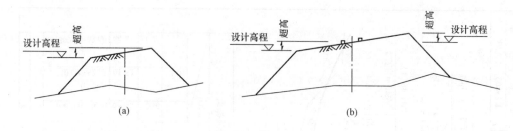

图 11-7 道路超高

(a)一般道路；(b)高速公路

(8)纵断面图的标题栏绘制在最后一张图或每张图的右下角，注明路线名称，纵、横比例等。每张图纸右上角应有角标，注明图纸序号及总张数。

11.1.2.3 画路线纵断面图应注意的事项

(1)坐标和比例：左侧纵坐标表示标高尺，横坐标表示里程桩。里程桩号从左向右按桩号大小排列。纵断面图的比例，竖向比例比横向比例扩大 10 倍，如竖向比例为 1：10，则横向比例为 1：100，纵横比例一般在第一张图的注释中说明。

(2)地面线和设计线：地面线是剖切面与原地面的交线，点绘时将各里程桩处的地面高程点到图样坐标中，用细折线连接各点即为地面线，地面线用细实线。设计线是剖切面与设计道路的交线，绘制时将各里程桩处的设计高程点到图样坐标中，用粗实线拉坡即为设计线。

(3)变坡点：当路线坡度发生变化时，变坡点应用直径为 2 mm 的中粗线圆圈表示；切线应用细虚线表示，竖曲线应用粗实线表示，如图 11-8 所示。

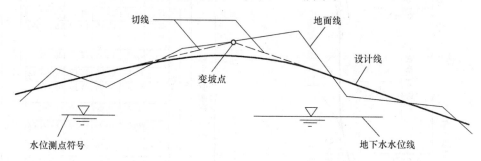

图 11-8 道路设计线

(4)在每张图的右上角应绘有角标，注明图纸序号、总张数及起止桩号。

11.1.3 公路路线横断面图

路线横断面是用假想的剖切平面，垂直于路中心线剖切而得到的图形。

在横断面图中，路面线、路肩线、边坡线、护坡线均用粗实线表示，路面厚度用中粗实线表示，原有地面线用细实线表示，路中心线用细点画线表示。横断面图的水平方向和高度方向宜采用相同比例，一般比例为 1：200、1：100 或 1：50。

1. 路基横断面图

路基横断面图是在垂直于道路中线的方向上作的断面图。路基横断面图的作用是表达各中心桩处地面横向起伏状况以及设计路基的形状和尺寸。它主要为路基施工提供资料数据和计算路基土石方提供面积资料。

路基横断面图的基本形式。路基横断面图的基本形式有以下三种：

(1)填方路基。如图 11-9(a)所示，整个路基全为填土区称为路堤。填土高度等于设计标高减去路面标高。填方边坡一般为 1∶1.5。在图下注有该断面的里程桩号、中心线处的填方高度 h_T(m) 以及该断面的填方面积 A_T(m^2)。

(2)挖方路基。如图 11-9(b)所示，整个路基全为挖土区称为路堑。挖土深度等于地面标高减去设计标高，挖方边坡一般为 1∶1。图下注有该断面的里程桩号、中心线处挖方高度 h_w(m) 以及该断面的挖方面积 A_w(m^2)。

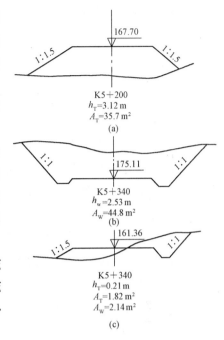

图 11-9 路基横断面的三种形式

(3)半填半挖路基。如图 11-9(c)所示，路基断面一部分为填土区，另一部分为挖土区，是前两种路基的综合，在图下仍注有该断面的里程桩号、中心线处的填(或挖)高度 h_T 以及该断面的填方面积 A_T 和挖方面积 A_w。

2. 画路基横断面图应注意的事项(图 11-10)

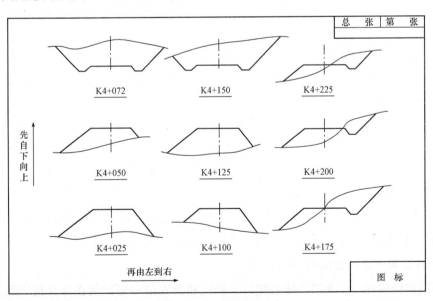

图 11-10 路基横断面图

(1)地面线应用细实线表示，设计线应用粗实线表示，路中心线应用细点画线表示。

(2)路基横断面图的纵横方向采用同一比例。一般用 1∶200，也可用 1∶100 和 1∶50。

· 207 ·

按横断面的桩号顺序自下而上从左至右依次画出。地面线画细实线,设计线画粗实线。

(3)在每张图纸的右上角绘制角标,在最后一张图纸的右下角绘制图标。

11.2 公路路面结构图

路面是用硬质材料铺筑在路基顶面的层状结构。路基是按照路线位置和一定技术要求修筑的作为路面基础的带状构造物。路面根据其使用的材料和性能不同,可分为柔性路面和刚性路面两类。柔性路面如沥青混凝土路面、沥青碎石路面、沥青表面处治路面等;刚性路面如水泥混凝土路面。

1. 公路路面结构图

路面横向主要由中央分隔带、行车道、路肩、路拱等组成。路面纵向结构层由面层、基层、垫层、联结层等组成,如图11-11所示。

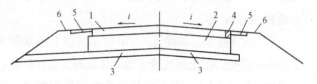

图11-11 路面结构层次划分示意

i—路拱横坡度;1—面层;2—基层(有时包括底基层);
3—垫层;4—路缘石;5—加固路肩(硬路肩);6—土路肩

(1)面层。面层的作用:面层是直接同行车和大气接触的表面层次,它承受较大的行车荷载的垂直力、水平力和冲击力的作用,同时,还受到降水的侵蚀和气温变化的影响。基本要求:应该具有较高的强度,耐磨性,不透水,温度稳定性,好的平整度和粗糙程度,抗滑性,耐久性。常用材料有水泥混凝土、沥青混凝土、沥青碎(砾)石混合料、砂砾或碎石掺土或不掺土的混合料以及块料等。

(2)基层。基层的作用:主要承受由面层传来的车辆荷载的垂直力,并扩散到下面的垫层和土基层去。基本要求:基层是路面结构中的承重层,它应具有足够的强度和刚度,并具有良好的扩散应力的能力。常用材料有稳定类、粒料类。

(3)垫层。垫层的作用:一方面改善土基的湿度和温度状况,另一方面的功能是将基层传递的车辆荷载应力进一步加以扩散,以减小土基产生的应力和变形。同时,也能阻止路基土挤入基层中,影响基层结构的性能。基本要求:水稳定性好,隔热性,吸水性好。常用材料有颗粒材料、结合稳定料。

(4)联结层。联结层的作用:在面层与基层之间,起着加强面层与基层的共同作用,减少基层的放射裂缝。常用材料有沥青贯入式和沥青碎石及沥青透层、粘层。

2. 沥青混凝土路面结构图(图11-12)

用不同粒级的碎石、天然砂或破碎砂、矿粉和沥青按一定比例在拌合机中热拌所得的混合料称为沥青混凝土混合料。这种混合料的矿料部分具有严格的级配要求,这种混合料压实后所得的材料具有规定的强度和孔隙率时,称作沥青混凝土。按粒径大小可分为细粒式沥青混凝土、中粒式沥青混凝土、粗粒式沥青混凝土。

(1)路面横断面图表示行车道、路肩、中央分隔带的尺寸,路拱的坡度等。

(2)路面结构图用示意图的方式画出并附图例表示路面结构中的各种材料,各层厚度用尺寸数字表示。如图 11-13 所示行车道:双幅双车道 2×750 cm,中央分隔带:200 cm,路肩:硬路肩 175 cm,土路肩 50 cm,边坡率:1∶1.5,路基宽:2 150 cm,路面横坡:2%。图 11-13 中沥青混凝土的厚度为 5 cm,沥青碎石的厚度为 7 cm,石灰稳定碎石土的厚度为 20 cm。行车道路面底基层与路肩的分界处,其宽度超出基层 25 cm 之后以 1∶1 的坡度向下延伸。硬路肩的面层、基层和底基层的厚度分别为 5 cm、15 cm、20 cm,硬路肩与土路肩的分界处,基层的宽度超出面层 10 cm 之后以 1∶1 的坡度延伸至底基层的底部。

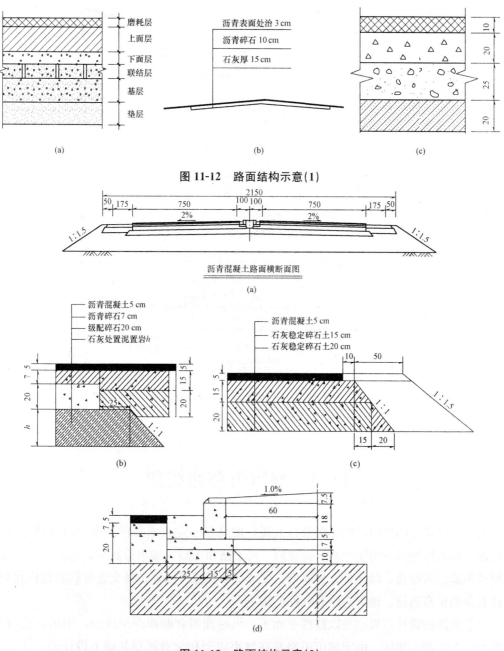

图 11-12 路面结构示意(1)

图 11-13 路面结构示意(2)

(a)沥青混凝土路面横断面图;(b)行车道结构层;(c)路肩部分结构图;(d)中央分隔带结构图

3. 水泥混凝土路面结构图

用不同粒级的碎石、天然砂或破碎砂、矿粉和水泥按一定比例在拌合机中搅拌所得的混合料称为水泥混凝土。其强度高、稳定性好、耐久性好，有利于夜间行车。但是也有以下缺点：对水泥和水的需要量大、有接缝、开放交通较迟、修复困难。

如图 11-14 所示，当采用路面结构图 A 时，图中标注尺寸为 30 cm，则表示路面基层的顶面靠近硬路肩处比路面宽出 30 cm，并以 1∶1 的坡度向下分布。标注尺寸为 10 cm，则表示硬路肩面层下的基层比顶面面层宽出 10 cm。中央分隔带和路缘石的尺寸、构件位置、材料等用图示表示出来，以便按图施工。

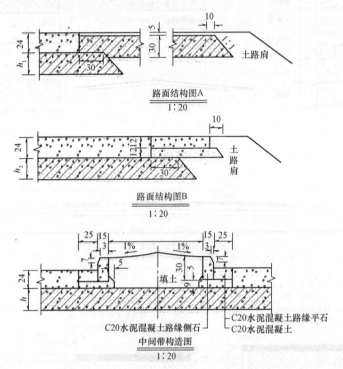

图 11-14　水泥混凝土路面结构图

11.3　城市道路路线图

凡位于城市范围以内，供车辆及行人通行的具备一定技术条件和设施的道路，称为城市道路。城市道路可分为主干路、快速路、次干路和支路。城市道路主要包括：机动车道、非机动车道、人行道、绿化带、分隔带、交叉口和交通广场等。在交通发达的现代化城市，还建有高架桥高速路、地下道路等各种设施。

城市道路的设计结果也是以路线平面图、纵断面图和断面图组成的，图示方法与公路路线图示方法基本相同。由于城市道路是在城市规划和交通规划基础上设计的，所以，城市道路的平面图和断面图也是比较复杂，而城市道路比较平缓，所以纵断面图与公路相比却相对简单，变坡也相对较少。

11.3.1 横断面图

道路的横断面图在直线段是垂直于道路中心线方向的断面图，而在平曲线上则是法线方向的断面图。道路的横断面是由车行道、人行道、绿化带和分车带等几部分组成的。

1. 横断面的基本形式

根据机动车道和非机动车道不同的布置形式，城市道路横断面的布置有以下四种基本形式图，如图 11-15 所示。

(1)"一块板"断面：如图 11-15(a)所示。
(2)"两块板"断面：如图 11-15(b)所示。
(3)"三块板"断面：如图 11-15(c)所示。
(4)"四块板"断面：如图 11-15(d)所示。

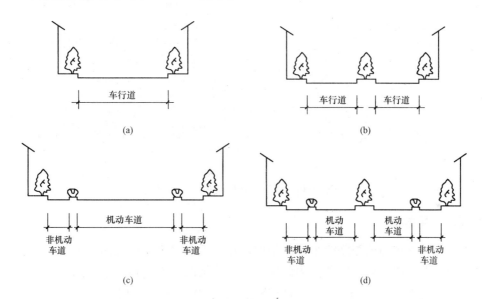

图 11-15 城市道路横断面布置的基本形式
(a)一块板断面；(b)二块板断面；(c)三块板断面；(d)四块板断面

2. 横断面图的内容

横断面设计的最后成果用标准横断面设计图表示。图中要表示出横断面各组成部分及其相互关系。图 11-16 所示为某路近期设计横断面图。常采用 1∶100 或 1∶200 的绘图比例。图 11-16 表示了该路段采用了"四块板"断面形式，使机动车与非机动车分道单向行驶。两侧为人行道和非机动车道，中间有隔离带。图中还表示了各组成部分的宽度以及结构设计要求。除了需绘制近期设计横断面图之外，对分期修建的道路还要画出远期规划设计横断面图。

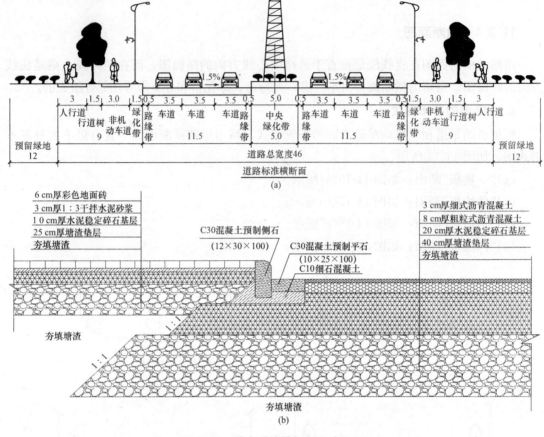

图 11-16 城市道路横断面设计图(1)

11.3.2 平面图

城市道路平面图与公路路线平面图相似,它是用来表示城市道路的方向、平面线型和车行道布置以及沿路两侧一定范围内的地形和地物情况。不过相对于公路,其长度较短而宽度较宽,在绘图比例尺选择上一般比公路大。在作技术设计时,可采用1∶500～1∶1 000的比例尺绘制。绘图范围视道路等级而定,等级高的范围应大一些,等级低的可小一些。通常在道路两侧红线以外20～50 m,或中线两侧各50～150 m范围,如图11-17所示。

该图所示为某大桥引道所在地的一段城市道路平面图,它主要表示了该路段的平面设计情况。其内容可以分为道路和地形、地物两部分。

1. 道路情况

(1)道路中心线用实线表示。为了表示道路的长度,在道路中心线上标有里程。图中可以看出,该道路的起点K120+500,终点在K121+200处。

(2)道路走向本图是用画出指北针确定的。图中可以看出,该段道路的走向随里程增加为从西向东北方向。

(3)本图采用比例尺为1∶2 000,道路由行车道和人行道组成。

(4)图中还画出了用地线的位置,表示施工后的道路占地范围。为了控制道路标高,图中还标出了水准点的位置。

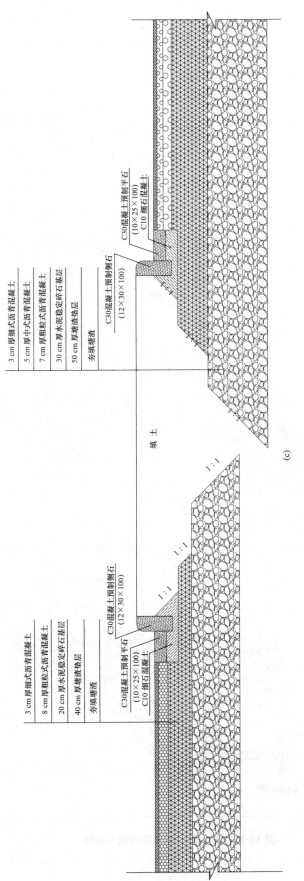

图 11-16 城市道路横断面设计图（2）
(a) 道路标准横断面图；(b) 人行道及非机动车道横截面大图；
(c) 非机动车道、绿化带、机带车道横截面图

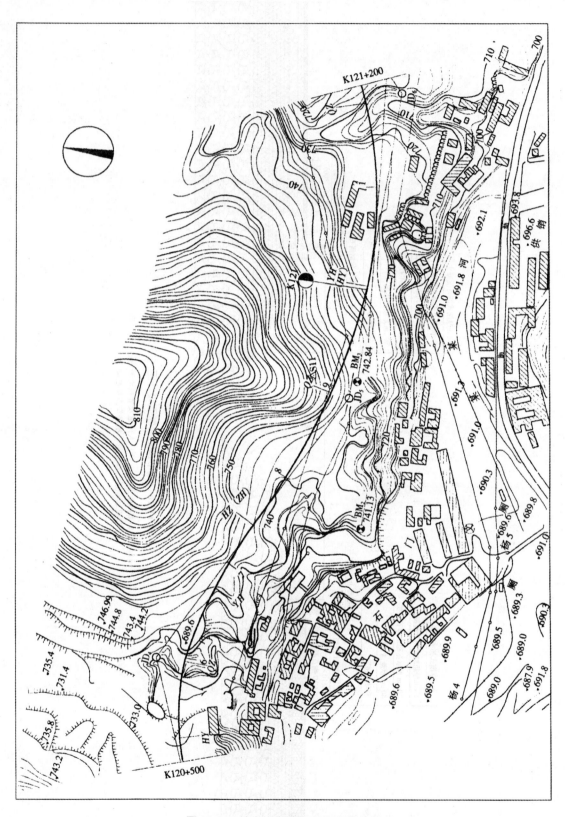

图 11-17 某大桥引道城市道路平面图

2. 地形和地物情况

(1)城市道路所在地势一般比较平坦。地形除用等高线表示外,还用大量的地形点表示高程。

(2)该地区的地物和地貌情况可以由平面图例查知。

11.3.3 纵断面图

城市道路纵断面图也是沿道路中心线的展开断面图。其作用与公路路线纵断面图相同,其内容也是由图样和资料表两部分组成,如图11-18所示。

1. 图样部分

城市道路纵断面图的图样部分完全与公路路线纵断面图的图示方法相同。如绘图比例竖直方向较水平方向放大十倍表示、设计线路面线表示法、竖曲线表示法以及工程构筑物。

2. 资料表部分

城市道路纵断面图的资料表部分与公路路线纵断面图基本相同,与图样部分上下要对应,而且还需标注有关的设计内容,如设计高程、地面高程、坡度长度等。

需要注意的是,城市道路除作出道路中心线的纵断面图外,当纵向排水有困难时,还需作出街沟纵断面图。对于排水系统的设计,可在纵断面图中表示,也可单独设计绘图。

11.3.4 道路交叉口

当道路与道路相交时所形成的共同空间部分称为交叉口。根据通过交叉口的道路所处的空间位置可分为平面交叉和立体交叉两大类。

1. 平面交叉口

平面交叉口常见的形式有十字形、X形、T形、Y形、错位交叉和复合交叉等。图11-19所示为X形交叉口。

2. 立体交叉口

当平面交叉口仅用交通控制手段无法解决交通要求时,常采用立体交叉口来提高交叉口的通过能力和车速。

立体交叉主要有下穿式和上跨式两种基本类型。在结构形式上又可分为分离式和互通式两种。互通式常见的类型有三路相交喇叭形、四路相交两层苜蓿叶形、四路相交三层苜蓿叶形、四路相交四层环形。图11-19所示为四路相交四层环形。

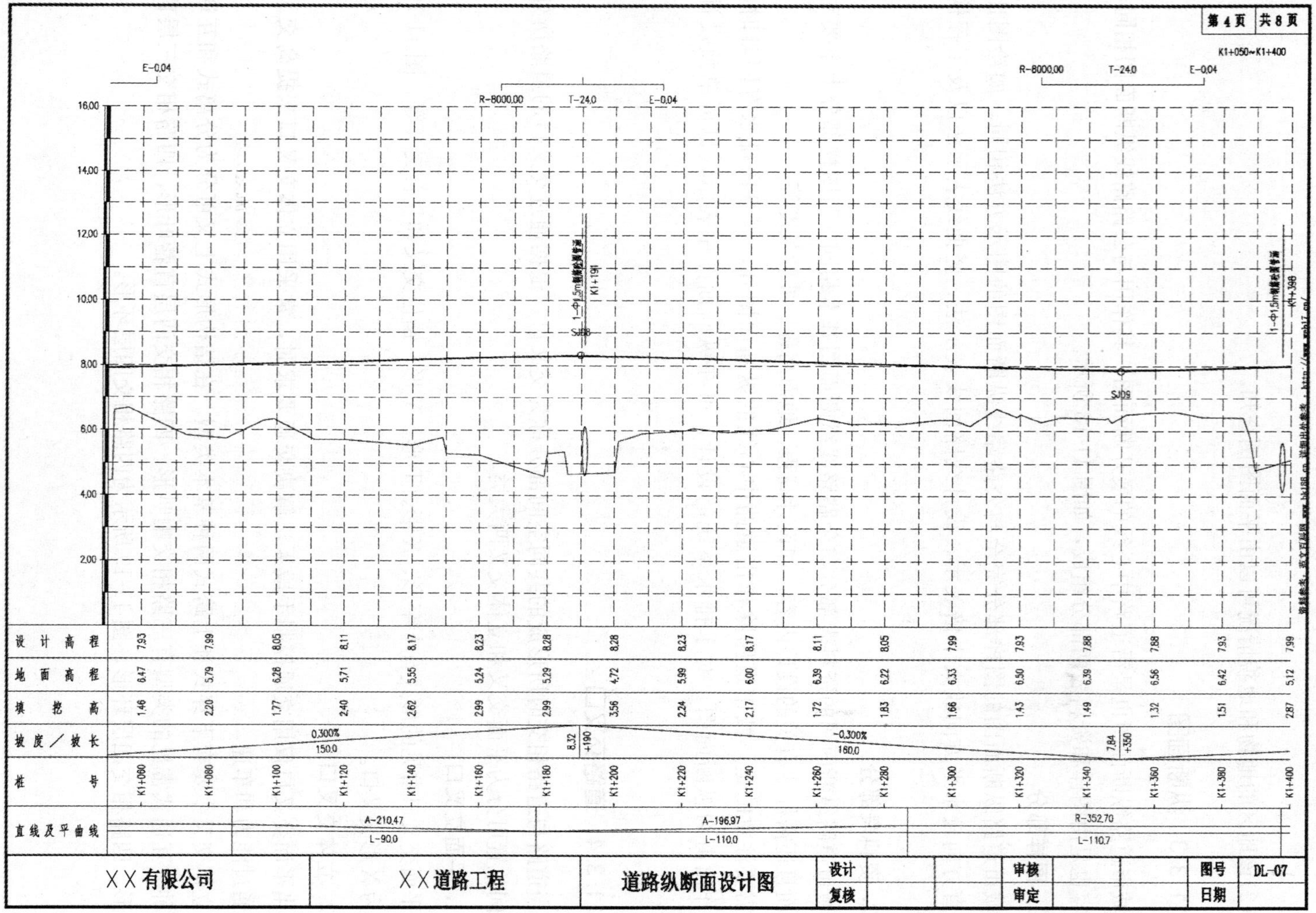

图 11-18 城市道路纵断面图

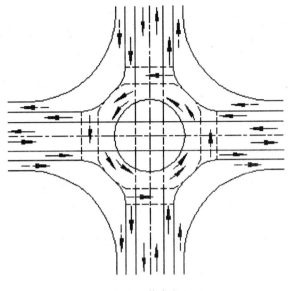

图 11-19 道路交叉口

11.4 公路排水系统及防护工程图

11.4.1 公路排水系统

路面结构排水系统主要有排水层排水系统和边缘排水系统两种设施方案。

路面边缘排水系统是将渗入路面结构内的自由水,先沿路面结构层的层间空隙或某一透水层次横向流入由透水性材料组成的纵向集水沟,并汇流入沟中的带孔集水管内,再由间隔一定距离布设的横向出水管排引出路基。设置边缘排水系统,便于将面层—基层—路肩界面处积滞的自由水排离路面结构。

排水基层排水系统是采用碎石做上基层,使渗入路面结构内的水分,先通过竖向渗流进入排水层,然后横向渗流进入纵向集水沟和集水管,再由横向出水管排引出路基。这种排水系统,由于自由水进入排水层的渗流路径短,在透水材料中的渗流速度快,其排水效果要比边缘排水系统好得多。排水基层设在面层下,作为路面结构的基层或基层的一部分,共同承受车辆荷载的作用。

排水层排水系统的效果优于边缘排水系统,但边缘排水系统更适合于应用在老路改建中,两种设施方案的典型结构组成如图 11-20(a)、(b)所示。

单一的排水结构物,是不能完成全路基排水任务的,必须进行整体规划、综合考虑,合理调配流量,正确选定结构物的形式和位置,使水的源头和归宿都有安排,各结构物有机地组成一个整体。

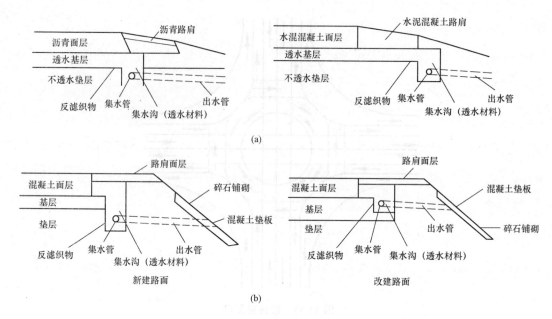

图 11-20 典型结构组成
(a)排水层排水系统示意；(b)边缘排水系统示意

11.4.2 公路防护工程图

1. 坡护砌设计图

为了防止路基发生变形和破坏，保证路基的强度和稳定性，对黏性土、粉性土、细砂土及易风化的岩石路基边坡进行防护，起到稳定路基，美化路容，提高公路的使用品质的效果。如图 11-21 所示为某道路边坡护砌设计图。图中包括图样、工程数量表和附注三部分内容。图样部分表达了浆砌片石护坡和衬砌拱护坡结构形式、尺寸和材料；工程数量表表达了每延米护砌所用各种材料的数量；辅助部分说明了图中尺寸标注的单位、使用范围和技术要求。

2. 挡土墙

挡土墙一般由墙身、基础、排水设施和沉降伸缩缝组成，是一种能够抵抗侧向土压力，防止墙后土体坍塌的建筑物。起到稳定路堤和路堑边坡，减少土石方工程量，防止水流冲刷路基，同时，也常用于治理滑坡崩塌等路基病害。挡土墙的类型有悬臂式挡土墙、扶壁式挡土墙、锚杆式挡土墙、重力式挡土墙、锚定板式挡土墙、薄壁式挡土墙、加筋土挡土墙等，如图 11-22 所示。挡土墙按设置位置分：路肩墙、路堤墙、路堑挡土墙、山坡挡土墙等，如图 11-23 所示。

(1)路堑墙：设置在路堑坡底部，主要用于支撑开挖后不能自行稳定的边坡，同时可降低挖方边坡的高度，减少挖方的数量，避免山体失稳坍塌。

(2)路堤墙：设置在高填土路堤或陡坡路堤的下方，可以防止路堤边坡或基底滑动，同时可以收缩路堤坡脚，减少填方数量，减少拆迁和占地面积。

(3)路肩墙：设置在路肩部位，墙顶是路肩的组成部分，其用途与路堤墙相同。它还可以保护邻近路线的既有的重要建筑物。沿河路堤，在傍水的一侧设置挡土墙，可以防止水流对路基的冲刷和侵蚀，也减少拆迁和占地面积，是保证路堤稳定的有效措施。

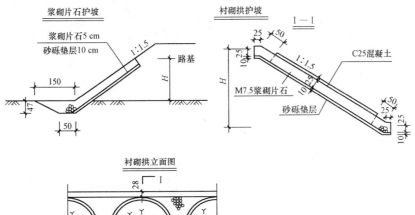

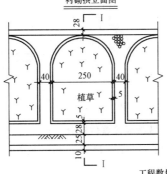

工程数量表

项目 类别	M7.5 浆砌片石 m³/m	砂砾垫层 m³/m	C25 混凝土 m³/m	植草 m³/m	挖基土方 m³/m
浆砌片石护坡	0.47+0.45H	0.18H+0.04			0.51+0.63
衬砌拱护坡	0.06H+0.41	0.024H+0.16	0.018H+0.01	1.5(H−2)+1.95	0.102H+0.584

注：
1. 本图尺寸以 cm 计。
2. 本图用于互通立交区的路基防护工程。
3. 当路基填土高度 $H \geq 3$ m 时采用衬砌拱护坡，当 $H < 3$ m 时植草。

图 11-21 某道路边坡护砌设计图

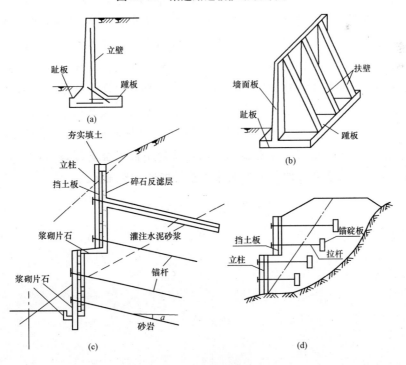

图 11-22 挡土墙的类型
(a)悬臂式挡土墙；(b)扶壁式挡土墙；(c)锚杆式挡土墙；(d)锚定板式挡土墙

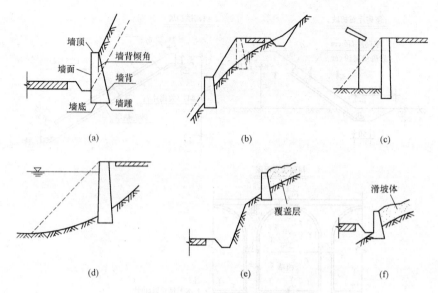

图 11-23 挡土墙按照设置位置分
(a)路堑墙；(b)路堤墙，虚线为路肩墙；(c)路肩墙；(d)浸水挡土墙；(e)山坡挡土墙；(f)抗滑挡土墙

本章小结

  本章主要介绍了道路路线工程图的识图。道路视所处地理位置的不同又有不同的名称。处于城市内的道路称为城市道路，处于城市以外的道路称为公路。公路道路路线工程图的图示方法与一般的工程图样不完全相同，公路工程图由表达线路整体状况的路线工程图和表达各工程实体构造的桥梁、隧道、涵洞等工程图组合而成。路线工程图主要是用路线平面图、路线纵断面图和路线横断面图来表达的。城市道路的设计结果与公路路线图示方法基本相同。由于城市道路的是在城市规划和交通规划基础上设计的，所以城市道路的平面图和断面图也是比较复杂，而城市道路比较平缓，所以纵断面图与公路相比却相对简单，变坡也相对较少。由于学生初学专业知识欠缺，所以不能完全掌握透彻，在识图过程中注意理论联系实际，有待在今后的相关专业课程学习中进一步强化。

第12章 桥梁工程图

知识目标
- 了解桥梁工程图的基本知识及要求。
- 理解桥梁工程图的图示特点及所示内容。
- 掌握桥梁工程图的识读。

能力目标
- 能识读桥梁专业的工程图,从而培养学生识读专业图的能力和空间想象力。

新课导入

前面主要学习了房屋施工图的识读,包括建筑施工图和结构施工图,本章主要学习桥梁工程图的识读,本章桥梁施工图的图示特点和要求与房屋建筑施工图有所不同,需要读者注意。

12.1 桥梁概述

当路线跨越江河、湖海、峡谷以及道路互相交叉时,为了保持道路的畅通,一般需要架设桥梁。桥梁根据不同的分类方法分为几种不同形式。

12.1.1 桥梁的分类

桥梁的形式有很多,常见的分类形式有以下几种:
(1)按结构形式分为梁式桥、拱式桥、刚架桥、悬索桥、斜拉桥五大类,如图 12-1 所示。
(2)按建筑材料分为木桥、钢桥、圬工桥、钢筋混凝土桥、预应力混凝土桥。
(3)按跨径分为特大桥、大桥、中桥、小桥,见表 12-1。
(4)按桥面位置分为上承式、下承式桥和中承式桥。
(5)按跨越方式分为固定式桥梁、开启桥、浮桥、漫水桥等。

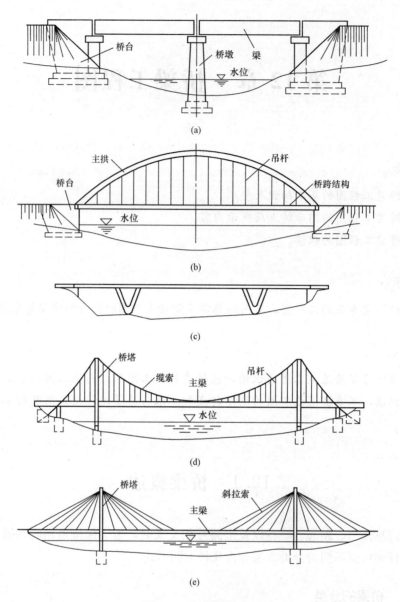

图 12-1 各类桥梁示意

(a)梁式桥示意；(b)拱式桥示意；(c)钢架桥(V形墩)示意；(d)悬索桥示意；(e)斜拉桥示意

表 12-1 桥梁按跨径分类

桥梁分类	多孔桥全长 L/m	单孔跨径 L_k/m
特大桥	$L \geqslant 1\,000$	$L_k \geqslant 150$
大桥	$100 \leqslant L \leqslant 1\,000$	$40 \leqslant L_k \leqslant 150$
中桥	$30 < L < 100$	$20 \leqslant L_k < 40$
小桥	$8 \leqslant L \leqslant 30$	$5 \leqslant L_k < 20$

12.1.2 桥梁的组成

桥梁是道路工程的重要组成部分,桥梁由"五大部件"与"五小部件"组成,如图12-2所示。

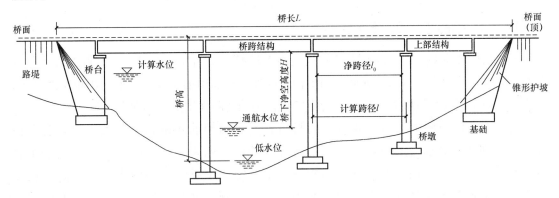

图 12-2 桥梁的基本组成

1. 五大部件

(1)桥跨结构(或称桥孔结构、上部结构)。路线遇到障碍(如江河、山谷或其他路线等)的结构物。

(2)支座系统。支承上部结构并传递荷载于桥梁墩台上,它应保证上部结构预计的荷载、温度变化或其他因素作用下的位移功能。

(3)桥墩。桥墩是在河中或岸上支承两侧桥跨上部结构的构筑物。

(4)桥台。设在桥的两端;一端与路堤相接,并防止路堤滑塌;另一端则支承桥跨上部结构的端部。为保护桥台和路堤填土,桥台两侧常做一些防护工程。

(5)墩台基础。墩台基础是保证桥梁墩台安全并将荷载传递至地基的结构。基础工程在整个桥梁工程施工中是比较困难的部分,而且常常需要在水中施工,因而遇到的问题也很复杂。

前两个部件是桥跨上部结构,后三个部件是桥跨下部结构。

2. 五小部件

五小部件是直接与桥梁服务功能有关的部件,过去总称为桥面构造。其包括以下几点:

(1)桥面铺装(或称行车道铺装)。铺装的平整、耐磨性、不翘曲、不渗水是保证行车舒适的关键。特别是在钢箱梁上铺设沥青路面时,其技术要求甚严。

(2)排水防水系统。应能迅速排除桥面积水,并使渗水的可能性降至最小限度。城市桥梁排水系统应保证桥下无滴水和结构上无漏水现象。

(3)栏杆(或防撞栏杆)。它既是保证安全的构造措施,又是有利于观赏的最佳装饰件。

(4)伸缩缝。桥跨上部结构之间或桥跨上部结构与桥台端墙之间所设的缝隙,以保证结构在各种因素作用下的变位。为使行车顺适、不颠簸,桥面上要设置伸缩缝构造。

(5)灯光照明。在现代城市中,大跨桥梁通常是一个城市的标志性建筑,大多装置了灯光照明系统,构成了城市夜景的重要组成部分。

12.2 钢筋混凝土结构图

12.2.1 钢筋结构图的图示特点

钢筋结构图主要是表达构件内部钢筋的布置情况,绘制配筋图时,可假设混凝土是透明的,能够看清楚构件内部的钢筋,图中构件的外形轮廓用细线表示,钢筋用粗实线表示,若箍筋和分布钢筋数量较多,也可画为中实线,钢筋的断面用实心小圆点表示。

通常,在配筋图中不画出混凝土的材料符号,当钢筋间距和净距太小时,若严格按比例画则线条会重叠不清,这时可适当夸大绘制。同理,在立面图中遇到钢筋重叠时,要放宽尺寸使图面清晰。钢筋结构图,不一定三个投影图都画出来,而是根据需要来决定,例如画钢筋混凝土梁的钢筋图,一般不画平面图,只用立面图和断面图来表示。

12.2.2 钢筋的编号和尺寸标注方式

在钢筋结构图中为了区分钢筋的不同直径、长度和形状,要求对不同类型的钢筋加以编号,并在引出线上注明其规格和间距,编号用阿拉伯数字表示。钢筋编号和尺寸标注方式:对钢筋编号时宜先编主、次部位的主筋,后编主、次部位的构造筋。在桥梁结构中,钢筋编号及尺寸标注的一般形式如下:

(1)编号标注在引出线右侧的细实线圆圈内。

(2)钢筋的编号和根数也可采用简略形式标注,根数注在 N 字之前,编号注在 N 字之后。在钢筋断面图中,编号可标注在对应的方格内,如图 12-3 所示;图中的"20 N24"表示编号 24 的钢筋有 20 根。

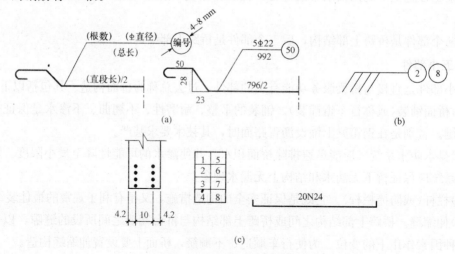

图 12-3 钢筋编号的标注

(3)尺寸单位：在路桥工程图中，钢筋直径的尺寸单位采用 mm，其余尺寸单位均采用 cm，图中无须注出单位。采用以下格式标注：

$$\frac{n\phi d}{l@s}m$$

式中 m——代表钢筋编号，圆圈直径为 4~8 mm；

n——代表钢筋根数；

ϕ——是钢筋直径符号，也表示钢筋的等级；

d——代表钢筋直径的数值(mm)；

l——代表钢筋总长度的数值(cm)；

$@$——是钢筋中心间距的数值(cm)；

s——代表钢筋间距的数值(cm)。

例如：②$\frac{11\phi 6}{l=64@12}$，其中"②"表示 2 号钢筋，"11φ6"表示直径为 6 mm 的钢筋（Ⅰ级筋）共 11 根，"$l=64$"表示每根钢筋的断料长度为 64 cm，"@"表示钢筋轴线之间的距离为 12 cm。

12.2.3 钢筋成型图及钢筋数量表

在钢筋结构图中，为了能充分表明钢筋的形状以便于配料和施工，还必须画出每种钢筋加工成型图（钢筋详图），在钢筋详图中尺寸可直接注写在各段钢筋旁。图上应注明钢筋的符号、直径、根数、弯曲尺寸和断料长度等。有时为了节省图幅，可将钢筋成型图画成示意略图放在钢筋数量表内，见表 12-2。

在钢筋结构图中，一般还附有钢筋数量表，内容包括钢筋的编号、直径、每根长度、根数、总长及质量等，必要时可加画略图，如图 12-4 所示。

表 12-2 钢筋混凝土梁钢筋数量表

编号	钢号和直径/mm	长度/m	根数	总长/m	每米质量/(kg·m^{-1})	总质量/kg
1	Φ22	528	1	5.28	2.984	15.76
2	Φ22	708	2	14.16	2.984	42.25
3	Φ22	892	2	17.84	2.984	53.23
4	Φ22	881	3	26.43	2.984	78.87
5	Φ12	745	2	14.90	0.888	13.23
6	Φ6	198	24	47.52	0.222	10.55
总计						213.89
绑扎用铅丝 0.5%						1.07

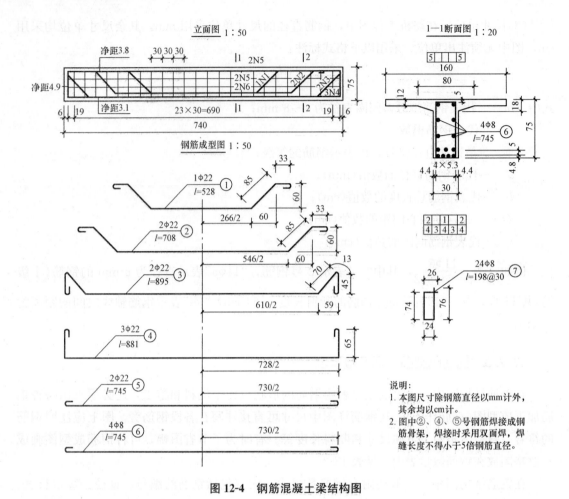

图 12-4 钢筋混凝土梁结构图

12.3 桥梁工程图

桥梁的建造不但要满足使用上的要求，还要满足经济、美观、施工等方面的要求。修建前，首先要进行桥位附近的地形、地质、水文、建材来源等方面的调查，绘制出地形图和地质断面图，供设计和施工使用。桥梁工程图一般可分为桥位平面图、桥位地质断面图、桥梁总体布置图、构件图和详图等。

12.3.1 桥位平面图

桥位平面图主要用来表明新建桥梁和路线连接的平面位置、桥位中心里程桩、水准点、工程钻孔以及桥梁附近的地形、地物等，作为桥梁设计和施工定位的依据，其画法与道路平面图相同。绘制桥位平面图时，一般采用较小的比例，如1∶500、1∶1 000、1∶2 000等。道路桥梁附近的地形用等高线表示，地物用图例表示。桥位平面图中用指北针表示方向，植被、水准符号等均应按照正北方向为准，图中文字方向则可按路线要求及总图标方向来决定。

如图 12-5 所示的桥位平面图,图中用粗实线表示出路线平面形状,道路在跨越清水河时修建一座桥梁。在桥梁的两端有两个水准点 BM₁ 和 BM₂,高程分别为 5.10 m 和 8.25 m;在新建桥梁的中心部位标注了里程桩号 0+738.00,在桥的一侧标注了三个钻孔(孔 1、孔 2 和孔 3)的平面位置。图中房屋、原有木桥、小路、水塘以及草地和果树等植被均用图例表示。

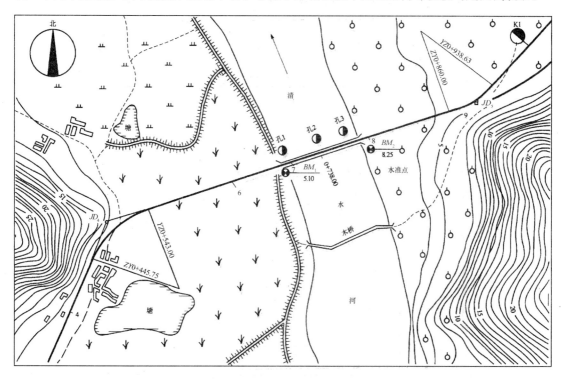

图 12-5 某桥位平面图

12.3.2 桥位地质断面图

桥位地质断面图是根据水文调查和钻探所得的地质水文资料,绘制桥位所在河床位置的地质断面图,其是用来表示桥梁所在位置的地质水文情况,包括河床断面线、洪水位线、常水位线和最低水位线,钻孔的位置和间距等作为桥梁设计的根据。小型桥梁可不绘制桥位地质断面图,但应写出地质情况说明。地质断面图为了显示地质和河床深度变化情况,特意将地形标高的比例较水平方向比例放大数倍画出。

如图 12-6 所示,该桥位地质断面图包括图样和资料表两部分,其中图样部分表明了河床的断面线,用粗实线绘制。洪水位为 6 m、常水位为 4 m 和最低水位为 3 m,同时,还标注了河床的岩层分布情况,包括黄色黏土、淤泥质粉质黏土和暗绿色黏土。图上共画出 3 个钻孔,编号分别为 CK_1、CK_2 和 CK_3。如钻孔的 CK_1 的 1.15/15.00 中"1.15"表示孔口标高 1.15 m,"15.00"表示钻孔深度为 15 m。该钻孔穿过黄色黏土层,淤泥质粉质黏土层到达暗绿色黏土层。资料表部分比较简单,表明了钻孔编号、孔口标高、钻孔深度及孔间距。

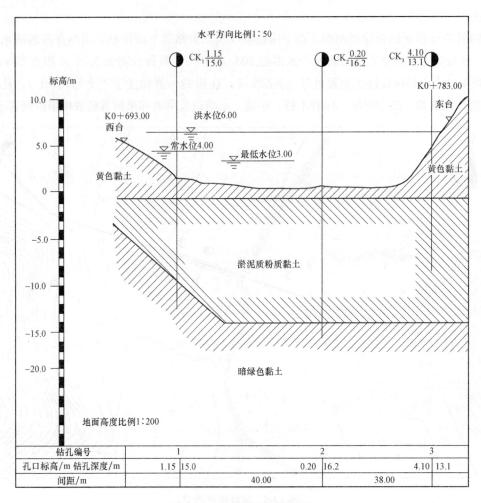

图 12-6 某桥梁地质断面图

12.3.3 桥梁总体布置图

桥梁总体布置图和构件图是指导桥梁施工的最主要图样,它主要表明桥梁的形式、跨径、孔数、总体尺寸、桥道标高、桥面宽度、各主要构件的相互位置关系,桥梁各部分的标高、材料数量以及总技术说明等,作为施工时确定墩台位置,安装构件和控制标高的依据。一般由立面图、平面图和剖面图组成。

图 12-7 所示为某桥的总体布置图,绘制比例采用 1:200,该桥为三孔钢筋混凝土空心板简支梁桥,总长度为 34.90 m,总宽度为 14 m,中孔跨径为 13 m,两边孔跨径为 10 m,桥中设有两个柱式桥墩,两端为重力式混凝土桥台,桥台和桥墩的基础均采用钢筋混凝土预制打入桩。桥上部承重构件为钢筋混凝土空心板梁。

(1)立面图。由于桥梁通常是左右对称的,所以立面图常常是由反映外形的半立面图和反映内形的半纵剖面图合成的。左半立面图为左侧桥台、1号桥墩、板梁、人行道栏杆等主要部分的外形视图。右半纵剖面图是沿桥梁中心线纵向剖开而得到的,2号桥墩、板梁和桥面均应按剖开绘制。图中还画出了河床的断面形状,在半立面图中,河床断面线以下的结构如桥台、桩等用虚线绘制，在半剖面图中地下的结构均画为实线。由于预制桩打入到地下较深的位置，不必全部画出，为了节省图幅，采用了断面画法。图中还注出了桥梁各重要部位如桥面、梁底、桥墩、墩台、桩尖等处的高程，以及常水位线（即常年平均水位）。

(2)平面图。桥梁的平面图也常采用半剖的形式。左半平面图是从上向下投影得到的桥面俯视图，主要画出了车行道、人行道、栏杆等的位置。由所注尺寸可知，桥面车行道净宽为 10 m，两边人行道各 2 m。右半部采用的是剖切法（或分层揭开画法），假想把上部结构移去后，画出了 2 号桥墩和右侧桥台的平面形状和位置。桥墩中的虚线圆是立柱的投影，桥台中的虚线正方形是下面方桩的投影。

(3)横剖面图。桥梁的横剖面图是由左半部剖面 1—1 和右半部剖面 2—2 拼成的，根据立面图中所标注的剖切位置可以看出，1—1 剖面是在中跨位置剖切的，2—2 剖面是在边跨位置剖切的。1—1 剖面图和 2—2 剖面图剖到的部分包括桥梁的板梁、桥道、人行道和栏杆。该桥梁中跨和边跨部分的上部结构相同，桥面总宽度为 14 m，是由 10 块钢筋混凝土空心板拼接而成，图中由于板的断面形状太小，没有画出其材料符号。在图 12-7 中的 1—1 剖面图中画出了桥墩各部分，包括墩帽、立柱、承台和预制桩等的投影。在图 12-7 中 2—2 剖面图中画出了桥台各部分，包括墩帽、立身、承台和预制桩等的投影。从图中可以看出该桥下部 2 号墩中的柱截面尺寸为 80 cm×80 cm，高为 250 cm。

12.3.4 桥梁构件图

在桥梁的总体布置图中，由于比例较小，不可能将桥梁各种构件都详细地表示清楚，为了实际施工和制作需要，还需根据总体布置图采用较大比例画出各构件的形状、大小和钢筋等构造，将补充后的总体布置图称为构件结构图，简称构件图。构件图常用的比例为 1∶10～1∶50，某些局部详图需采用更大的比例，如 1∶2～1∶5。构造图包括桥台构造图、桥墩构造图、钢筋构造图和支座布置图等。

1. 桥台构造图

桥台属于桥梁的下部结构，主要是支承上部的板梁，并承受桥头路堤填土的水平推力，防止路堤填土的滑坡预坍落。我国公路桥梁桥台的形式主要有重力式桥台（又称实体式桥台）、埋置式桥台、轻型桥台、组合式桥台等。下面举例说明桥台构造。

图 12-8 所示为重力式混凝土桥台的构造图，用剖面图、平面图和侧面图表示。该桥台由台帽、台身、侧墙、承台和基桩组成。该桥台立面图用 1—1 剖面图代替，表示桥台的内部构造和材料。通过图例可以读出该桥台的台身和侧墙均用混凝土浇筑而成，台帽和承台的材料均为钢筋混凝土。桥台的长度为 280 cm，高度为 493 cm，宽度为 1 470 cm。由于宽度尺寸较大且对称，所以平面图只画出了一半。桥台侧面图由 1/2 台前和 1/2 台后两个方向视图拼成，台前和台后均只画出可见部分，合二为一能完整表达出整个桥台结构。台前是指桥台面对河流的一侧，台后则是桥台面对路堤填土的一侧。为了节省图幅，平面图和侧面图都采用了断面画法。桥台的桩基分两排对齐布置，排距为 180 cm，桩距为 15 cm，每个桥台有 20 根桩。桥台的承台等处的配筋图略。

2. 桥墩构造图

桥墩与桥台同属于桥梁的下部结构，用来支承桥跨结构，并将荷载传递给地基。图

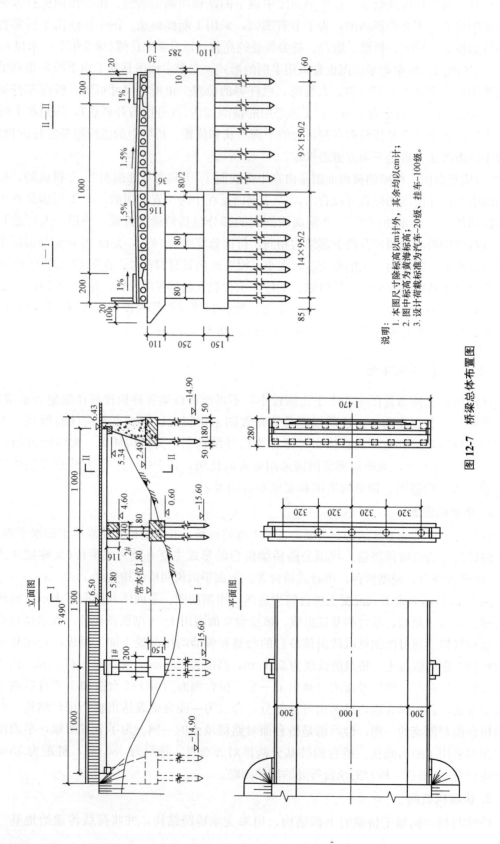

图 12-7 桥梁总体布置图

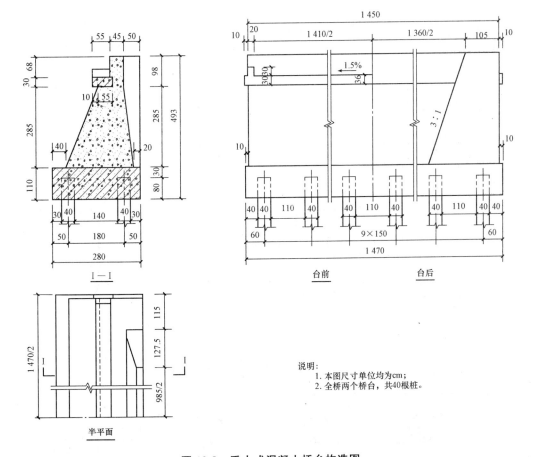

图 12-8 重力式混凝土桥台构造图

12-9 中桥墩由墩帽、立柱、承台和基桩组成，该图主要表达桥墩各部分的形状和尺寸。这里绘制了桥墩的立面图、侧面图和 1—1 剖面图，由于桥墩是左右对称的，故立面图和剖面图均只画出一半。根据所标注的剖切位置可以看出，1—1 剖面图实质上为承台平面图、承台基本为长方体，长度为 1 500 cm，宽度为 200 cm，高度为 150 cm。承台下的基桩分两排交错（呈梅花形）布置，施工时先将预制板打入地基，下端到达设计深度（标高）后，再浇筑承台，桩的上端深入承台内部 80 cm，在立面图中这一段用虚线绘制。承台上有五根圆形立柱，直径为 80 cm，高度为 250 cm。立柱上面是墩帽，墩帽的全长为 1 650 cm，宽度为 140 cm，高度在中部为 116 cm，在两端为 110 cm，有一定的坡度，为的是使桥面形成 1.5% 的横坡，墩帽的两端各有一个 20 cm×30 cm 的抗震挡块，是防止空心板移动而设置的。墩帽上的支座，详见支座布置图。

3. 钢筋构造图

该桥梁的桥墩和桥台的基础均为钢筋混凝土预制桩，桩的布置形式以及数量已经在上述图样中表达清楚。图 12-10 所示为桥墩基础桩钢筋构造图，主要用立面图和断面图以及钢筋详图来表达。由于桩的长度和尺寸较大，为了布置的方便常将桩水平放置，断面图可画成中断断面或移出断面。由图可以看出，该桩的截面为正方形（40 cm×40 cm），桩的总

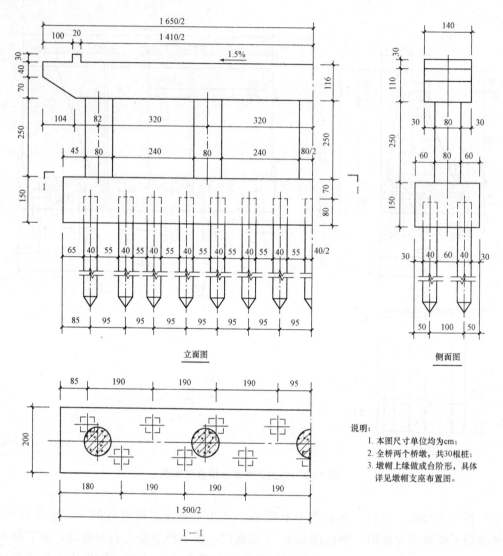

图 12-9 桥墩构造图

长为17 cm,分上下两节,上节桩长为8 cm,下节桩长为9 cm。上节桩内布置的主筋为8根①号钢筋,桩顶端有钢筋网1和钢筋网2共三层,在接头端四根⑩号钢筋。下节桩内的主筋为4根②号钢筋和4根③号钢筋,一直通过桩尖部位,⑥号钢筋为桩尖部位的螺旋形钢筋。④和⑤号为大小两种方形箍筋,套叠在一起放置,每种箍筋沿桩长度方向有三种间距,④号箍筋从两端到中央的间距依次为5 cm、10 cm、20 cm,⑤号箍筋从两端到中央的间距分别为10 cm、20 cm、40 cm,具体位置详见标注。

画出的1—1剖面图实际上是桩尖视图,主要表示桩尖部的形状及⑦号钢筋与②号钢筋的位置。桩接头处的构造另有详图,这里未示出。

以上介绍了混凝土预制桩,工程上还采用钻孔灌注桩。下面以图12-11为例介绍其桥墩基桩钢筋构造图。桥墩柱桩的钢筋构造图中①、②分别为柱、桩的主筋,③、④为柱、桩的定位箍筋,⑤、⑥为柱、桩的螺旋分布筋,⑦为钢筋骨架定位筋。

该图用一个立面图和1—1、2—2两个断面即以表达清楚。断面图中钢筋采用了夸张的画法,即N3与N5、N4与N6间距适当拉大画图。

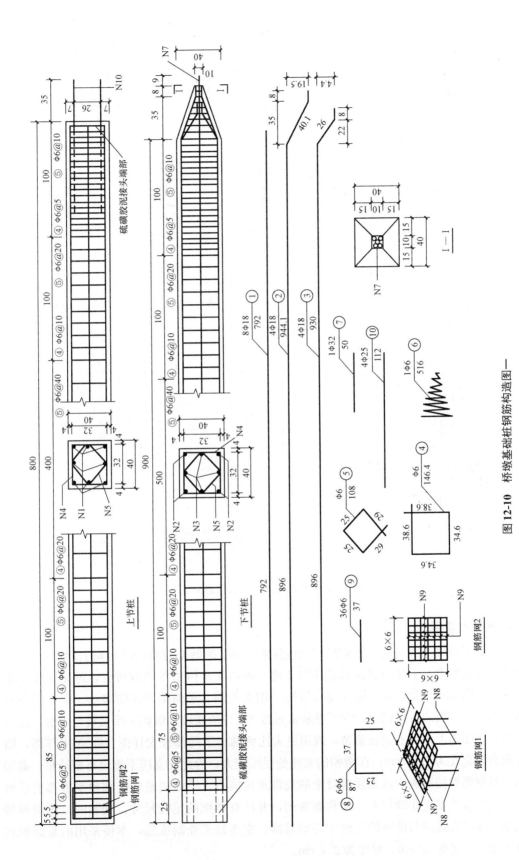

图 12-10 桥墩基础桩钢筋构造图一

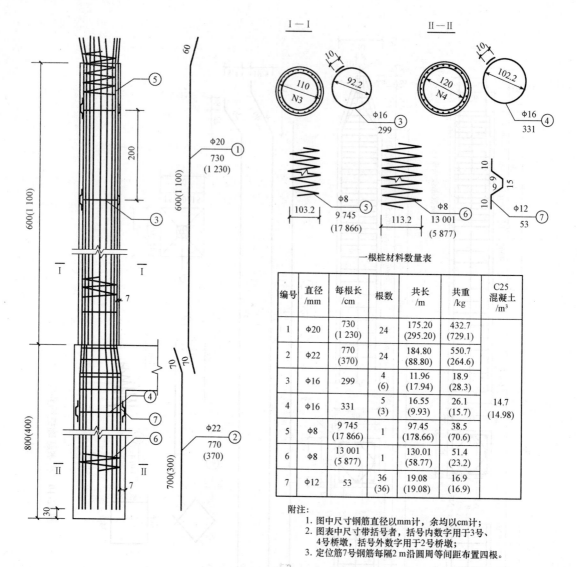

图 12-11 桥墩基础桩钢筋构造图二

4. 支座布置图

支座位于桥梁上部结构与下部结构的连接处，桥墩的墩帽与桥台的台帽上均设有支座，板梁搁置在支座上。上部荷载由板梁传给支座，再由支座传给桥墩或桥台，可见支座虽小但很重要。图 12-12 所示为桥墩支座布置图，用立面图、平面图及详图表示。在立面图上详细绘制了预制板的拼接情况，为了使桥面形成 1.5% 的横坡，墩帽上缘做成台阶形，以安放支座。立面图上画得不是很清楚，故用更大比例画出了局部放大详图，即 A 大样图，图中注出台阶宽度为 1.88 cm。在墩帽的支座处受压较大，为此在支座下增设有钢筋垫，有①号和②号钢筋焊接而成，以加强混凝土的局部承压能力。平面图是将上部预制板移去后画出的，可以看出支座在墩帽上是对称布置的，并注有详细的定位尺寸。安装时，预制板端部的地支座中心线应与桥墩的支座中心线对准。支座是工业制成品，本桥采用的是圆板式橡胶支座，直径为 20 cm，厚度为 2.8 cm。

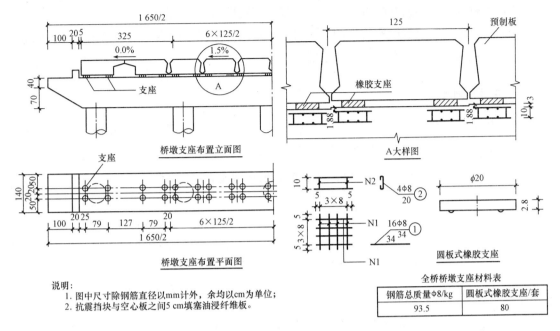

图 12-12 桥墩支座布置图

12.4 桥梁图读图和画图步骤

12.4.1 读图的方法

(1)读桥梁工程图的基本方法是形体分析方法,桥梁虽然是庞大而又复杂的建筑物,但它是由许多构件所组成,我们先了解每一个构件的形状和大小,再通过总体布置图把它们联系起来,弄清楚彼此之间的关系,就不难了解整个桥梁的形状和大小了。

(2)由整体到局部,再由局部到整体的反复读图过程。因此必须将整个桥梁图由大化小、由繁化简,各个击破、解决整体。

(3)运用投影规律,互相对照,弄清楚整体。看图时,绝不能单看一个投影图,而是同其他投影图包括总体图或详图、钢筋明细表、说明等联系起来。

12.4.2 读图的步骤

(1)先看图纸标题栏和附注,了解桥梁名称、种类、主要技术指标、施工措施、比例、尺寸单位等。读桥位平面图、桥位地质断面图,了解桥的位置、水文、地质状况。

(2)看总体图:掌握桥型、孔数、跨径大小、墩台数目、总长、总高,了解河床断面及地质情况,应先看立面图(包括纵剖面图),对照看平面图和侧面图、横剖面图等,了解桥的宽度、人行道的尺寸和主梁的断面形式等。如有剖、断面,则要找出剖切线位置和观察方向,以便对桥梁的全貌有一个初步的了解。

(3)分别阅读构件图和大详图,搞清楚构件的详细构造。各构件图读懂之后,再来阅读总体图，了解各构件的相互配置及尺寸，直到全部看懂为止。

看懂桥梁图，了解桥梁所使用的建筑材料，并阅读工程数量表、钢筋明细表及说明等。再对尺寸进行校核，检查有无错误或遗漏。

12.4.3 画图

绘制桥梁工程图，基本上和其他工程图一样，有着共同的规律。首先是确定投影图数目(包括剖面、断面)、比例和图纸尺寸，可参考表12-3选用。

表12-3 桥梁图常用比例参考表

项目	图名	说明	比例 常用比例	分类
1	桥位图	表示桥位及路线的位置及附近的地形、地物情况。对于桥梁、房屋及农作物等只画出示意性符号	1∶500～1∶2 000	小比例
2	桥位地质断面图	表示桥位处的河床、地质断面及水文情况，为了突出河床的起伏情况，高度比例应较水平方向比例放大数倍画出	高度方向比例：1∶100～1∶500；水平方向比例：1∶500～1∶2 000	普通比例
3	桥梁总体布置图	表示桥梁的全貌、长度、高度尺寸，通航及桥梁各构件的相互位置。横剖面图可较立面图放大1～2倍画出	1∶50～1∶500	
4	构件构造图	表示梁、桥台、人行道和栏杆等杆件的构造	1∶10～1∶50	大比例
5	大样图(详图)	钢筋的弯曲和焊接、栏杆的雕刻花纹、细部等	1∶3～1∶10	大比例

注：①上述1、2、3项中，大桥选用较小比例，小桥采用较大比例；
②在钢结构节点图中，一般采用1∶10、1∶15、1∶20的比例。

画图的步骤如下：

1. 布置和画出各投影图的基线

根据所选定的比例及各投影图的相对位置把它们均称地分布在图框内，布置时要注意空出图标、说明、投影图名称和标注尺寸的地方。当投影图位置确定之后便可以画出各投影图的基线，一般选取各投影图的中心线为基线。

2. 画出构件的主要轮廓线

以基线作为量度的起点，根据标高及各构件的尺寸画构件的主要轮廓线。

3. 画各构件的细部

根据主要轮廓从大到小画全各构件投影，注意各投影图的对应线要对齐，并把剖面、栏杆、坡度符号线的位置，标高符号及尺寸线等画出来。

4. 加深或上墨

各细部线条画完，经检查无误即可加深或上墨，最后标注尺寸、注解等。

本章小结

1. 本章主要介绍桥梁相关的基础知识，桥梁钢筋结构图的图示内容和特点以及桥梁施工图的识读。

2. 桥梁工程图一般可分为桥位平面图、桥位地质断面图、桥梁总体布置图、桥梁构件图和详图等。

3. 桥位平面图主要用来表明新建桥梁和路线连接的平面位置、桥位中心里程桩、水准点、工程钻孔以及桥梁附近的地形、地物等，作为桥梁设计和施工定位的依据。

4. 桥位地质断面图是根据水文调查和钻探所得的地质水文资料，绘制桥位所在河床位置的地质断面图，其是用来表示桥梁所在位置的地质水文情况。

5. 桥梁总体布置图主要表明桥梁的形式、跨径、孔数、总体尺寸、桥道标高、桥面宽度、各主要构件的相互位置关系。

6. 桥梁构造图包括桥台构造图、桥墩构造图、钢筋构造图和支座布置图等。

参 考 文 献

[1] 中华人民共和国住房和城乡建设部.GB/T 50001—2017 房屋建筑制图统一标准.北京：中国建筑工业出版社，2017.

[2] 中华人民共和国住房和城乡建设部，中华人民共和国国家质量监督检验检疫总局.GB/T 50104—2010 建筑制图标准.北京：中国建筑工业出版社，2011.

[3] 中华人民共和国住房和城乡建设部，中华人民共和国国家质量监督检验检疫总局.GB/T 50105—2010 建筑结构制图标准.北京：中国建筑工业出版社，2011.

[4] 国家技术监督局，中华人民共和国建设部.GB 50162—1992 道路工程制图标准.北京：中国标准出版社，1994.

[5] 王万德，王旭东.土木工程制图[M].沈阳：东北大学出版社，2011.

[6] 侯献语，王旭东.土木工程制图与识图[M].北京：中国电力出版社，2016.

[7] 纪花，邵文明.土木工程制图[M].2 版.北京：中国电力出版社，2012.

[8] 何铭新.建筑工程制图[M].5 版.北京：高等教育出版社，2013.

[9] 中华人民共和国住房和城乡建设部混凝土结构施工国平面整体表示方法制图规则和构造详图(现浇混凝土框架、剪力墙、梁、板).16G101-1 平面整体表示方法制图规则和构造详图.北京：中国计划出版社，2016.

[10] 中华人民共和国住房和城乡建设部.16G101-2 混凝土结构施工图平面整体表示方法制图规则和构造详图(现浇混凝土板式楼梯).北京：中国计划出版社，2016.

[11] 中华人民共和国住房和城乡建设部.16G101-3 混凝土结构施工图平面整体表示方法制图规则和构造详图(独立基础、条形基础、筏形基础、桩基础).北京：中国计划出版社，2016.

[12] 李思丽.建筑装饰工程制图与识图[M].北京：机械工业出版社，2013.

土木工程制图与识图习题集

主　编　尹　明　杜丽英
副主编　侯敕语　王旭东　赵育英
　　　　查湘义　曹迎春

北京理工大学出版社
BEIJING INSTITUTE OF TECHNOLOGY PRESS

目 录

第1章 制图的基本知识 …… 1
第2章 投影的基本知识 …… 7
第3章 点、直线及平面的投影 …… 9
第4章 基本体的投影 …… 20
第5章 组合体的投影图 …… 26
第6章 轴测图 …… 30
第7章 图样画法 …… 37
第8章 标高投影 …… 42
第9章 房屋建筑施工图 …… 49
第10章 房屋结构施工图 …… 56
第11章 道路路线工程图 …… 60
第12章 桥梁工程图 …… 64

第1章 制图的基本知识

专业＿＿＿ 班级＿＿＿ 学号＿＿＿ 姓名＿＿＿

1. 字体练习。

(1) 横、竖练习。

| 一 | 二 | 三 | 四 | 上 | 中 | 下 | 山 | 川 | 丁 | 十 | 王 | 正 |

(2) 点、挑练习。

| 小 | 心 | 点 | 比 | 去 | 红 | 兴 | 兆 | 火 | 六 | 设 | 计 | 均 |

(3) 撇、捺练习。

| 八 | 人 | 大 | 厂 | 禾 | 公 | 自 | 有 | 千 | 手 | 件 | 边 | 长 |

(4) 钩、折练习。

| 四 | 五 | 寸 | 力 | 九 | 马 | 凸 | 气 | 孔 | 化 | 勻 | 及 | 户 |

(5) 常用字练习。

工程制图机械制图国家标准装配齿轮支架箱座键销轴班级处

(6) 数字练习。

0123456790123456790123456

(7) 字母练习。

ABCDEFGHIJKLMNOPQRSTUVWXYZ

abcdefghijklmnopqrstuvwxyz

— 1 —

第1章 制图的基本知识

2. 图线练习：完成图形中对称的各种图线。

第 1 章　制图的基本知识

3. 在右侧位置抄画所给图形。

第 1 章 制图的基本知识

4. 在圆中作内接正六边形。

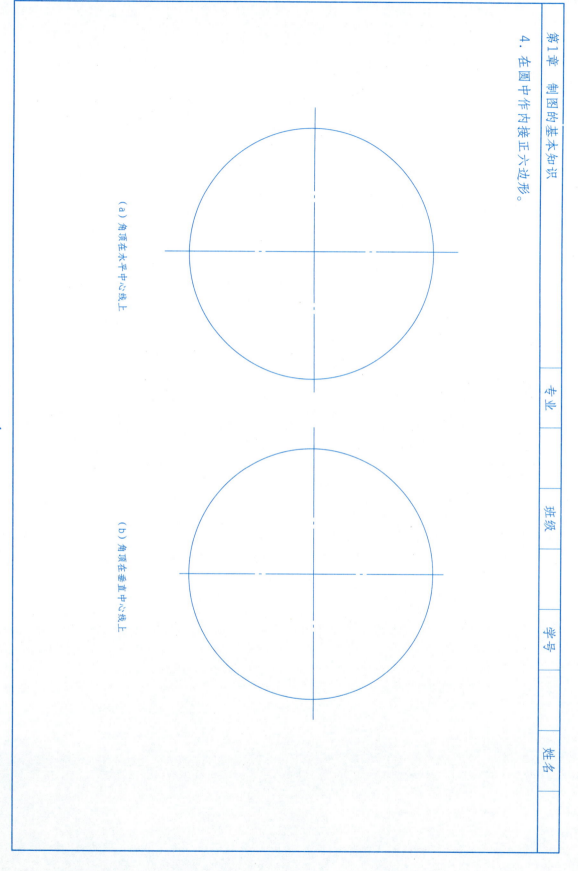

(a) 角顶在水平中心线上

(b) 角顶在垂直中心线上

第 1 章 制图的基本知识

5. 仿照左图标注尺寸。

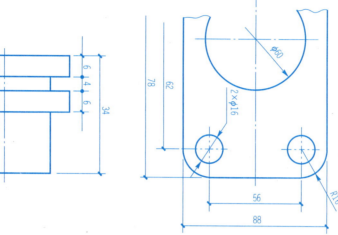

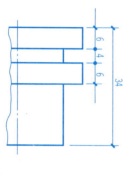

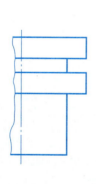

第1章 制图的基本知识

6. 用1∶1的比例，在A3图纸上绘制下列平面图形。

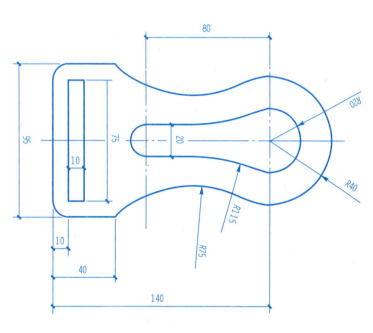

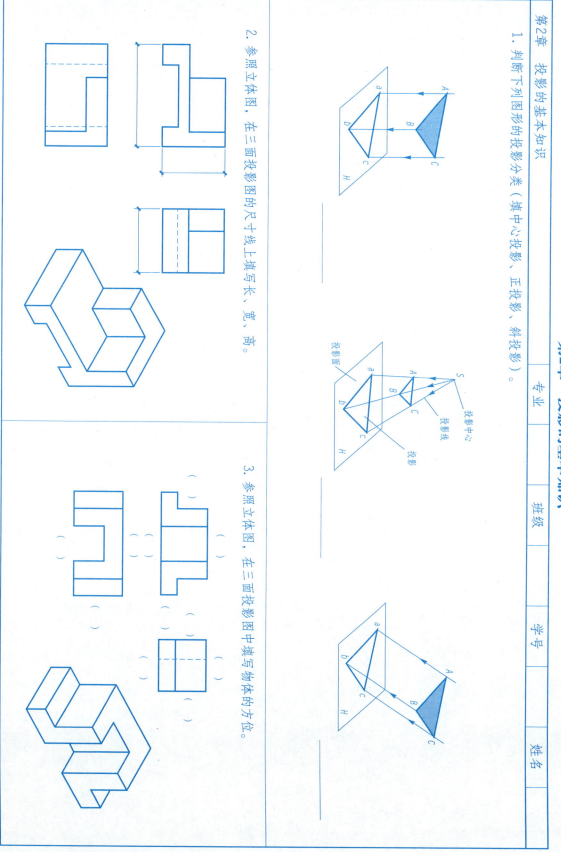

第2章 投影的基本知识

4. 将左侧的三面投影图与右侧的立体图一一对应起来。

第3章 点、直线及平面的投影

专业____ 班级____ 学号____ 姓名____

1. 已知点A, B, C, D的两面投影，作出它们的第三面投影。

2. 已知点A（10, 15, 15），点B（20, 20, 15），点C（15, 25, 20），作出点A, B, C的三面投影。

3. 根据表中所给的数据，作出各点的三面投影（单位：mm）。

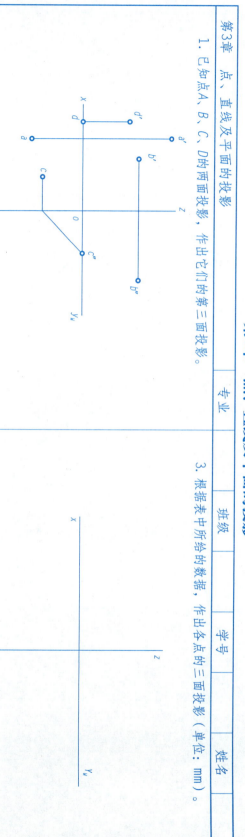

坐标 点名	离H面	离V面	离W面
A	10	10	10
B	0	5	20
C	5	0	20
D	20	15	0
E	0	20	0

第3章 点、直线及平面的投影

4. 已知点A（10，10，25），点B（0，15，20），点C在点A的左方15，下方10，前方15，求作点A，B，C的三面投影（单位：mm）。

5. 已知点B在点A正下方的H面上，点C在点A正左方15 mm，求作点B，C的三面投影。

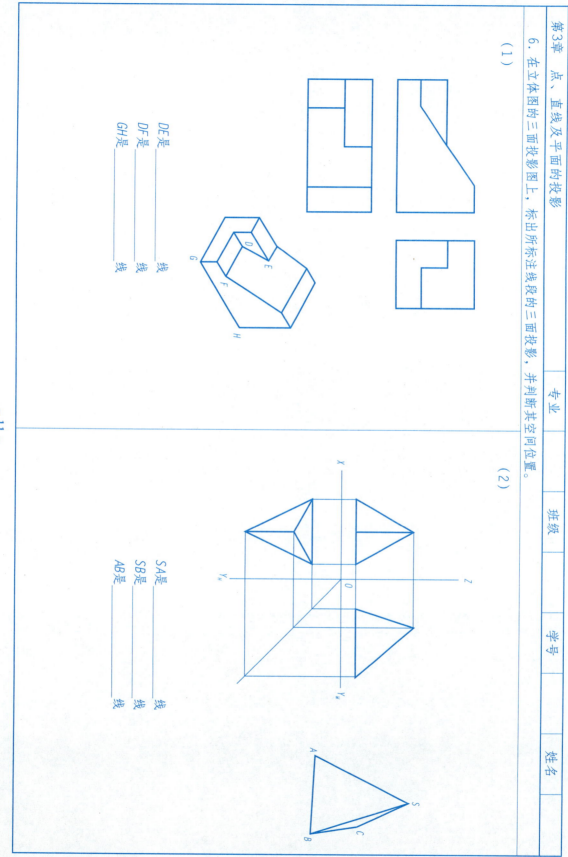

第3章 点、直线及平面的投影

7. 作出直线的第三面投影,并判断其对投影面的相对位置。

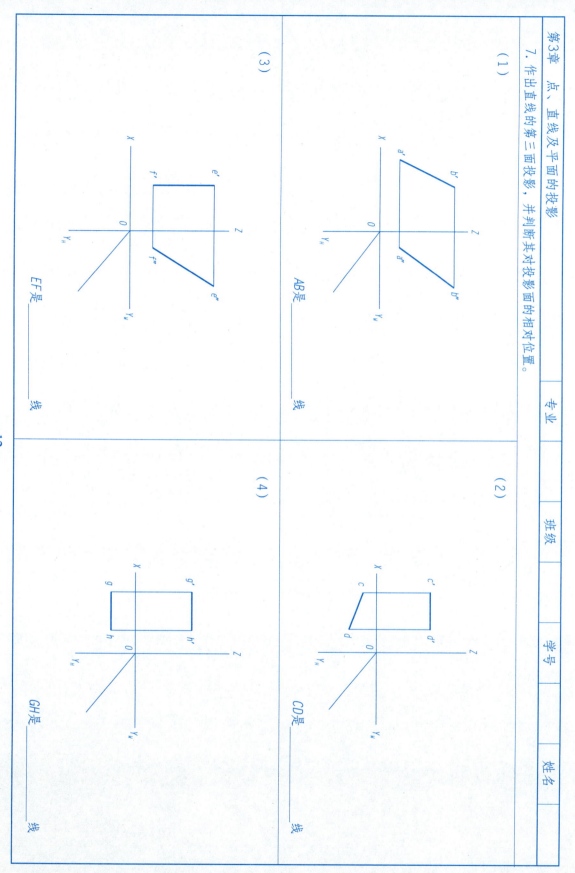

(1) AB是_____线

(2) CD是_____线

(3) EF是_____线

(4) GH是_____线

第3章 点、直线及平面的投影

专业　　　　班级　　　　学号　　　　姓名

8. 已知水平线AB在H面上方20 mm处，求作AB的V面、W面投影。

9. 已知点A（15，15，20），过点A作一实长为20 mm的正垂线AB，B在A前。

10. 已知直线AB//H面，β=45°，点B在点A左后方的V面上，完成AB的三面投影。

11. 已知直线AB//V面，γ=30°，AB=20 mm，点B在点A的左上方，完成AB的三面投影。

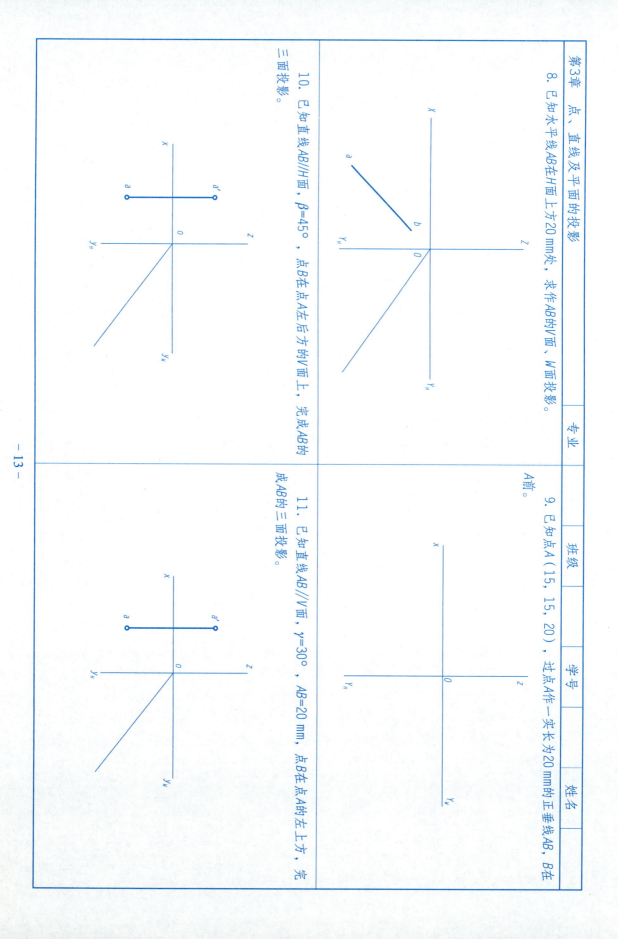

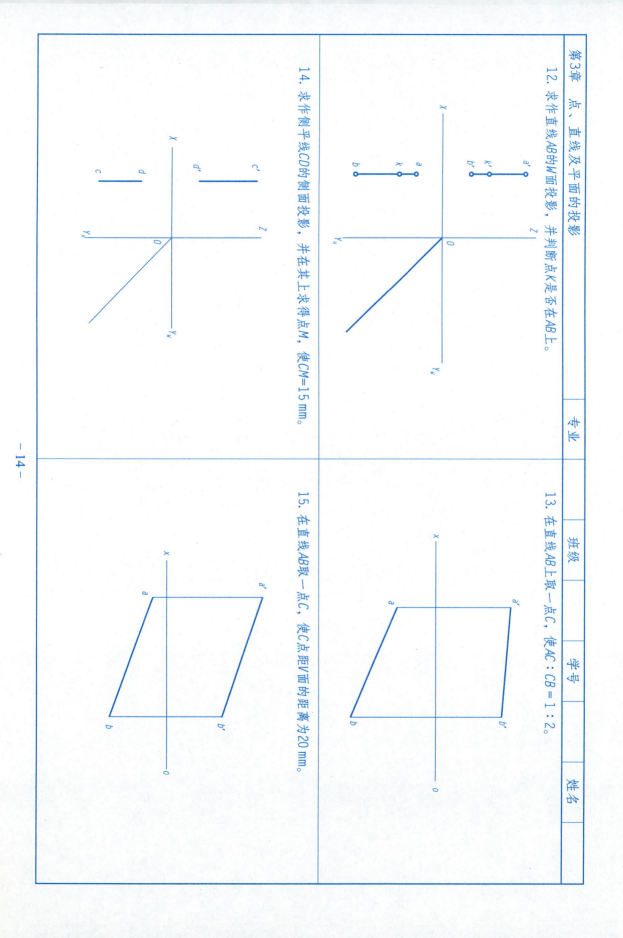

第3章 点、直线及平面的投影

16. 判断下列两直线的相对位置（平行、相交、交叉）。

两直线（　　）.

两直线（　　）

两直线（　　）

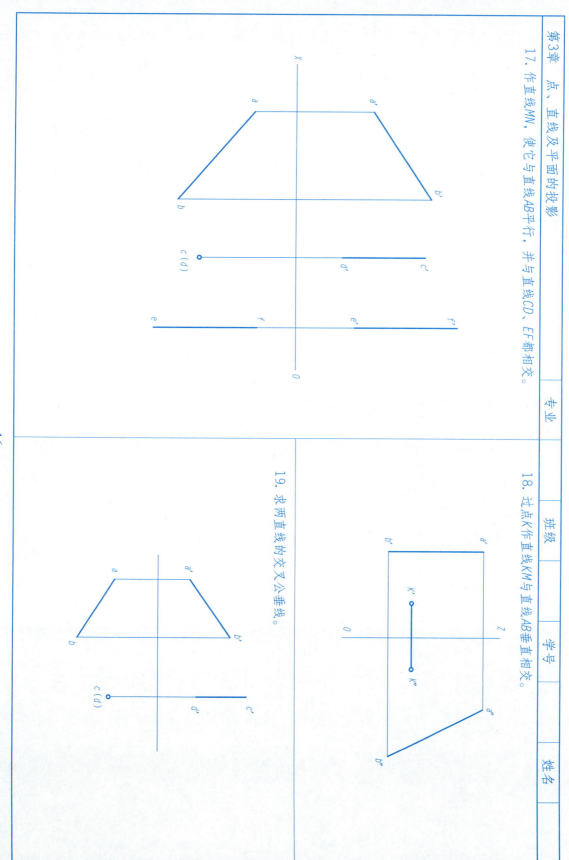

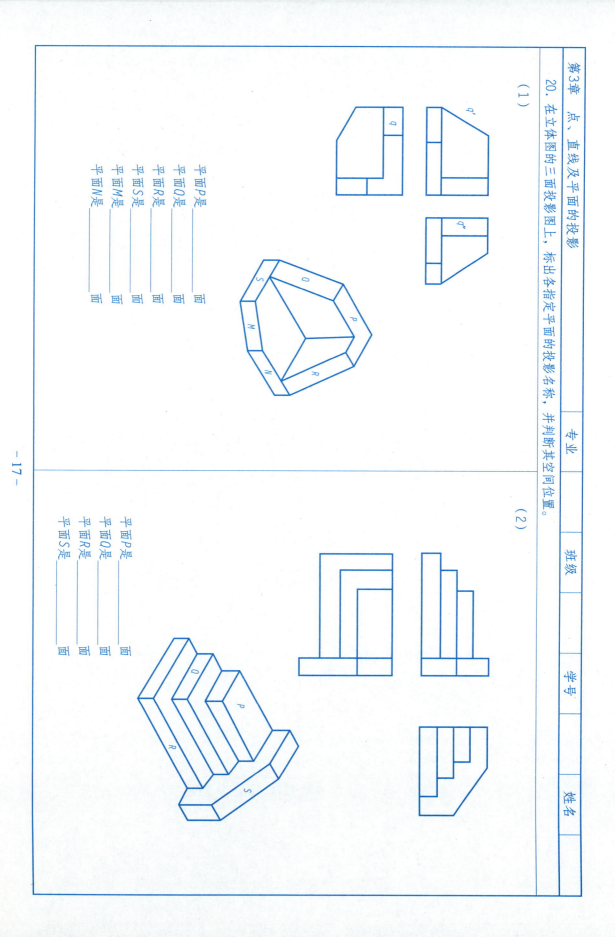

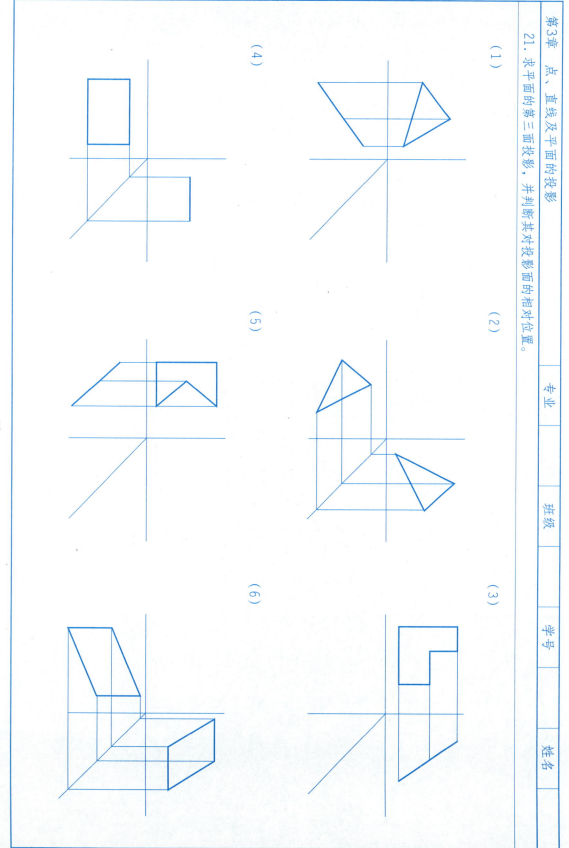

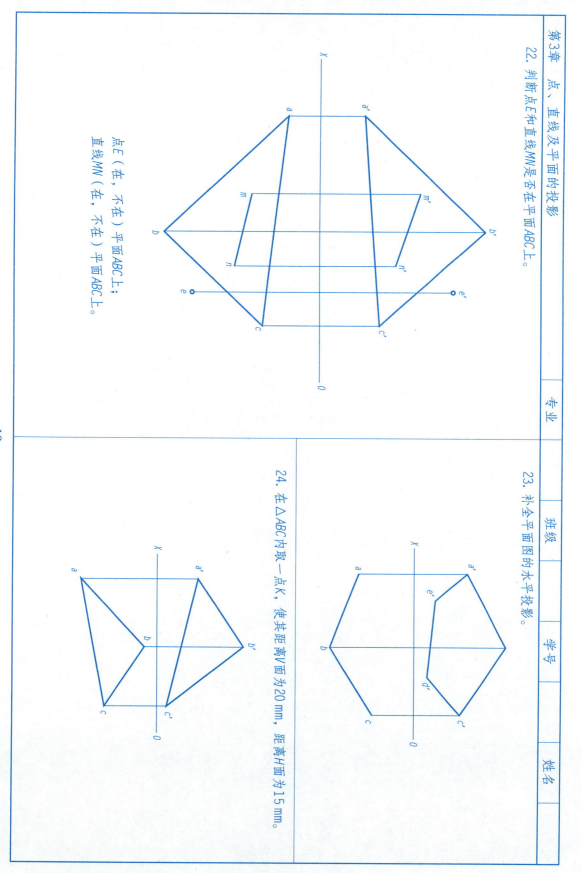

第4章 基本体的投影

专业	班级	学号	姓名

1. 完成高度为25mm的正三棱柱体的三面投影。

2. 完成高度为25mm的正五棱柱体的三面投影。

3. 完成高度为25mm的三棱锥体的三面投影。

4. 完成高度为25mm的四棱台体的三面投影。

第4章 基本体的投影

5. 完成高度为25mm的圆柱体的三面投影。

6. 完成高度为25mm的圆锥体的三面投影。

7. 完成圆台与半圆球叠加的三面投影。

8. 完成半圆球与圆柱叠加的三面投影。

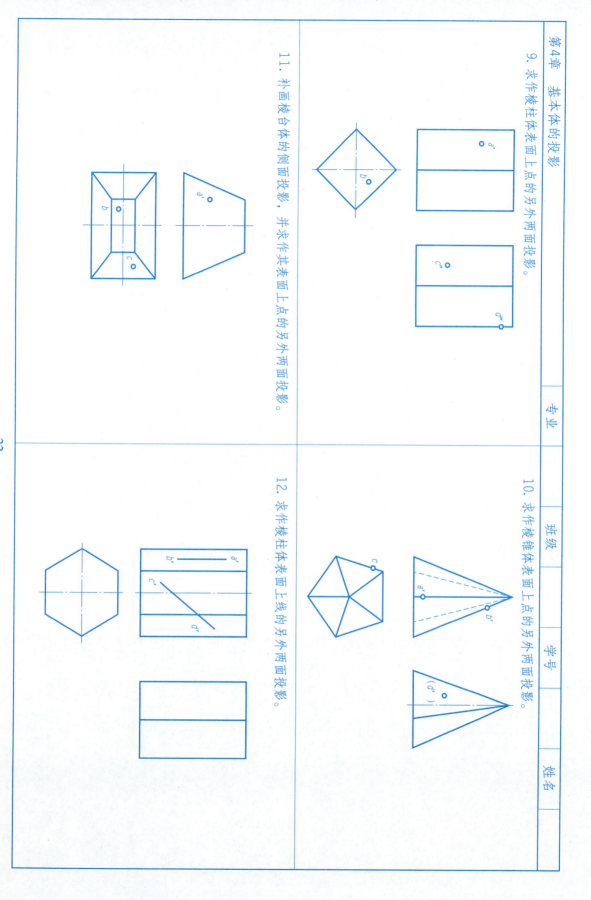

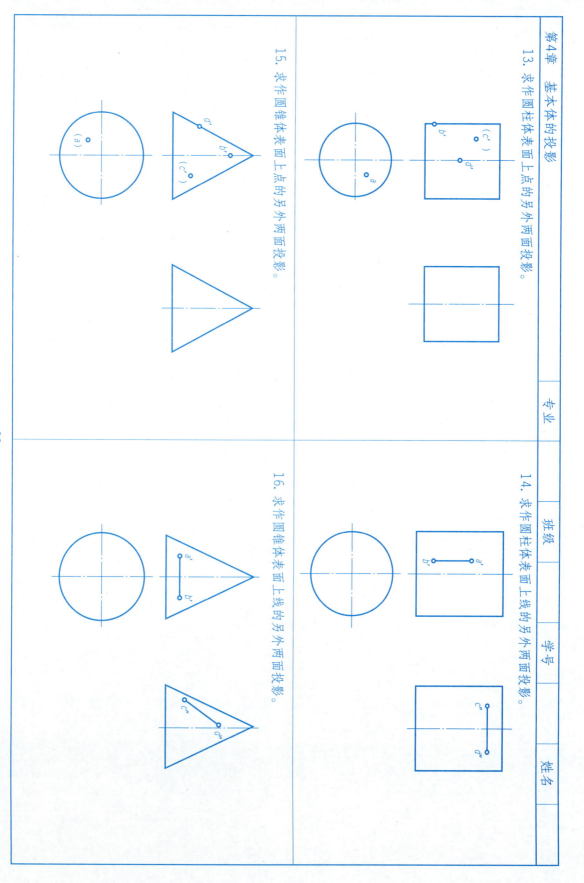

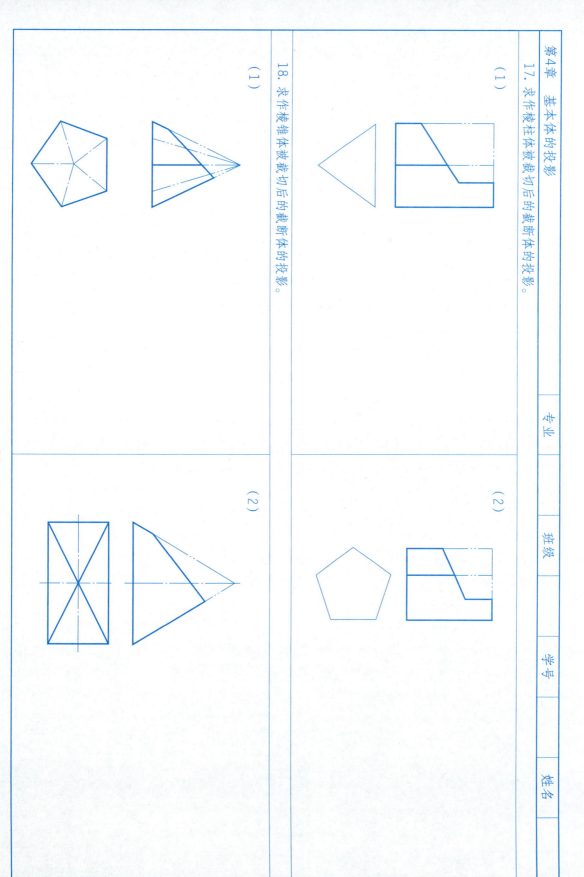

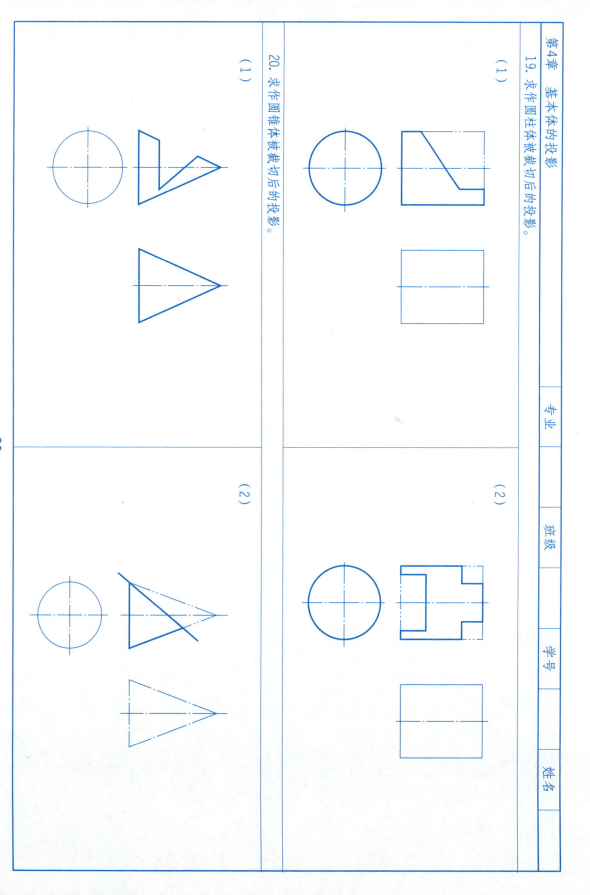

第5章 轴测图

1. 根据形体的投影图绘制其正等测图（采用简化轴向伸缩系数）。

(1)

(2)

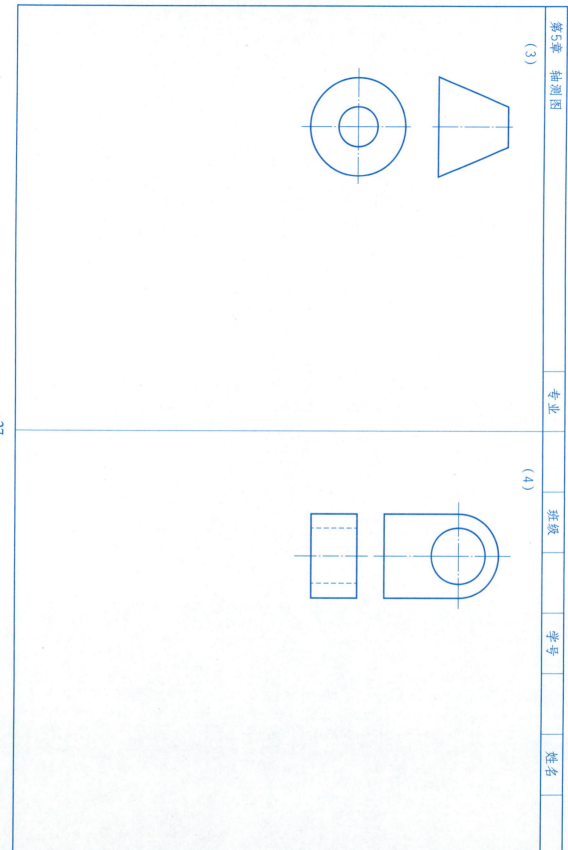

第5章 轴测图

2. 根据形体的投影图绘制其斜二测图。

(1)

(2)

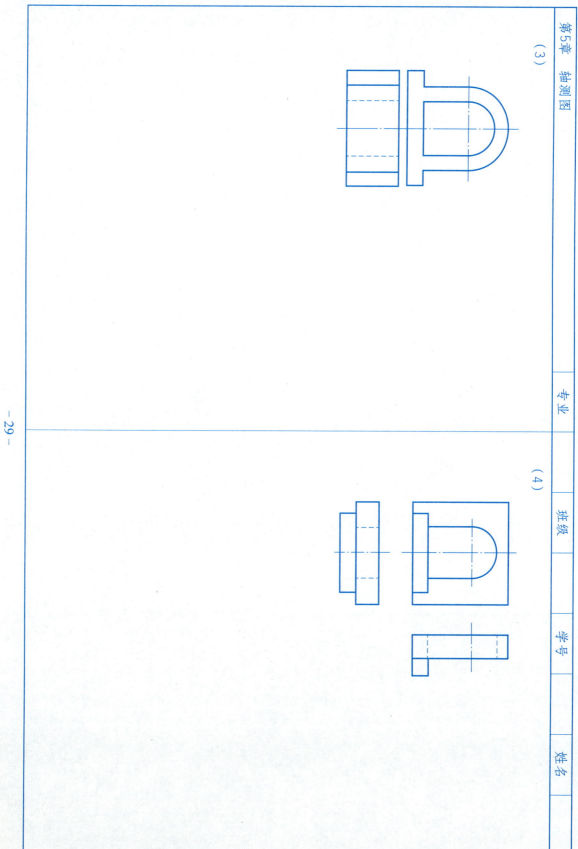

第6章 组合体的投影图

1. 根据立体图画出形体的三面投影（尺寸由图中按1:1的比例量取）。

(1)

(2)

第6章 组合体的投影图

(3)

(4)

第6章 组合体的投影图

(5)

(6)

第6章 组合体的投影图

2. 根据已知的两视图,补画第三视图。

(1)

(2)

第6章 组合体的投影图

(3)

(4)

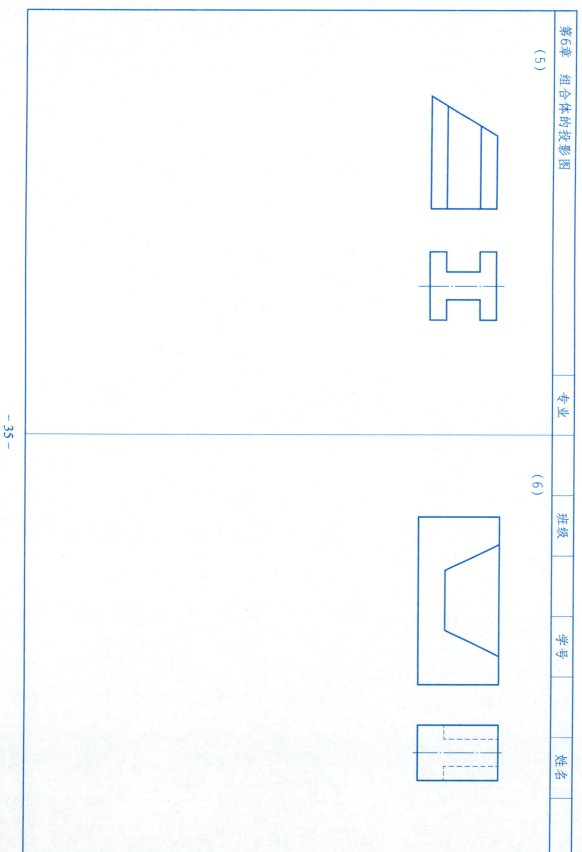

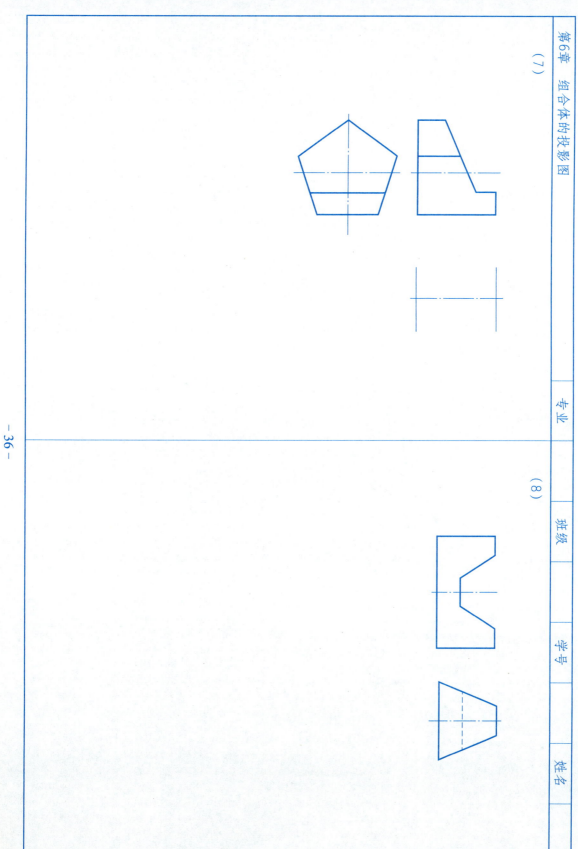

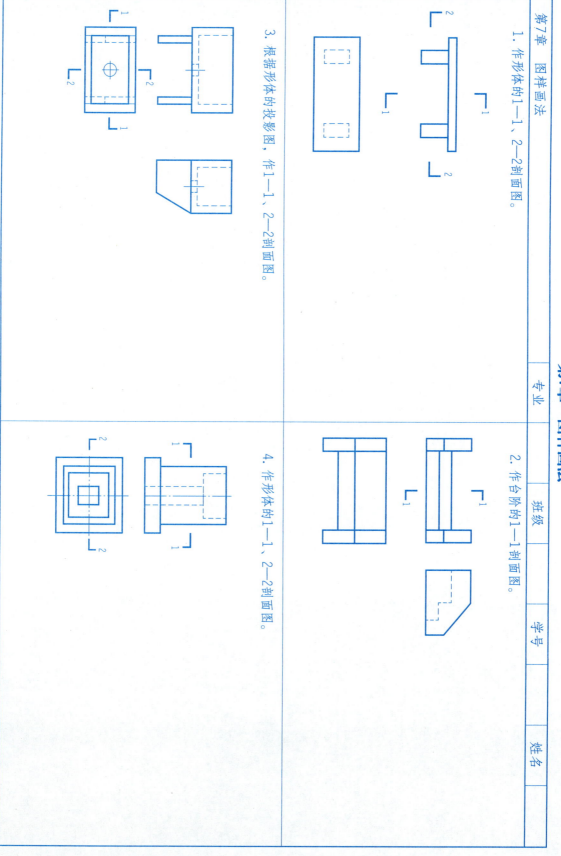

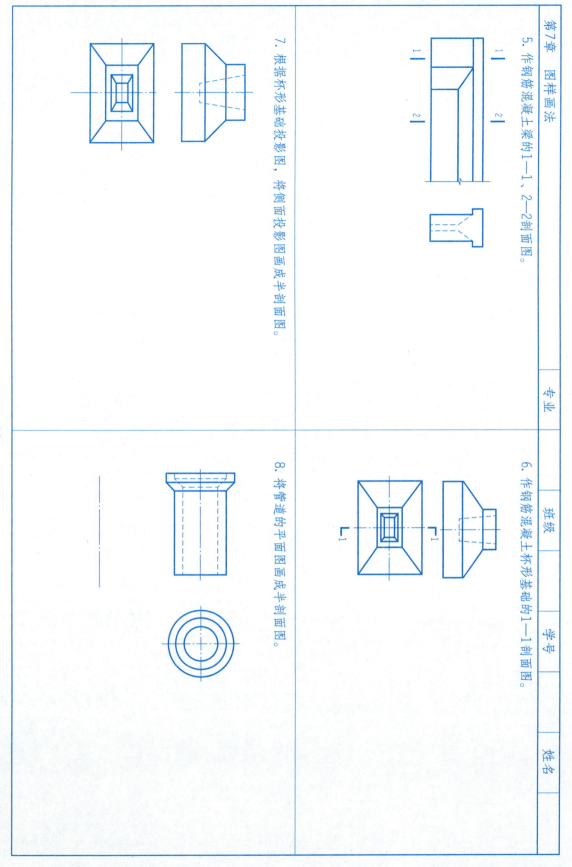

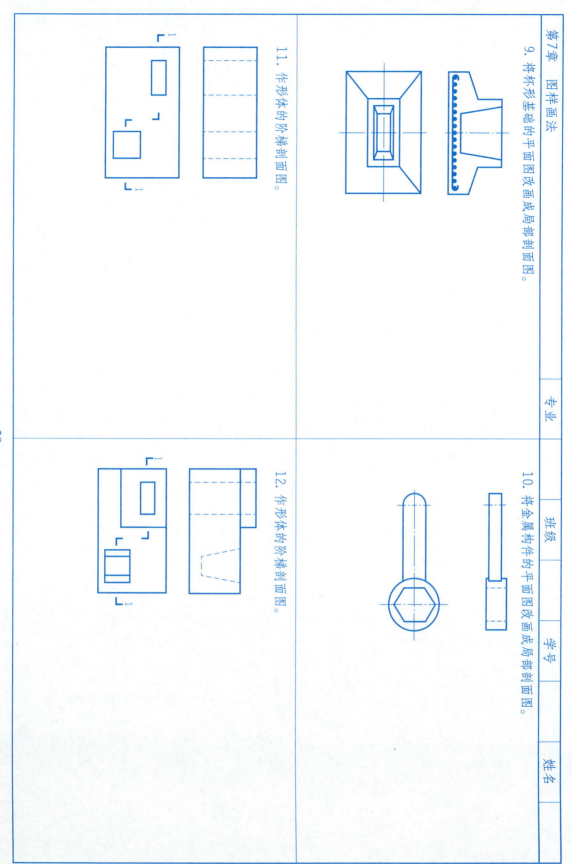

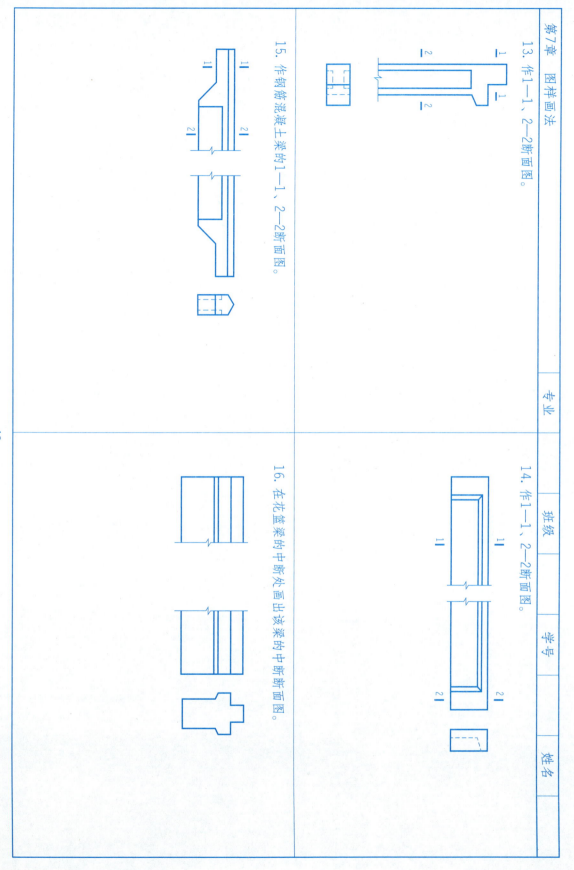

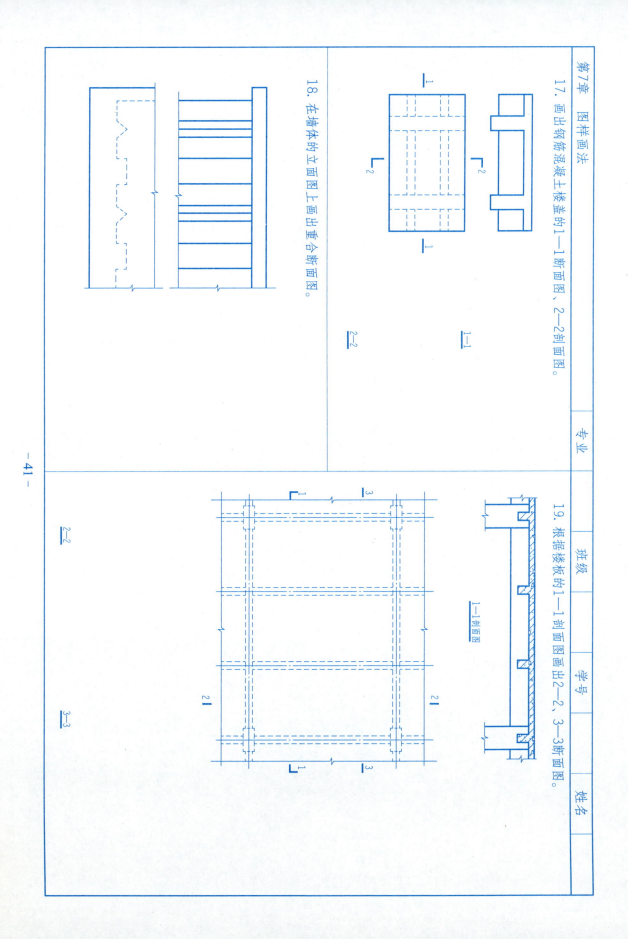

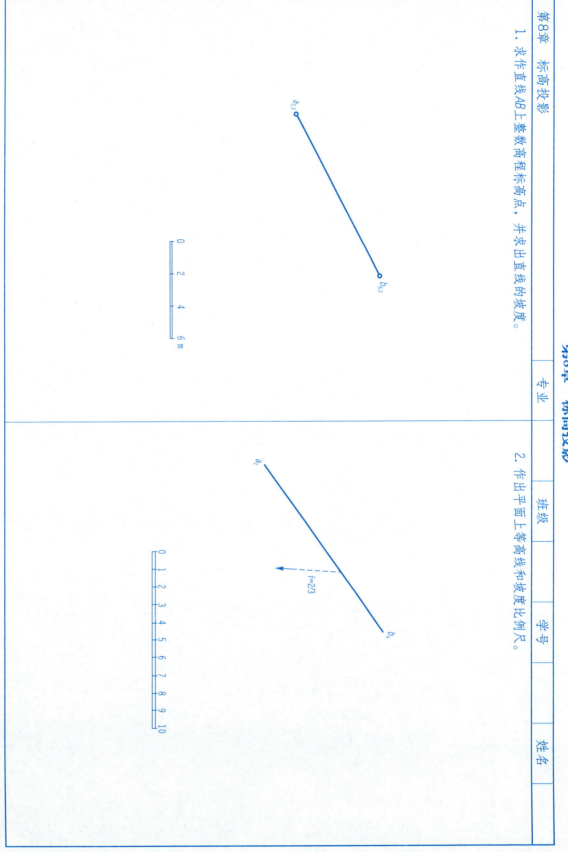

第8章 标高投影

3. 求两平面的交线，一平面用高程10的等高线表示，另一平面用一斜线 $a_{11}b_8$ 表示。

4. 作出两平面交线。

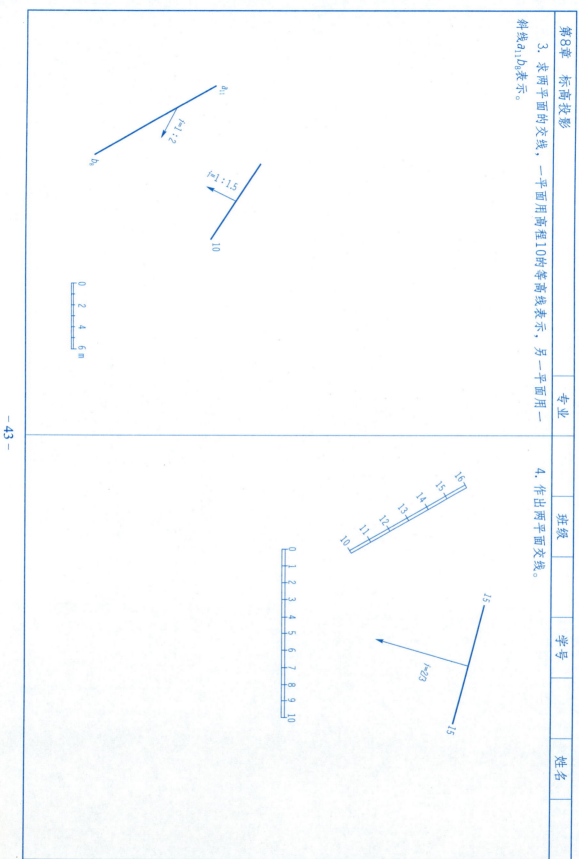

第8章 标高投影

5. 在高程为5.00 m的地面上挖一基坑,坑底高程为1.00 m,坑底的形状、大小以及各坡面坡度,如下图所示。求作开挖线和坡面交线,并在坡面上画出坡线。

6. 已知主堤和支堤相交,顶面标高分别为5.000 m和4.000 m,地面标高为2.000 m,各坡面坡度如下图所示,试作相交两堤的标高投影图。

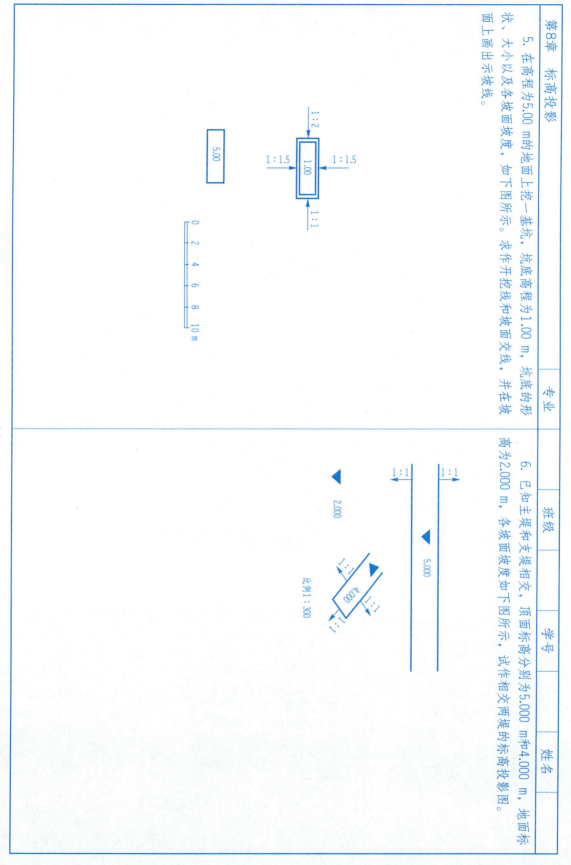

第 8 章 标高投影

7. 已知主堤与支堤相交，顶面标高分别为 4.000 m 和 3.000 m，地面标高为 ±0.000，各坡度如下图所示，求作坡脚线及各边坡的交线。

8. 在堤坝与河岸的相交处筑有圆锥面护坡，求作坡面交线和坡脚线。

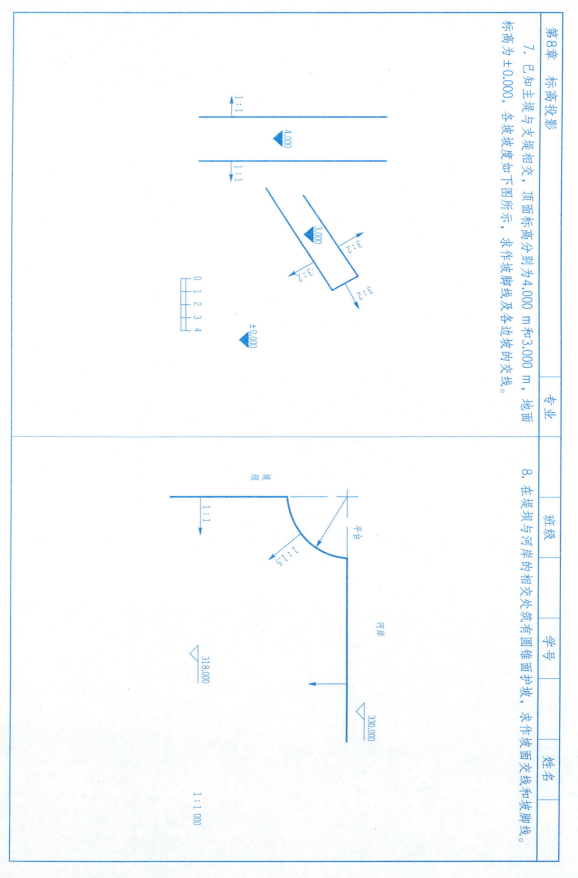

第8章 标高投影

9. 已知水平广场高程为 10.50 m，有一坡度 1∶5 的斜道与高程 8.00 m 的地面相连，求各坡面之间及与地面的交线。

10. 已知地形等高线，管道 AB 的位置和坡度，求作管道与地面的交点，并分别用虚线和实线画出管道埋入地面和露出地面外的各段。

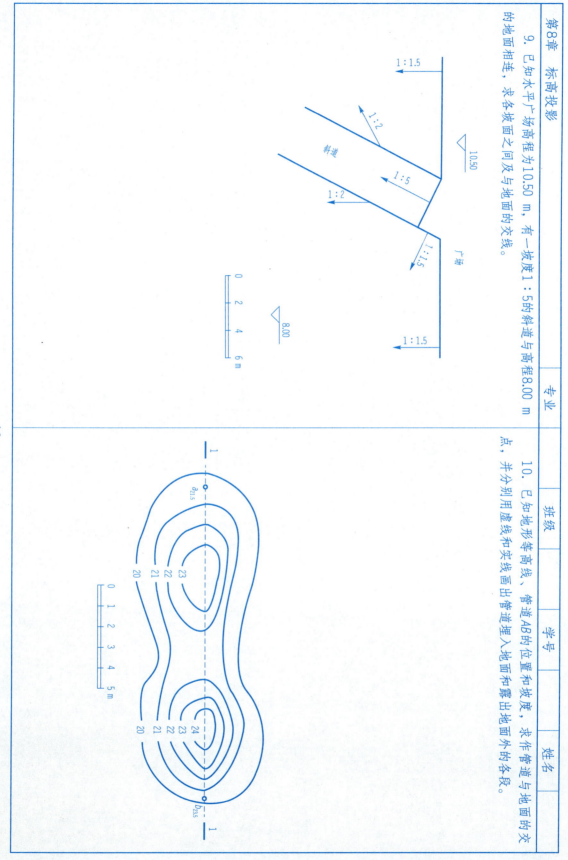

第8章 标高投影

11. 已知地形等高线，管道AB的位置和坡度，求作管道与地面的交点，并分别用虚线和实线画出管道埋入地面和露出地面的各段。

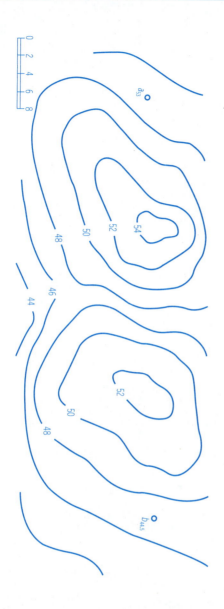

第8章 标高投影

12. 水平道路路面标高为46.000，填方坡度为2/3，挖方坡度为1/1，求作填挖边界线。

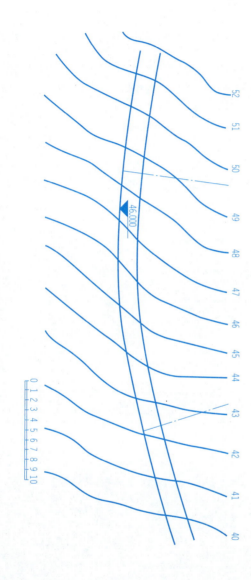

第9章 房屋建筑施工图

1. 识图建筑施工图

下图为宿舍的底层平面图，完成以下题目。

(1) 下图为宿舍的底层平面图，采用比例为_____，宿舍总长为_____m，总宽为_____m，有横向定位轴线_____条，纵向定位轴线_____条，外墙四周有_____。北入口门前有_____户，两侧户型均为_____。

(2) 宿舍外墙体厚_____mm，轴线②、③之间的南侧卧室，开间为_____mm，室厅_____进深为_____mm，厨_____卫。

(3) 卧室标高为_____m，卫生间南侧的南侧_____m，厨房标高为_____m，客厅标高为_____m，室外阳台标高为_____m。

(4) 底层宿舍共有门_____种，窗_____种。客厅入户门代号为_____，宽为_____mm；卧室门代号为_____，宽为_____mm；厨房窗代号为_____，宽为_____mm。

(5) 剖切符号_____，该剖面图属于阶梯剖面图，剖切位置是从宿舍楼入口从北向南_____向剖切，经过南侧外墙穿出，经过下行梯段的_____级踏步，到楼层平台折进入户门，进入_____，再向_____穿越_____，向_____。

(6) 圈出索引符号，并解释含义。

底层平面图 1:100

第9章 房屋建筑施工图

2. 识读建筑立面图，完成以下题目。

（1）该图图名为 _____，比例为 _____。

（2）建筑立面图中室外地坪线用 _____ 线，建筑外轮廓和较大转折处用 _____ 线，外墙上突出物如阳台、雨篷、门窗洞口用 _____ 线，门窗分格用 _____ 线。

（3）室外地坪标高为 _____ m，一层窗台的标高为 _____ m，二层地面标高为 _____ m，三层地面标高为 _____ m，檐口标高为 _____ m。

（4）图中勒脚部分采用 _____ 装修，高度为 _____ mm，雨篷外装修用 _____，主体外墙面用 _____ 装修。

（5）图中窗高为 _____ mm，一层窗台距离地面高度为 _____ m，南立面中有 _____ 种门，有 _____ 种窗。

（6）图中外墙装修材料分别为 _____、_____、_____。

第9章 房屋建筑施工图

⑮～① 立面图 1:100

第9章 房屋建筑施工图

3. 识读剖面图，完成以下题目。

(1) 从右侧剖面图中可见，平屋顶的排水坡度为 _____ %，为两坡排水。

(2) 宿舍楼层高为 _____ m，底层地面高为 _____ m，二、三层地面标高分别为 _____ m 和 _____ m，屋面檐口标高为 _____ m。室外地面标高为 _____ m。

(3) 散水宽度为 _____ mm，二层窗户高度为 _____ mm，二层窗台高度为 _____ mm，圈梁高为 _____ mm。

(4) 根据索引符号，可以判定挑檐沟详细做法在建施 _____ 页上，详图的编号分别为 _____ 。

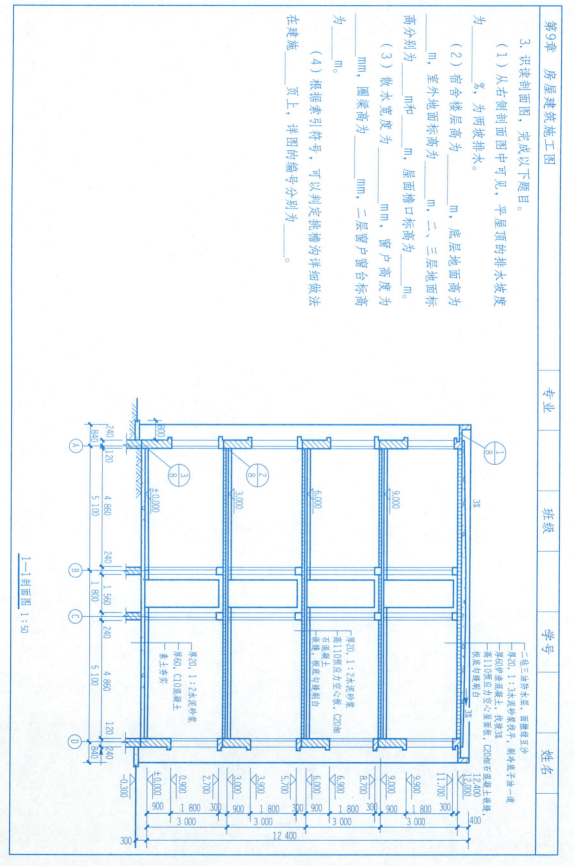

1—1剖面图 1:50

第9章 房屋建筑施工图

4. 请根据楼梯平面图补绘完成楼梯剖面图。要求绘制轴线编号、图线、标注上下楼梯级数及方向箭头，并标注楼层平台及休息平台的标高。

第9章 房屋建筑施工图

5. 识读建筑墙身详图，完成以下题目。

（1）从右侧墙身详图中可见，该图地面详图名为_____，绘图比例为_____；

（2）从右图可知，该墙体厚度为_____mm，散水宽度为_____m。

（3）一层窗台标高为_____m，散水坡度为_____。

（4）由右图可知楼地面层高为_____m，窗户高度为_____m，窗台突出外墙面距离为_____mm。

（5）由右图可知，屋面板的详图编号为_____。

（6）外墙装修材料为_____。挑檐沟的纵向坡度为_____。

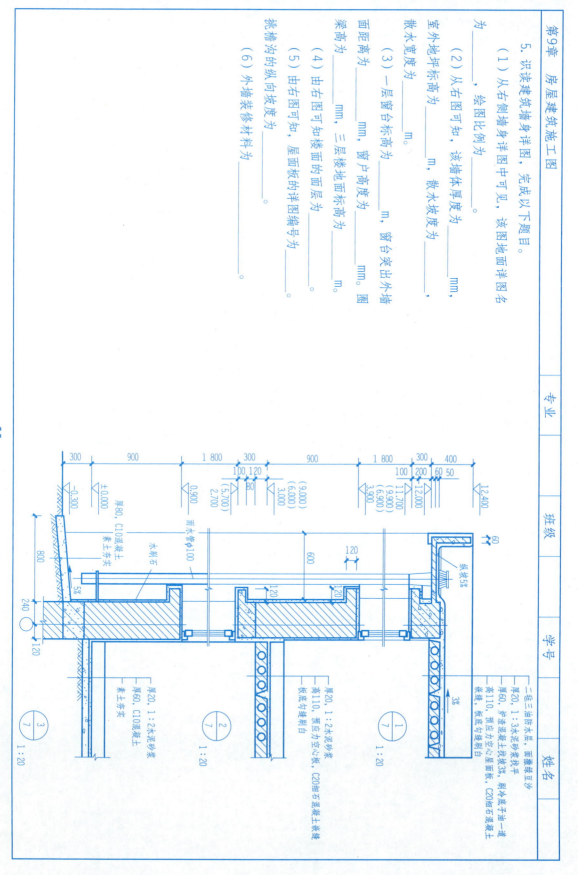

第10章 房屋结构施工图

专业___ 班级___ 学号___ 姓名___

第10章 房屋结构施工图

1. 填空题。

(1) 任何一幢房屋建筑物主要是由_____组成。

(2) 房屋按承重构件的材料分_____、_____、_____和_____结构。

(3) 房屋按结构体系分_____、_____、_____和_____结构。

(4) 结构施工图的内容包括_____、_____、_____。

(5) 构件代号中B代表_____，L代表_____，KZ代表_____，QL代表_____，GZ代表_____，TB代表_____，WB代表_____。

(6) 钢筋按其强度和品种分成不同的等级，分别为_____、_____、_____。

(7) 钢筋的保护层是指_____。

(8) 钢筋混凝土构件详图中钢筋表示_____，构件轮廓线用_____表示。

(9) 混凝土构件中的钢筋，按其作用和位置不同分为_____、_____、_____、_____、_____。

(10) ①2Φ20表示_____。

(11) ⑤Φ8@100表示_____。

(12) 基础施工图包括_____和_____。

(13) 现浇钢筋混凝土楼板底部的钢筋表示_____，水平方向钢筋弯钩_____，竖直方向钢筋弯钩_____；板顶的钢筋，水平方向钢筋弯钩_____，竖直方向钢筋弯钩_____。

(14) 梁平法施工图的注写方式包括_____和_____。

(15) 在梁平法施工图中"KL3（3A）"表示_____。"Φ8@100/200（2）"表示_____，"G4Φ10"表示_____。

第10章 房屋结构施工图

2. 识图填空。

(1) KL5（2A）表示 _____ ，共有 _____ 跨，其中 _____ 端有 _____ 。
(2) 梁截面尺寸为 _____ 。
(3) 2Φ28表示梁 _____ 部用 _____ 条直径 _____ mm的 _____ 级钢筋作通长筋。
(4) Φ8@150／200（2）表示 _____ 筋用直径 _____ mm的 _____ 级钢筋，加密区间距 _____ mm布置，非加密区按 _____ mm布置，采用 _____ 肢箍。

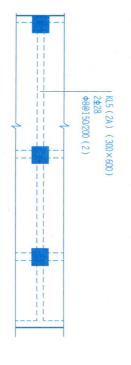

KL5（2A）（300×600）
2Φ28
Φ8@150/200（2）

第10章 房屋结构施工图

3. 识读现浇楼板配筋图,并填空。

由楼板的配筋图可知,在板的下面配置两种钢筋,_____和_____。这两种钢筋都做成一端_____,钢筋的详细尺寸都标注在_____上。①Φ10@250中,每_____放一根,一颠一倒布置,弯起端在_____号钢筋做也照此办理,在楼板地面由_____号和_____号钢筋构成方格网片。图中还有两种钢筋③Φ10@250和④Φ8@280都做成两端_____,分别布置在_____轴和_____轴。四道墙的内侧,施工时将钢筋的钩朝_____置在板的端头压在_____里,承受板端的拉剪应力。

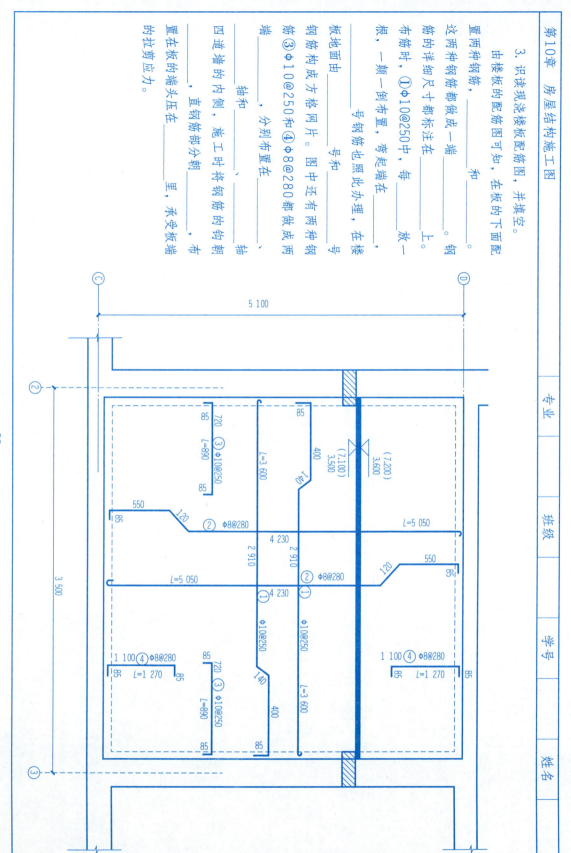

第10章 房屋结构施工图

4. 抄绘钢筋混凝土构件详图。

（1）作业目的。

熟悉钢筋混凝土构件详图的内容，通过作业掌握绘制构件详图的步骤和方法。

（2）作业内容。

阅读并抄绘下图所示的钢筋混凝土梁构件详图，并画出钢筋明细表。

（3）作业要求。

图幅A3，比例1：50，1：20。

图线：铅笔图或墨线图，剖切到的墙身轮廓线和钢筋线宽为0.7 mm，未剖切到的可见轮廓线宽为0.35 mm；定位轴线，尺寸线宽度为0.18 mm。

字体：汉字用长仿宋体，图名用7号字，平面图中各部分名称用5号字，轴线圆内数字或字母用5号字，尺寸数字用3.5号字。

标题栏的格式和大小见教材相关内容。

作图应准确，图线粗细分明，尺寸标注无误，字体端正整齐，图面布置合理。

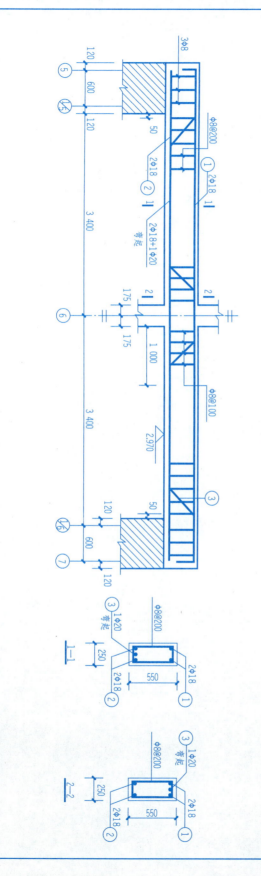

第11章 道路路线工程图

专业_____ 班级_____ 学号_____ 姓名_____

1. 识图填空。

(1) 该图是一张_____表达路线_____（路线平面、直线形态）以及在线路两侧一定范围内的地形、地物情况。该图绘制的新设计的公路是从_____至_____这段路线，由图可见路线方向为_____，可以看出，该地区东南方向地势_____，西北方向地势_____，有_____座山峰，最高一座约_____m。图中设计路线为加粗实线，公里桩符号为_____，百米桩符号为_____，BM2 53.712 表示路线的_____，该点高程为_____m。图中路线的转折处设计成_____，图中转折角定路线前进时_____偏转，圆曲线半径为_____m。图中ZY表示_____，YZ表示_____，QZ表示_____，JD1表示_____。

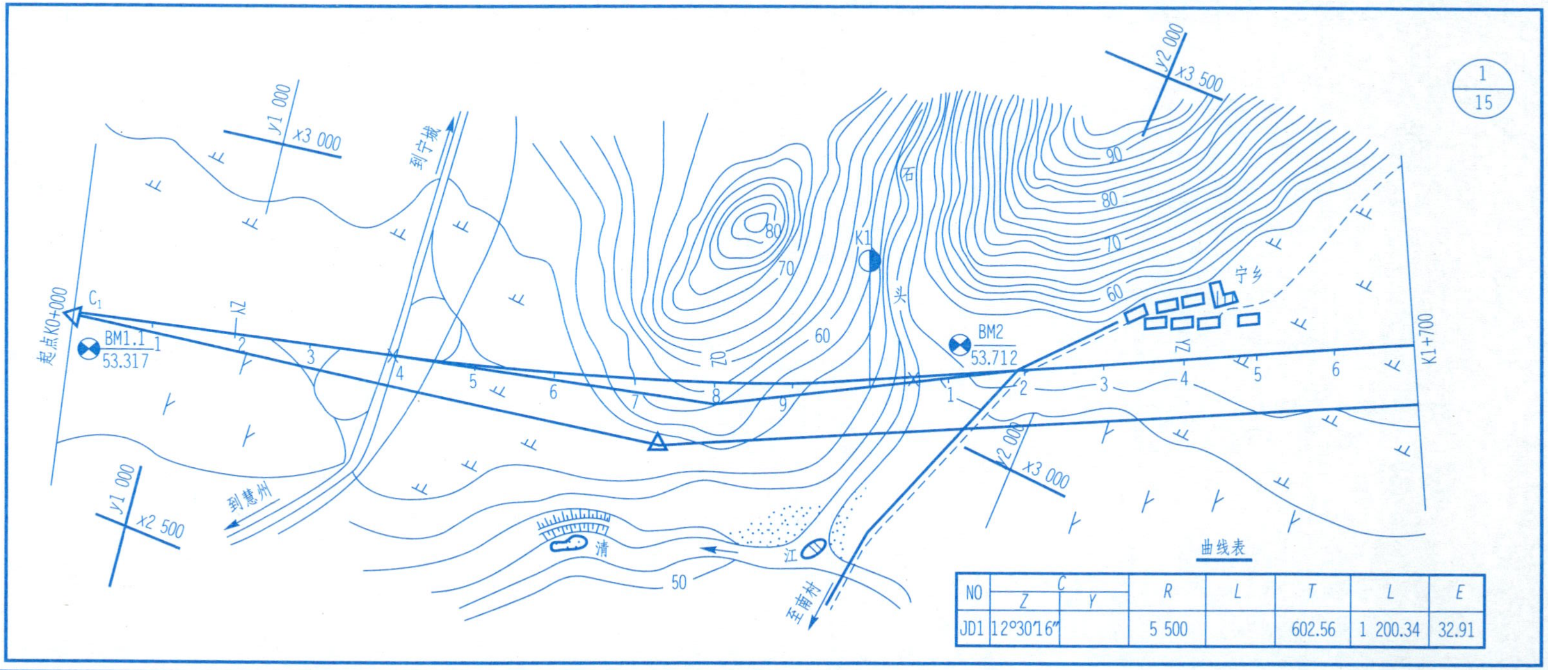

NO	C	Y	R	L	T	E
JD1	12°30′16″		5 500	1 200.34	602.56	32.91

直线表

第11章 道路路线工程图

（2）该图是一张_____，表达路线中心线处的地面的工程图。该图的横向绘图比例为_____，纵向绘图比例为_____，以及沿线桥涵等构筑物概况的工程图。该图的横向绘图比例为_____，图中用_____画出地面线。设计线上各点的标高，常是指_____的设计高程。图中设计路线用直线与曲线相间的_____画出。

在设计线的纵向坡度变更处（变坡点），为了便于车辆行驶，按技术标准的规定应设置圆弧竖曲线。竖曲线中点的高程为_____m，设有_____，用"○"表示_____。例如，本图中的变坡点高程都应按其所在位置，在设计线上方或下方的适当位置用细竖直引出线进行标注。如水准点BM3设置在里程K2+820处的左侧距离为_____m，高程为_____m。

路线纵断面图的测设数据表与图样上下_____，以便阅读。如图中第一格的标注"-5.8|300"，表示此段路线为_____，路线长度为_____m。

第 11 章 道路路线工程图

比例 V 1:500
H 1:500

桩号	地面高程	设计高程	填高挖深	地质概况	坡度/距离/m	平曲线
K2+800.00	82.00	84.00	2.00			
864.00	81.00	80.00	1.00		300	
925.00	79.00	77.00	2.00	黄色黏土		
970.00	70.91	74.20	3.29		−5.8	
ZY3+023.00	70.82	71.00	0.18			JD7 α=40°15′ R=195
065.00	70.75	69.20	1.55			
QZ096.18	69.30	68.00	1.30			
130.00	67.60	97.20	0.40			
YZ169.35	65.63	66.61	0.98			
205.00	64.22	66.50	2.28	淤泥质粉质黏土	300	
245.00	61.40	66.50	5.10			
ZY275.00	62.21	66.40	4.19			
315.00	65.53	66.31	0.77			
QZ373.82	68.61	65.73	2.88			JD8 α=25°10′ R=450
400.00	67.80	65.52	2.28			
YZ472.66	67.00	64.20	2.80		350	
525.00	61.00	62.74	1.74	黄色黏土		
585.00	58.11	60.08	1.97			
690.00	61.60	58.20	3.40		−2.9	
ZY734.00	60.00	57.51	2.49			
800.00	58.03	56.64	1.39			JD9 α=36°31′ R=385
QZ852.00	58.50	56.50	2.00			
900.00	58.63	56.50	2.13		370	
YZ970.00	55.00	56.40	1.40			
K4+030.00	52.70	56.50	3.80	淤泥质粉质黏土		
120.00	55.00	57.54	3.54		4.6	
160.00	56.30	58.66	2.36			
230.00	62.53	61.52	1.01		180	
K4+300.00	63.60	64.81	1.21			

BM3 86.316 左20m岩石上 K2+820

1-φ75钢筋混凝土圆管涵长11m K2+965

R=4 800 T=125 E=1.63 K3+100 66.50

1-20m石拱桥 K3+245

R=7 400 T=100 E=0.68 K3+400 66.50

1-75×100石盖板涵长10.3m K3+580

R=7 400 T=100 E=0.68 K3+750 56.50

1-40m段钢筋混凝土T梁桥 K4+030

R=4 800 T=100 E=1.04 K4+120 56.50

BM4 46.314 左25m岩石上 K4+125

专业　班级　学号　姓名

总桩第张
K2+800——K4+300

第11章 道路路线工程图

2. 请补全地面线（细线）、设计线（粗线）和填、挖高程数字。

比例 垂直 1:200
     水平 1:2 000

地质概况	坡度/‰	距离/m	填深	设计高程	地面高程	里程桩号	平面线
				62.50	61.20	6+000.00	
			6.25	64.90	58.65	6+800.00	
			5.40	65.50	60.10	6+100.00	
普通黏土	3.0	600	1.48	68.50	67.02	6+200.00	
			1.50	69.10	67.60	6+220.00	
				70.14	68.74	6+234.70	
				71.50	73.15	6+300.00	JD9 α=40°15′ R=300
			6.56	73.00	79.56	6+350.10	
			12.30	74.50	86.80	6+400.00	
坚石			12.10	76.16	88.26	6+455.47	
			9.41	77.50	86.91	6+500.00	
			7.50	79.30	86.80	6+560.00	
			5.20	80.10	85.30	6+600.00	
			3.06	80.10	83.16	6+640.00	
		380	1.80	79.50	77.70	6+700.00	JD10 α=3°27′
			3.50	79.10	75.60	6+740.00	
	1.0		6.81	78.50	71.69	6+800.00	
普通黏土			8.84	77.50	68.66	6+900.00	
			7.80	77.20	69.40	6+930.00	
			7.02	77.12	70.10	6+980.00	
			7.10	77.75	70.65	7+000.00	
			4.26	78.95	74.69	7+030.00	
	4.5		1.35	82.10	80.75	7+100.00	
			1.24	82.73	83.98	7+114.04	JD11 R=500 α=19°42′
		320	4.90	86.60	91.50	7+200.00	
			3.18	90.47	93.65	7+285.96	
坚石			2.58	91.10	93.68	7+300.00	
	3.5			94.60	93.26	7+400.00	JD12 α=4°10″
				96.35	96.12	7+450.00	
		300		98.10	101.34	7+500.00	
			1.65	101.60	103.25	7+600.00	

1-100 圆管钢
K6+080

K6+220
在右侧6 m的岩石上
BM15 63.14

R=2 000
T=40
E=0.40
K6+600
80.50

1-20 m石拱桥
K6+900

R=3 000
T=50
E=0.42
K6+980
76.70

K7+300
91.10 不设

专业　　班级　　学号　　姓名

共25页 第6页

第12章 桥梁工程图

1. 已知梁的配筋立面图、钢筋详图，梁的断面尺寸：宽×高=200 mm×450 mm，画出1—1，2—2断面图（1:10）。

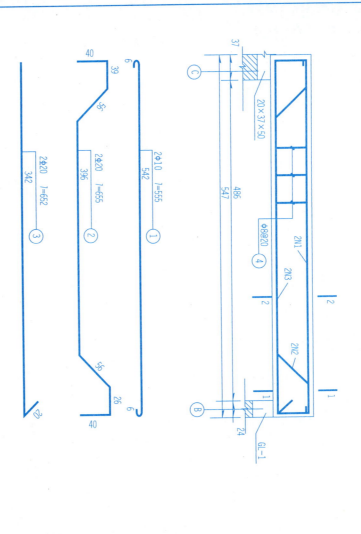

第12章 桥梁工程图

2. 根据梁的配筋立面图、钢筋成型图和1—1断面图，绘制2—2、3—3断面图。

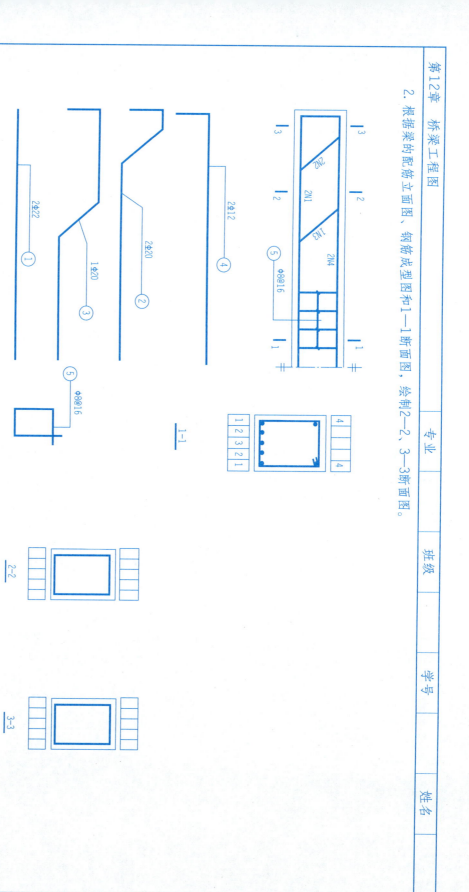

第12章 桥梁工程图

3. 阅读桥梁总体布置图，并回答问题。

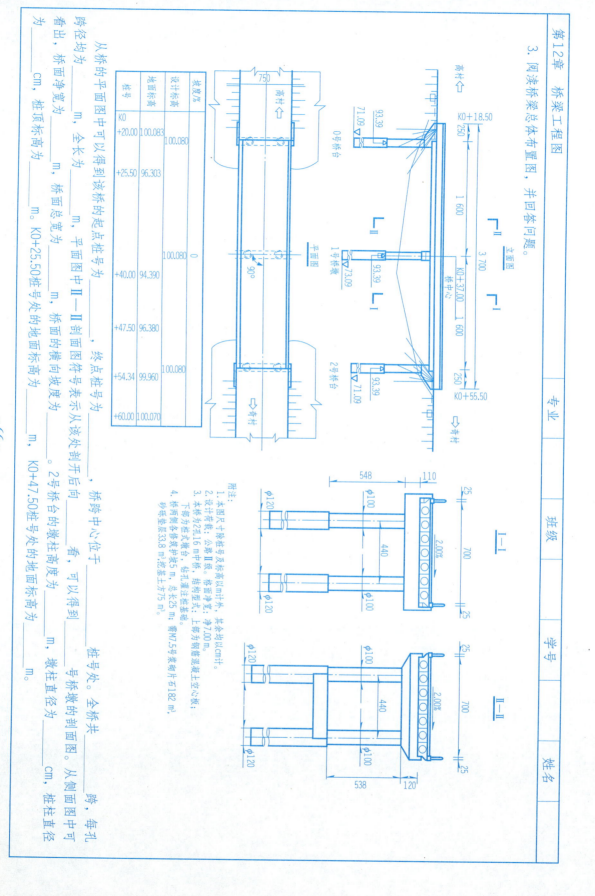

桩号	K0 +20.00	+25.50	+40.00	+47.50	+54.34	+60.00
设计标高	100.083	96.303		96.380	99.960	100.070
地面标高	100.080		94.390			
坡度%			0			

从桥的平面图中可以得到该桥的起点桩号为_____，终点桩号为_____，桥跨中心位于_____桩号处。全桥共_____跨，每孔跨径均为_____ m，全长为_____ m，平面图中Ⅱ—Ⅱ剖面图符号表示从该处剖开后看出，桥面总宽为_____ m，桥面净宽为_____ m，桥面的横向坡度为_____。2号桥台的_____ cm，桩顶标高为_____ m。K0+25.50桩号处的地面标高为_____ m，K0+47.50桩号处的地面标高为_____ m。